全国高等职业教育园林类专业“十三五”规划教材

园林 Photoshop 辅助设计

主　编　马金萍　来　强
副主编　芦海燕　吴玮平
参　编　胡艳萍　丁　强

黄河水利出版社
·郑州·

内 容 提 要

全书深入浅出地介绍了计算机辅助设计软件 Photoshop 在园林景观效果图后期处理中的基础知识、基本操作技能、技能综合应用,吸收了当前园林景观计算机辅助设计的最新成果。本书以实用为原则,基础知识以够用为度,以操作技能的训练为重点。

本书可以作为园林技术、园林工程技术、园艺技术、环境艺术设计、城镇规划及计算机相关专业的教材,也可以作为图形图像制作爱好者的自学用书。

图书在版编目(CIP)数据

园林 Photoshop 辅助设计/马金萍,来强主编.—郑州:黄河水利出版社,2016.5 (2021.1 重印)
全国高等职业教育园林类专业“十三五”规划教材
ISBN 978-7-5509-1421-6

Ⅰ.①园… Ⅱ.①马… ②来… Ⅲ.①园林设计-计算机辅助设计-图像处理软件-高等职业教育-教材 Ⅳ.①TU986.2-39

中国版本图书馆 CIP 数据核字(2016)第 094636 号

策划编辑:李洪良 王志宽 电话:0371-66026352 66024331

出 版 社:黄河水利出版社
地址:河南省郑州市顺河路黄委会综合楼 14 层 邮政编码:450003
发行单位:黄河水利出版社
发行部电话:0371-66026940、66020550、66028024、66022620(传真)
E-mail:hhslcbs@126.com
承印单位:河南承创印务有限公司
开本:787 mm×1 092 mm 1/16
印张:18
字数:416 千字 印数:5 101—7 100
版次:2016 年 5 月第 1 版 印次:2021 年 1 月第 3 次印刷

定价:35.00 元

全国高等职业教育园林类专业“十三五”规划教材编审委员会

出版说明

近年来,随着社会的进步和人们生活水平的提高,人类对生存环境的质量要求越来越高,园林作为生态环境建设的重要组成部分和提高人类生存环境质量的重要凭借手段,越来越受到环境决策者和建设者的重视,特别是在城市,生态园林建设已成为解决社会快速发展所带来的环境问题的主要方式之一,因而以服务和改造室内外环境为基本内容的园林专业也随之迅速发展,新观念、新技术不断涌现,社会对园林工程专业高端技能型人才的要求也不断提高。

为了配合全国高等职业教育园林类专业的教学改革与教材建设规划,按照国家对高等职业教育园林专业人才培养目标定位和市场对园林专业人才专业知识及实践技能的要求,在对现有园林工程专业教材出版情况进行深入调研并充分征求了各课程主讲老师意见的基础上,我社组织出版了这套“全国高等职业教育园林类专业‘十三五’规划教材”。教材的编写立足于高起点、出精品,本着知识传授与能力培养并重的原则,以培养园林高级专业技术人才为目标,着重加强职业教育的技能培养特色,重点突出实验、实训教学环节。

本系列教材的编写和出版得到了全国多所园林类高等职业院校的大力支持,我们特别邀请了多所高等院校相关专业的老师对稿件进行了严格审查把关。正是由于他们的辛勤工作和无私奉献,才使得这些教材能够在最短的时间内付梓,并有效保证了教材的整体水平和质量。在此,对推进此次教材编写与出版工作的各院校领导、参编和审稿的老师表示衷心的感谢和诚挚的敬意。

诚然,人才的培养需要教育者长期坚持不懈的努力,好的教材也需要经过时间的考证和实践的检验。希望各院校在使用这些教材的过程中提出改进意见与建议,以便再版时不断修改和完善。

黄河水利出版社

前 言

Photoshop 是 Adobe 公司推出的目前应用最广泛的图像处理和编辑软件,因快捷、准确和方便而广泛应用于建筑设计、室内设计和城市规划等领域,特别是在景观设计中得到了广泛的应用和发展。在相关设计领域,计算机辅助设计软件 AutoCAD 是专业的制图软件,但在其具体的方案实施和操作当中,客户并不能很直观地去了解设计方案,而需借助计算机辅助设计软件 Photoshop 在后期进行更形象的设计表达去沟通。Photoshop 处理的景观效果能够更加真实地刻画出各景观要素的色彩、质感,能够营造出极其真实的环境,因此 Photoshop 在风景景观工程、园林设计、城市设计、环境艺术等工程设计后期处理中具有画龙点睛的效果。

本书是根据高等职业教育的特点,结合对城市景观专业应用型人才的要求编写的。全书立足于教育部关于培养与社会主义现代化建设相适应、德智体美等全面发展,具有综合职业能力,在生产、服务、技术和管理第一线工作的应用型专门人才和劳动者的培养目标,符合人才培养规律和教学规律,注重学生知识能力和素质的全面发展。

本书共包括六个项目,由浅入深地介绍了计算机辅助设计软件 Photoshop 在园林景观效果图后期图像处理中的基础知识、基本操作技能和技能综合应用。

本书由甘肃林业职业技术学院马金萍、内蒙古电子信息职业技术学院来强担任主编,伊犁职业技术学院芦海燕、河南水利与环境职业学院吴玮平担任副主编,参加本书编写工作的人员还有广东科贸职业学院胡艳萍、甘肃林业职业技术学院丁强。全书由马金萍统稿。

本书可以作为园林技术、园林工程技术、园艺技术、环境艺术设计、城镇规划及计算机相关专业的教材,也可以作为图形图像制作爱好者的自学用书。

受编者水平所限,书中不足之处在所难免,望读者批评指正。

编 者

2016 年 4 月

目　录

项目一　Photoshop 基础知识

【项目概述】

Photoshop 是一款图像处理软件。图像的信息很多，包括色彩、图像类型、分辨率、颜色模式等。本项目一一介绍图像的这些基本信息。

任务一　了解色彩

【任务概述】

颜色是人眼对物体反射或透射光的感觉。在计算机应用中，定义颜色的基本方法基于三原色原理，即物体的颜色分为红（R）、绿（G）、蓝（B）三个分量。颜色还可以用色彩三要素来描述，即色相（H）、饱和度（S）和亮度（B）。人眼看到的任一彩色光都是这三要素的综合效果。本任务将详细介绍色彩三要素的含义及其联系。

【任务目标】

◆了解色彩三要素的分类，熟知三要素的基本含义。

【技能目标】

◆能根据色彩三要素的含义，简单调配所需颜色。

【基本知识与技能】

1　色相

色相，又称色调，指颜色的外观，就是通常我们所说的颜色，用来区别颜色的名称或颜色的种类。

2　饱和度

饱和度，简单说是一种颜色的纯度，可用来区别颜色深浅的程度。同一色相，即使饱和度发生了细微的变化，也会立即带来色彩的变化。

3　亮度

亮度，指色彩所引起的人眼对明暗程度的感觉。亮度在三要素中具有较强的独立性，它可以不带任何色相的特征而通过黑白灰的关系单独呈现出来。

【学习情景】

1 任务描述

打开 Photoshop 程序，打开“颜色”调板，根据 HSB 模式三要素的含义，调配颜色。

2 任务执行

(1)打开 Photoshop 程序。

(2)单击“颜色”调板最右边的图标，在下拉菜单中选择“HSB 滑块”(若工作界面上没有“颜色”调板，单击“窗口”菜单，选择“颜色”即可)，如图 1-1-1 所示。

(3)调配浅绿色：首先将 H 拉到绿色，再调整 S 和 B 到合适的位置。一般浅色的饱和度较低，亮度较高。将 S 设为 14%，将 B 设为 84%，如图 1-1-2 所示，此时“颜色”调板左上方的框内即出现了浅绿色。

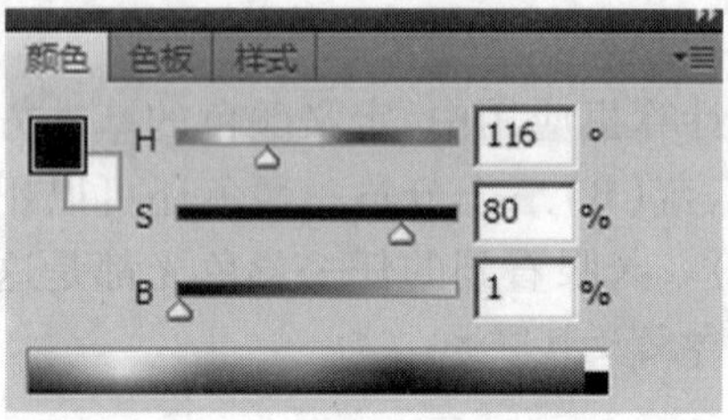

图 1-1-1

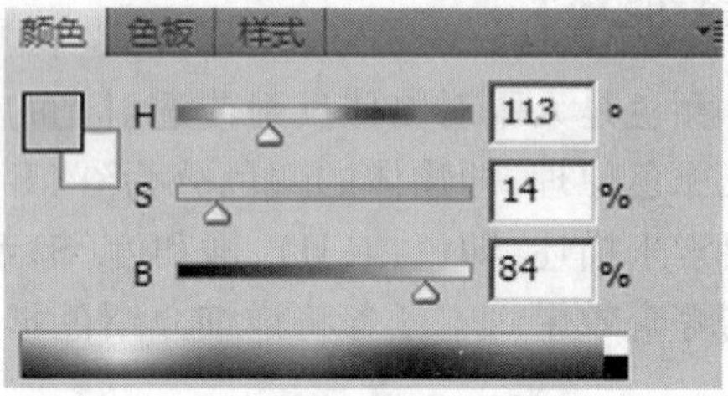

图 1-1-2

(4)调配深蓝色：首先将 H 拉到蓝色，再调整 S 和 B 到合适的位置。一般深色的饱和度高而亮度低，效果如图 1-1-3 所示。

(5)将深蓝色加亮：将 B 加大即可，如图 1-1-4 所示。

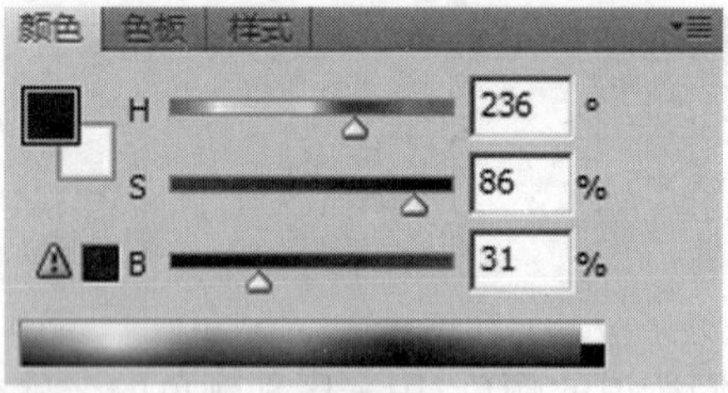

图 1-1-3

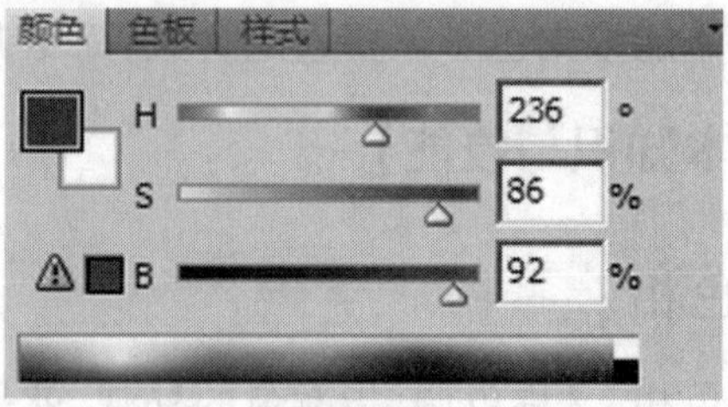

图 1-1-4

(6)调配灰色：将 S 设为 0%，然后拉动 B 即可，如图 1-1-5 所示。

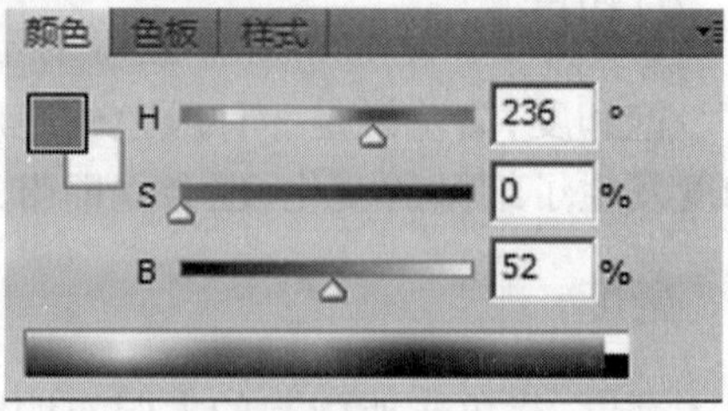

图 1-1-5

【任务小结】

色彩三要素(HSB)把颜色分为色相、饱和度、亮度三个因素。饱和度高，色彩较艳丽；饱和度低，色彩就接近灰色。亮度高，色彩明亮；亮度低，色彩暗淡。亮度最高得到纯白，亮度最低得到纯黑。

【课后作业】

一、简答题

(1)色彩三要素分别包括什么?

(2)简述色相的含义。

(3)简述饱和度的含义。

(4)简述亮度的含义。

二、判断题

(1)色彩三要素即色彩的三原色 R、G、B。 ( )

(2)色相只有红、黄、蓝、绿、青、橙、紫七种颜色。 ( )

(3)饱和度为 50%、亮度为 100% 的蓝色是亮蓝色。 ( )

(4)色相是 0 的颜色不可能是白色。 ( )

三、基础实训题

打开“颜色”调板,通过“HSB 滑块”调配各种颜色。

任务二 了解图像类型

【任务概述】

Photoshop 是一个典型的图像处理软件,那什么是图像呢?本任务将介绍图像的类型,以及各类型的含义。

【任务目标】

◆了解图像类型。

【技能目标】

◆放大图像,观察锯齿。

【基本知识与技能】

1 数字图像

计算机中的图像是以数字方式进行记录和存储的,这些由数字信息表述的图像被称为数字图像。

2 位图图像(位图)

位图是由许多点表示的图,在计算机中,位图的实质是一个数字矩阵,矩阵中各项数字用来描述构成图像的每一点的信息。构成图像的这些点称为像素。位图图像放大后会失真,呈现锯齿状。

3 矢量图像(矢量图)

矢量图是用计算机绘制的图。矢量图放大后会保持光滑,无锯齿,不会丢失细节或降低清晰度。因此,矢量图最适合表现醒目的图形,这种图形在缩放到不同大小时都能保持线条清晰。

【学习情景】

1 任务描述

通过放大位图图像来观察锯齿。

2 任务执行

(1)打开 Photoshop 程序。

(2)打开素材图片文件夹中的 1-2-1. jpg 文件,如图 1-2-1 所示。

(3)多次按快捷键"Ctrl + +",放大图像。当放大比例为 500% 时,图像如图 1-2-2 所示(图像局部)。此时可观察到图像中出现锯齿。

图 1-2-1

图 1-2-2

【任务小结】

图像分为两种:一种是位图,放大后会失真,呈现锯齿状;另一种是矢量图,放大后不会失真。

【课后作业】

简答题

(1)位图和矢量图放大后的区别是什么?

(2)位图和矢量图能否互相转换?

任务三 了解分辨率

【任务概述】

图像是由像素组成的,像素的数目是分辨率。分辨率的大小决定了图像的清晰程度及其在显示器上的显示比例和输出的大小。

【任务目标】

◆了解分辨率的含义和一般表示方法。

【技能目标】

◆能根据图像分辨率和显示器分辨率大小,计算图像在显示器上的显示比例。

【基本知识与技能】

1 分辨率

分辨率是指单位长度上像素的数目,其单位为“像素/英寸”或“像素/厘米”。

2 图像分辨率

图像分辨率是指图像每英寸显示的像素点。像素点密度越高,图像的细节表现力就越强,清晰度也越高。

3 显示器分辨率

显示器分辨率是计算机显示屏的物理分辨率,即在显示器屏幕上的像素数。显示器分辨率常用“水平像素数×垂直像素数”表示,如1024×768像素等。

4 打印分辨率

打印分辨率是指通过计算机输出图像信号到打印机进行打印时,用户在计算机对话框中所选择的分辨率。计算机将按这个参数输出图像信号,打印机将按这种设定的分辨率进行打印。

【学习情景】

1 任务描述

根据图像分辨率和显示器分辨率大小,计算图像在显示器上的显示比例。

2 任务执行

(1)假设显示器分辨率为800×800像素,即显示器水平和垂直方向均有800个像素。

若用一个格子表示 100 个像素，则显示器分辨率大小可以用图 1-3-1 表示。

(2) 假设一幅图像的分辨率为 400 × 400 像素。将图像在显示器上显示，效果如图 1-3-2所示。

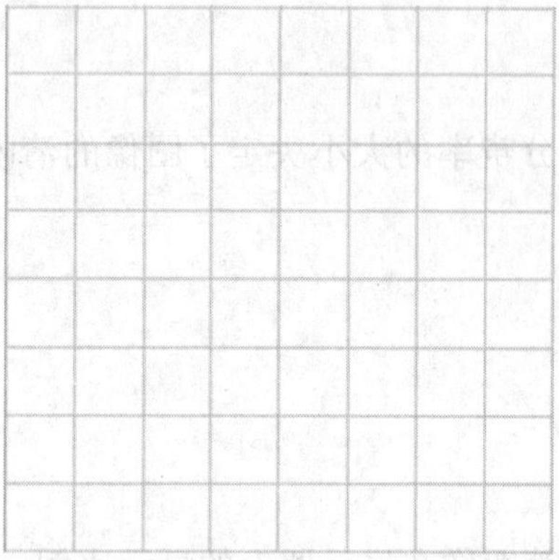

图 1-3-1

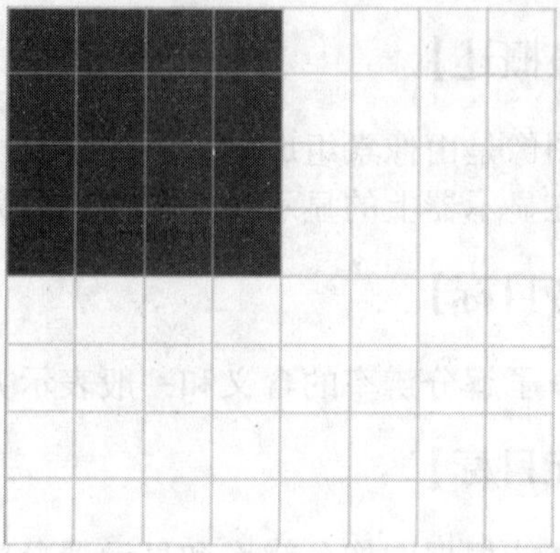

图 1-3-2

(3) 通过观察可以看出图像占显示器的 1/4 大小。

【任务小结】

图像分辨率的高低直接影响图像的质量。而显示器分辨率和打印分辨率决定了图像在显示器上的显示比例和图像打印后的打印比例。

【课后作业】

一、简答题

(1) 图像分辨率的单位一般是什么？

(2) 图像分辨率与打印分辨率的区别是什么？

二、判断题

(1) 分辨率越大，图像越模糊。 ( )

(2) 在同一屏幕分辨率的情况下，分辨率越高的图像显示的尺寸越大。 ( )

(3) 打印分辨率是打印机的分辨率，不能更改。 ( )

(4) 显示器分辨率为 1024 × 768 像素，其中 1024 代表了显示器的水平像素数。 ( )

任务四　了解颜色模式

【任务概述】

颜色模式决定了显示和打印数字图像的色彩模型。本任务简要介绍颜色模式中的 5 种模式。

【任务目标】

◆了解 RGB 模式、CMYK 模式、灰度模式、位图模式和 Lab 模式的定义及区别。

【技能目标】

◆能运用 Photoshop 中的“图像”菜单，转换图像模式。

【基本知识与技能】

1　RGB 模式

RGB 是色光的色彩模式。R 代表红色，G 代表绿色，B 代表蓝色，三种色彩叠加形成了其他的色彩。因此，该模式也叫加色模式。显示器、投影设备以及电视机等许多设备都采用这种加色模式。

就编辑图像而言，RGB 模式是最佳的颜色模式之一，因为它可以提供全屏幕的 24bit 的色彩范围，即真彩色显示。但是，如果将 RGB 模式用于打印就不是最佳的了，因为 RGB 模式所提供的有些色彩已经超出了打印的范围，在打印一幅真彩色的图像时，就必然会损失一部分亮度，并且比较鲜艳的色彩肯定会失真。打印所用的是 CMYK 模式，而 CMYK 模式所定义的色彩要比 RGB 模式定义的色彩少很多，因此打印时，系统自动将 RGB 模式转换为 CMYK 模式，这样就难免损失一部分颜色，出现打印后失真的现象。

2　CMYK 模式

CMYK 模式主要用于印刷业，与 RGB 模式正相反，它采用颜色相减方式。CMYK 模式以四色处理为基础，C 代表青色，M 代表洋红色，Y 代表黄色，K 代表黑色。CMYK 模式是最佳的打印模式，RGB 模式尽管色彩多，但不能完全打印出来。那么是不是在编辑的时候就采用 CMYK 模式呢？不是，因为用 CMYK 模式编辑虽然能够避免色彩的损失，但运算速度很慢。

3　灰度模式

灰度模式中只存在灰度。亮度是控制灰度的唯一要素。亮度越高，灰度越浅，越接近于白色；亮度越低，灰度越深，越接近于黑色。因此，黑色和白色均包括在灰度之中，它们是灰度模式的一个子集。当一个彩色文件被转换为灰度文件时，所有的颜色信息都将从文件中去掉。尽管 Photoshop 也允许将一个灰度文件转换为彩色模式文件，但不可能将原来的色彩丝毫不变地恢复回来。

4　位图模式

位图模式就是图像只由黑色和白色两种像素组成。需要注意的是，当图像转换到位图模式后，无法进行其他编辑，甚至不能复原灰度模式时的图像。

5　Lab 模式

Lab 模式又称为索引模式。索引模式所定义的色彩最多,并且与光线及设备无关,其处理速度与 RGB 模式同样快,比 CMYK 模式快很多。因此,可以放心大胆地在图像编辑中使用 Lab 模式。而且,Lab 模式在转换成 CMYK 模式时色彩没有丢失或被替换。

【学习情景】

1　任务描述

打开素材图像文件,查看其颜色模式,然后将其转换成另一种颜色模式。

2　任务执行

(1)打开 Photoshop 程序。

(2)打开素材图片文件夹中的 1-4-1. jpg 文件。通过图像文件的标题栏可以看出,此时图像是 RGB 模式。

(3)单击“图像”菜单,选择“模式”,选择“灰度”,确定。

(4)此时可以观察到图像文件只有黑、白、灰三种颜色。之前的彩色色彩全部丢失。

(5)单击“图像”菜单,选择“模式”,选择“位图”,确定。

(6)观察图像文件。此时图像中每个像素的颜色不是黑,就是白,其相应的图像也是由许多个小黑块和小白块组成的。

【任务小结】

Photoshop 的颜色模式包含了 RGB 模式、CMYK 模式、灰度模式、位图模式和 Lab 模式等。每种模式都有其特点和优点,模式之间也能互相转换,但转换后图像色彩会有损失。

【课后作业】

一、简答题

(1)RGB 模式的优点是什么?

(2)RGB 模式转换为 CMYK 模式后,图像会有什么变化?

二、判断题

(1)CMYK 模式用于打印输出,因此若图像是为了打印输出,编辑图像时就应该采用 CMYK 模式。(　　)

(2)图像在灰度模式下和在位图模式下呈现出的色彩是一样的。(　　)

(3)在颜色模式中,索引模式定义的色彩最多。(　　)

项目二 Photoshop 基本操作

【项目概述】

Photoshop 功能强大,要学好 Photoshop,首先要熟悉其工作环境与界面,熟练掌握其基本操作。

任务一 认识 Photoshop CS5 的工作环境与界面

【任务概述】

Photoshop 作为专业的图形图像处理软件,是许多从事平面设计工作人员的必备工具。它广泛地应用于广告、印刷、婚纱摄影、网页设计等领域。因为它具有强大的图形图像处理功能,目前也广泛应用在园林景观设计图后期处理的工作过程中。要熟练运用 Photoshop 软件,首先要了解 Photoshop 的工作界面。本任务主要介绍 Photoshop CS5 的工作界面,包括应用程序栏、菜单栏、工具选项栏、工具箱、图像窗口、调板等。

Photoshop CS5 的全称是 Adobe Photoshop Creative Suite 5,简称 PS CS5,是由 Adobe 公司研发的,该版本于 2010 年 4 月发布,是目前 Photoshop 版本中功能较稳定的主流产品之一。

【任务目标】

◆了解 Photoshop CS5 的工作界面。

【技能目标】

◆熟知 Photoshop CS5 工作界面上各部分的含义,熟知各按钮、图标的功能。

【基本知识与技能】

Photoshop CS5 的工作界面非常系统化,便于操作和理解,同时也易于被人接受。其主要由应用程序栏、菜单栏、工具箱、工具选项栏、调板、图像窗口和状态栏等几个部分组成,如图 2-1-1 所示。

1 应用程序栏

Photoshop CS5 工作界面的最顶端是应用程序栏,用户在此可以方便地选择命令从而对图像进行编辑和修饰,如图 2-1-2 所示。

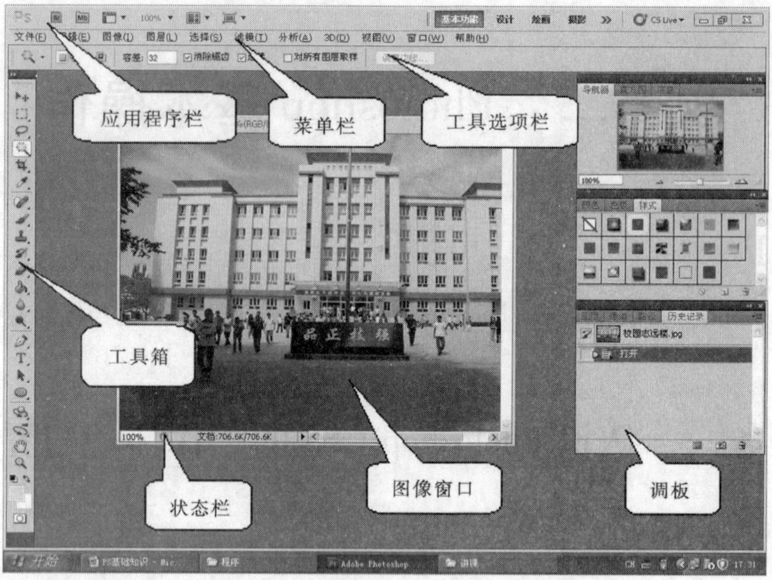

图 2-1-1

图 2-1-2

1.1　Photoshop CS5 图标

Photoshop CS5 图标显示在应用程序栏最左侧，单击该图标，可选择还原、移动、最大化、最小化及关闭命令。

1.2　**启动 Bridge 按钮**

单击此按钮，可以打开 Bridge 界面。精简版或绿色版的 Photoshop CS5 中无此功能。

1.3　**启动 Mini Bridge 按钮**

单击此按钮，可以打开 Mini Bridge，这是 Photoshop CS5 新增的一个内置迷你版的 Bridge，如图 2-1-3 所示。

图 2-1-3

1.4　**查看额外内容按钮**

单击此按钮右侧的下拉三角形，可以方便地为图像添加参考线、网格和标尺。

1.5　**缩放级别按钮**

单击此按钮右侧的下拉三角形，可以通过选择缩放比例对图像进行相应比例的缩放。

1.6　**排列文档按钮**

单击此按钮右侧的下拉三角形，选择打开图片的排列方式，可以对图像进行多样式的排列。

1.7　**屏幕模式按钮**

单击此按钮右侧的下拉三角形，可以对屏幕的显示模式进行标准屏幕模式、带有菜单栏的全屏模式、全屏模式三者间的转换。

1.8　工作场景切换器

Photoshop CS5 应用程序栏的右端是工作场景切换器，如图 2-1-4 所示。单击不同的图标，或单击右侧»，在下拉菜单中选择相应命令，Photoshop CS5 会弹出相应的调板。

图 2-1-4

1.9　CS5 Live 按钮

单击此按钮，将弹出一个下拉菜单，可以选择一些在线服务。

1.10　最小化、最大化、关闭按钮

应用程序栏最右侧为窗口控制按钮（最小化、最大化、关闭按钮），分别用于实现对图像窗口进行最小化、最大化（或恢复）、关闭操作。

2　菜单栏

Photoshop CS5 共有 11 个主菜单。每个菜单都包含一系列的命令，如图 2-1-5 所示。

图 2-1-5

3　工具箱

Photoshop CS5 的工具箱默认出现在工作界面的左侧。通过使用工具箱中的工具，用户可以选择区域、移动对象、绘画、注释、输入及编辑文字等。通过工具箱中的其他功能，还可以更改背景色和前景色。

工具图标后的下拉三角形，表明其下还隐藏着其他工具。

将鼠标放在工具图标上，工具的名称将会显示出来。

4　工具选项栏

Photoshop CS5 的工具选项栏在菜单栏的下方。工具选项栏与工具有关，即不同的工具，会有不同的选项栏。图 2-1-6 为选框工具的选项栏。

图 2-1-6

5　调板

调板可以查看和修改图像。

单击“窗口”菜单，可以控制调板的显示与隐藏。默认情况下，Photoshop 会将一些调板成组堆叠显示，如图 2-1-7 所示。图层调板、通道调板和路径调板成组出现，用户单击不同的调板标签，相应的调板即成为当前显示的调板。

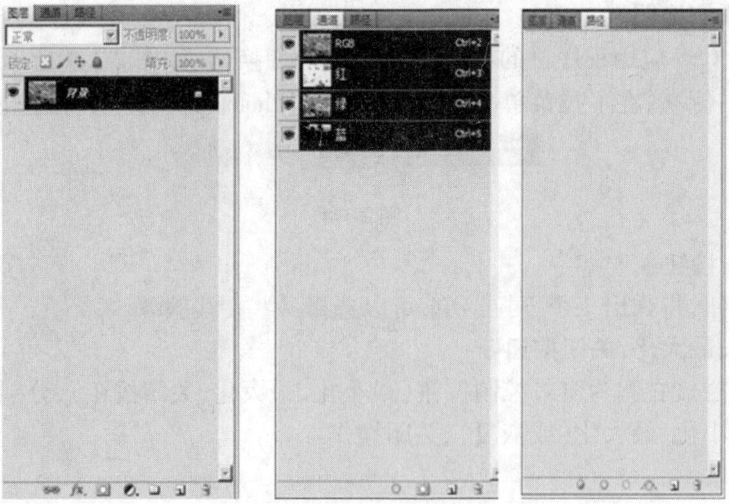

图 2-1-7

6　图像窗口

用户在 Photoshop 中打开的图像即出现在图像窗口中。图像窗口可以最大化显示，如图 2-1-8 所示，也可以悬浮显示，如图 2-1-9 所示。不论图像窗口以哪种方式显示，图像窗口顶端都显示了该图像的名称、显示比例等信息。

图 2-1-8

图 2-1-9

7　状态栏

图像窗口的最下端为状态栏，显示了该图像的显示比例、文件大小等信息。

8　工具预设

如果需要频繁地使用某工具，且使用时该工具的设置也相同，就可以将这些设置作为预设存储起来，以便在使用该工具时随时使用这些设置。

如单击“矩形选框工具”图标，然后在工具选项栏中设置样式为“固定大小：64px *

64px”,这时单击工具选项栏最左端图标后的下拉三角形,打开如图 2-1-10 所示的工具预设调板。单击工具预设调板右侧第二个按钮“创建新的工具预设”,弹出“新建工具预设”对话框,如图 2-1-11 所示。将新工具命名为“矩形选框工具 1”,确定后退出。此时单击矩形选框工具选项栏最左侧的工具预设按钮,新工具就会出现。

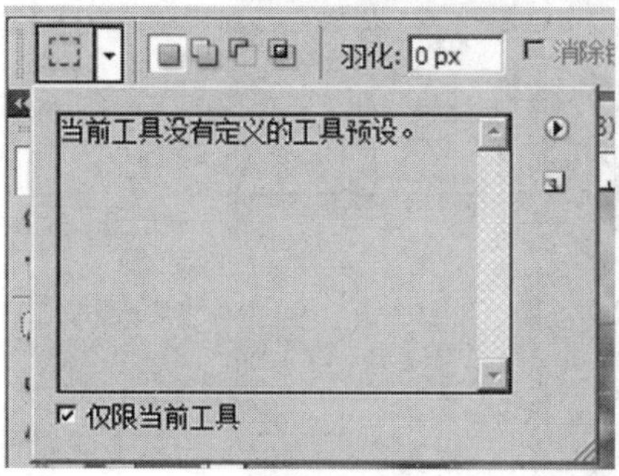

图 2-1-10

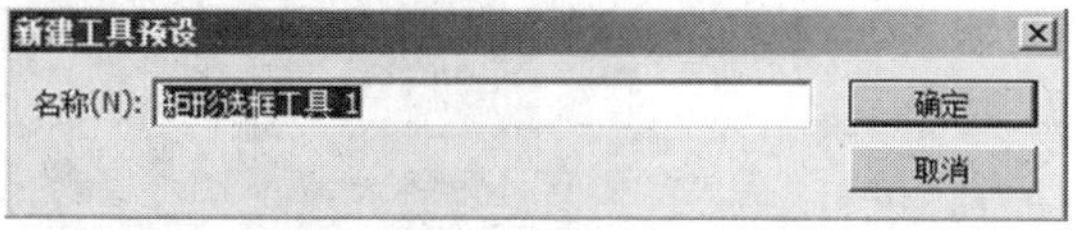

图 2-1-11

【学习情景】

1　任务描述

在 Photoshop CS5 程序中打开一个图像,图像默认为最大化显示,将其改为悬浮显示。再打开一个图像,将两个图像进行左右双联排列。关闭打开的第一个图像。打开“历史记录”调板,将其堆叠在“图层、通道、路径”调板组上。

2　任务执行

(1)打开 Photoshop CS5 程序。单击“文件”菜单,在下拉菜单中选择“打开”。在弹出的“打开”对话框中,选择素材图片文件夹中的 2-1-12. jpg 文件,单击“打开”按钮。

(2)图像 2-1-12. jpg 被打开。此时,该图像以默认的最大化方式显示,如图 2-1-12所示。

图 2-1-12

(3)用鼠标左键点击图像窗口的标题栏并向下拖拽,将图像窗口改成悬浮显示。此时图像窗口标题栏右侧出现最小化、最大化、关闭按钮,如图 2-1-13 所示。

图 2-1-13

(4)单击“文件”菜单下的“打开”命令,打开素材图片文件夹中的2-1-13. jpg 文件。

(5)单击应用程序栏上的“排列文档”按钮右侧的下拉三角形,从下拉列表中选择“左右双联”按钮并单击,将图像 2-1-12. jpg 和图像 2-1-13. jpg 进行左右双联排列,效果如图 2-1-14 所示。

图 2-1-14

(6)单击图像 2-2-12. jpg 窗口标题栏上的关闭按钮,关闭此图像。

(7)单击“窗口”菜单,打开“历史记录”调板,效果如图 2-1-15 所示。

(8)用鼠标左键单击“历史记录”调板上“历史记录”几个字所在位置,将其拖拽到“图层、通道、路径”调板组“路径”之后的空白位置上,松开鼠标左键,效果如图 2-1-16 所示。

图 2-1-15

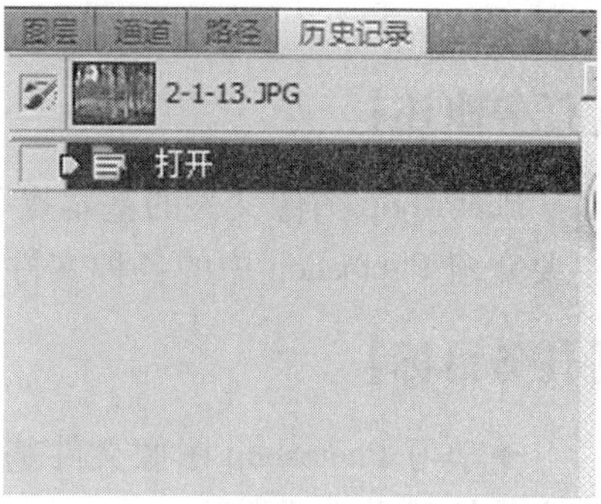

图 2-1-16

【任务小结】

Photoshop 功能强大,熟练掌握其工作界面无疑是学好 Photoshop 的基础。本任务介绍了 Photoshop CS5 工作界面上各部分的名称、功能和含义。

【课后作业】

一、填空题

(1)Photoshop CS5 有____种屏幕显示方式,分别是____。

(2)Photoshop CS5 工作界面的左侧是________________,右侧是________________。

(3)打开________________菜单,可以控制调板的显示或隐藏。

(4)打开____________________调板,可以显示出之前的操作步骤。

二、判断题

(1)Photoshop CS5 只能打开一个文件。　(　　)

(2)Photoshop CS5 的工具选项栏随工具的不同而不同。　(　　)

(3)用鼠标左键单击调板标题,可以调整调板的位置。　(　　)

(4)Photoshop CS5 可以将常用的固定设置的工具保存在工具选项栏上。　(　　)

三、选择题(可多选)

(1)以下哪些调板在默认状态下是成组出现的?(　　)

A. 图层　B. 通道　C. 路径　D. 历史记录

(2)图像窗口的顶端显示了以下哪些信息?(　　)

A. 图像文件名称　B. 图像显示比例　C. 图像大小　D. 图像分辨率

四、基础实训题

打开 Photoshop CS5,说出工作界面上各部分的名称。

任务二　熟练 Photoshop 图像文件基本操作

【任务概述】

Photoshop 图像文件的基本操作包括文件的新建、打开、保存、浏览、关闭等。本任务主要介绍 Photoshop 中的各种文件操作。

【任务目标】

◆学习 Photoshop 图像文件基本操作，熟知新建、打开、保存、浏览、关闭 Photoshop 图像文件的基本步骤。

【技能目标】

◆能较熟练地新建、打开、保存、浏览、关闭 Photoshop 图像文件。

【基本知识与技能】

1　新建文件

打开 Photoshop CS5 程序，单击“文件”菜单，选择“新建”命令，打开“新建”对话框，如图 2-2-1 所示。

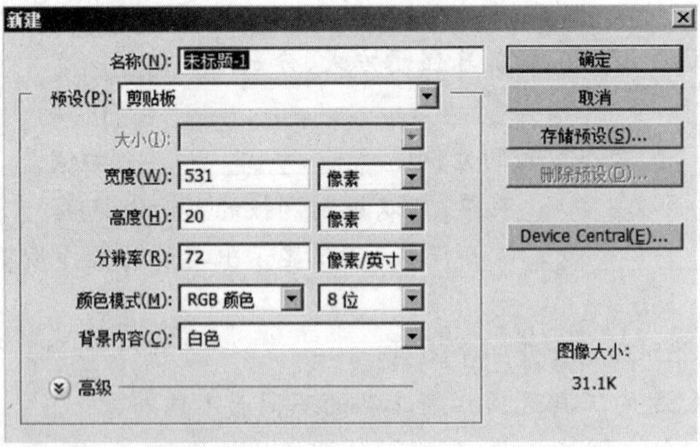

图 2-2-1

“新建”对话框由以下几部分内容组成。

1.1　名称

在这里可以给图像指定文件名，默认为“未标题 - 1”。

1.2　预设及存储预设

打开“预设”后的下拉三角形，可出现如图 2-2-2 所示的下拉菜单。用户可在下拉菜单中选择预定义好的参数。一般情况下选择“自定”，然后在下面的“宽度”和“高度”中根据需要进行设置。用户设置了自定的尺寸后，可以单击“新建”对话框右侧的“存储预设”按钮。这样，设置的尺寸就会出现在“预设”右侧下拉三角形的下拉菜单中。下次当用户打开“新建”对话框时，就会在“预设”中找到自己设置的尺寸。

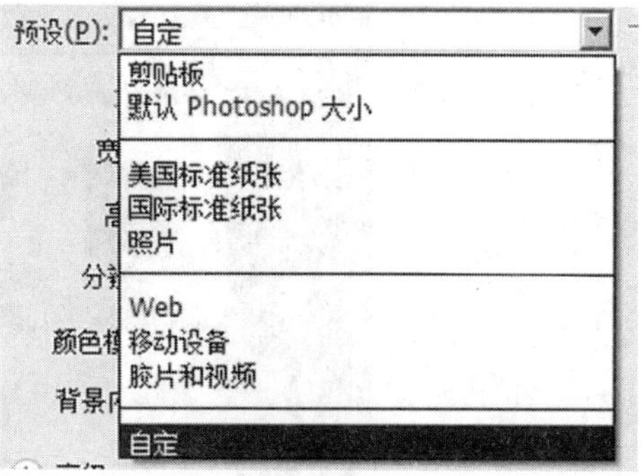

图 2-2-2

1.3　宽度、高度

用于指定图像的宽度和高度的数值。在其后的下拉列表中还有“像素”、“厘米”、“毫米”、“英寸”等计量单位可以选择。一般用于包装设计等用途的图像，常采用“毫米”为单位，当进行软件界面的设计时，一般采用“像素”为单位。

1.4　分辨率

用于指定新建文件的分辨率。分辨率的大小必须根据图像的用途来确定。比如用于网页制作或软件的界面时，分辨率用 72 像素/英寸；用于印刷时，一般采用 300 像素/英寸或更高的值；而用于喷绘时，用 150 像素/英寸就足够了。

1.5　颜色模式

Photoshop 的颜色模式基于色彩模式，包括位图、灰度、RGB、CMYK 和 Lab 等几种模式。其中，RGB 模式一般用于在显示器上的显示，CMYK 模式主要用于印刷。

1.6　背景内容

用于选择新建文件的背景内容，包括白色、背景色和透明等 3 种。

- 白色：白色背景。
- 背景色：以所设定的背景色（相对于前景色）为新建文件的背景。
- 透明：透明的背景（以灰色与白色交错的格子表示）。

设置完参数后，单击“确定”按钮，一个新的图像文件就创建好了。

2　打开文件

Photoshop 有以下几种打开图像文件的方法：

（1）执行“文件”菜单下的“打开”命令，打开如图 2-2-3 所示的“打开”对话框，在“查找范围”右边的下拉列表里选择即将打开文件的所在路径。在“文件名”框内输入即将打开文件的文件名，在“文件类型”框中选择即将打开文件的文件类型，如 psd、jpg、bmp、tif 等。

（2）将资源管理器与 Photoshop 程序都打开，如图 2-2-4 所示。在资源管理器中，用鼠标左键单击并拖动要打开的图像文件至 Photoshop 程序灰色的空白处，松开鼠标左键，即可打开该图像文件。

（3）将 Photoshop 程序最小化显示，打开资源管理器，用鼠标左键单击并拖动要打开的图像文件至任务栏上的 Photoshop 程序图标处，系统将自动打开 Photoshop 程序，此时松开鼠标左键，即可打开该图像文件。

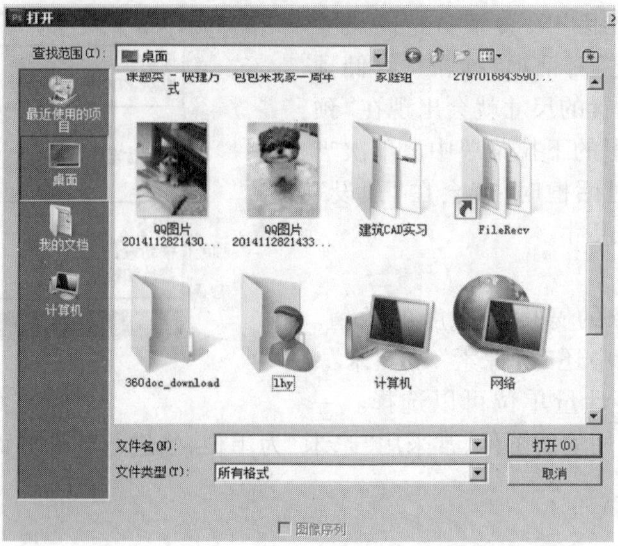

图 2-2-3

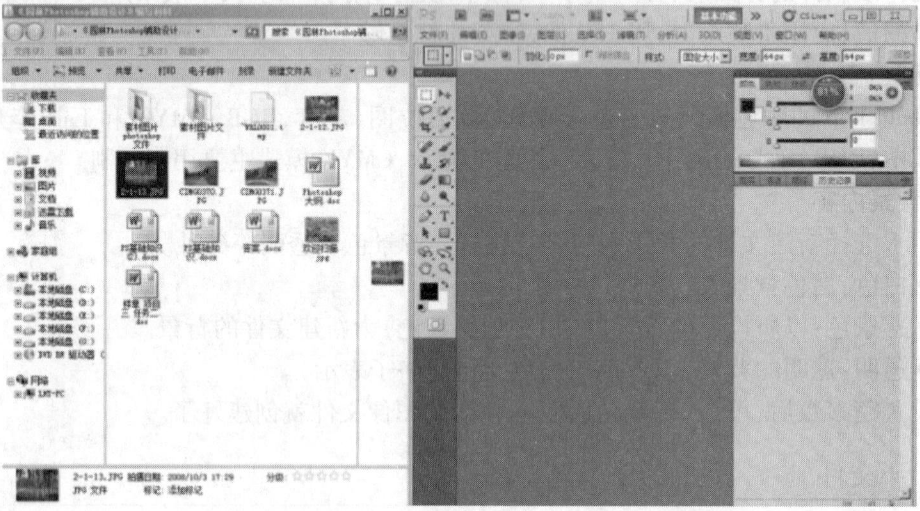

图 2-2-4

3　保存文件

新建一个图像文件后，在开始编辑前建议先保存文件。保存文件的方法很简单，单击“文件”菜单，选择下拉菜单中的“存储”，打开如图 2-2-5 所示的“存储为”对话框，设置新文件的保存地址、文件名和文件格式（默认为 PSD 格式），即可保存文件。

在该文件操作过程中，若用户想将文件的最新状态进行保存，可以继续选择“存储”，此时文件的最新状态被保存在第一次保存的文件中。用户也可以选择“存储为”，重新设置文件的保存地址、文件名和文件格式。

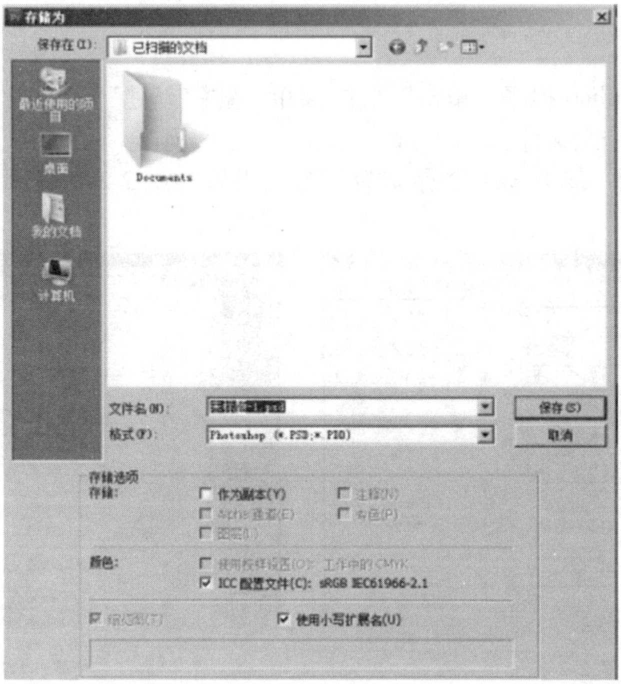

图 2-2-5

4 浏览文件

单击应用程序栏上的 Bridge 或 Mini Bridge,可以像 ACDsee 那样浏览图像文件。

5 关闭文件

关闭图像文件的方法有如下 3 种。

方法一:按快捷键“Ctrl + W”,可关闭图像文件。按快捷键“Ctrl + Q”,可退出 Photoshop 程序。

方法二:执行菜单“文件”下的“关闭”命令,可关闭图像文件。选择“退出”命令,可退出 Photoshop 程序。

方法三:单击图像窗口右上角的关闭按钮,可关闭图像文件。单击 Photoshop 应用程序栏右侧的关闭按钮,可退出 Photoshop 程序。

【学习情景】

1 任务描述

打开 Photoshop 程序,新建一个宽度、高度均为 200 厘米,分辨率为 72 像素/英寸,其他参数为默认的新文件,并将新文件保存在桌面上,命名为“1. psd”。另外,将素材图片文件夹中的 2-2-1. jpg 在 Photoshop 中打开,另存在桌面上,重命名为“2. jpg”。关闭 1. psd。退出 Photoshop 程序。

2　任务执行

(1)打开 Photoshop 程序。单击“文件”菜单,选择“新建”,参数设置如图 2-2-6 所示。单击“确定”,新建一个文件。

(2)单击“文件”菜单,选择“存储为”,参数设置如图 2-2-7 所示。将新建文件重命名。

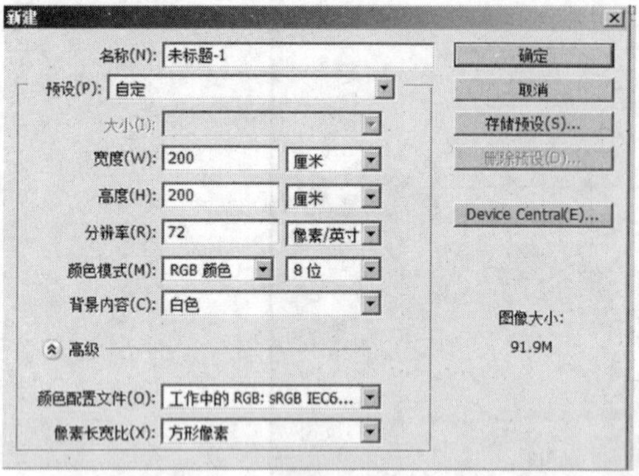

图 2-2-6

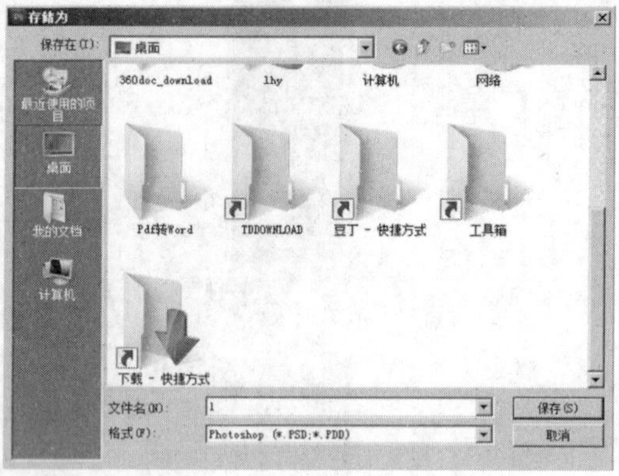

图 2-2-7

(3)单击“文件”菜单,选择“打开”,将素材图片文件夹中的图像文件 2-2-1. jpg 打开。

(4)使图像文件 2-2-1. jpg 为当前文件,如图 2-2-8 所示。单击“文件”菜单,选择“存储为”,将图像文件 2-2-1. jpg 另存在桌面上,文件类型设置为“psd”,文件名重命名为“2”。

图 2-2-8

(5)使 1. psd 为当前文件,单击文件名后的关闭按钮,关闭图像文件 1. psd。

(6)单击“文件”菜单,选择“退出”,关闭 2. psd,并退出 Photoshop 程序。

【任务小结】

Photoshop 是图像处理软件。因此,熟练掌握 Photoshop 图像文件的基本操作,包括新建、打开、保存、浏览、关闭等,是十分重要和必要的。

【课后作业】

一、填空题

(1)Photoshop 的颜色模式有__________、__________、Lab 模式、位图模式和灰度模式五种。

(2)Photoshop 的颜色模式中的__________模式一般用于在显示器上的显示,而____________模式则主要用于印刷。

(3)Photoshop 默认的文件格式为__________。

二、基础实训题

在 Photoshop CS5 中新建一个图像文件,重命名后关闭,再用两种不同的方法打开该文件。

任务三 应用 Photoshop 基本工具

【任务概述】

本任务将详细讲解 Photoshop 基本工具的应用,使用户能够简单、快捷、精确地描绘各种复杂图形,大大提高图像制作的效率。

【任务目标】

◆了解 Photoshop 基本工具的功能。

【技能目标】

◆能熟练地打开标尺、网格、参考线等辅助工具,并能熟练地对图像进行缩放和平移,会查看和修改图像文件的大小与分辨率。

【基本知识与技能】

1 图像标尺、网格与参考线的设置

1.1 标尺的设置

标尺如图 2-3-1 所示,显示在当前图像窗口的顶部和左侧,可以帮助用户精确地确定图像或元素的位置。此外,在默认状态下,标尺原点位于左上角的(0,0)点。若想改变标尺的原点,可将光标放在窗口左上角标尺的交叉点上,按着鼠标左键沿对角线向下拖动,此时会看到一组十字线,松开鼠标左键,十字线的交点就是标尺的新原点。若想将原点恢

复到左上角,只需双击标尺的左上角即可。

图 2-3-1

在 Photoshop CS5 中,有 3 种方法可以打开标尺。

(1)单击 Photoshop CS5 应用程序栏上的"查看额外内容"图标,在其下拉列表中选择"显示标尺"。

(2)在图像窗口位置按"Ctrl + R"键。

(3)单击"视图"菜单,选择"标尺"。

重复执行以上操作,可以隐藏标尺。

1.2 网格的设置

网格是在默认情况下不能被打印出来的格状线条,如图 2-3-2 所示,它常常用于对称地布置图形元素。在 Photoshop CS5 中有 2 种方法可以显示网格。

(1)单击 Photoshop CS5 应用程序栏上的"查看额外内容"图标,在其下拉列表中选择"显示网格";

(2)单击"视图"菜单,选择"显示"命令下的"网格"。

重复执行以上操作,可以隐藏网格。

1.3 参考线的设置

参考线是浮动在图像上方的一些不会被打印出来的线条,如图 2-3-3 所示,用户可以任意移动和删除参考线,也可以锁定参考线以便不会无意中移动它们。

1.3.1 显示/隐藏参考线

在 Photoshop CS5 中有 2 种方法可以显示或隐藏参考线。

(1)单击 Photoshop CS5 应用程序栏上的"查看额外内容"图标,在其下拉列表中选择"显示参考线"。

(2)单击"视图"菜单,选择"显示"命令下的"参考线"。

图 2-3-2 网格

图 2-3-3 参考线

1.3.2 新建参考线

当鼠标靠近标尺时,鼠标指针会变成一个空心箭头,此时按住鼠标左键沿水平标尺拖动可以创建水平参考线,沿垂直标尺拖动可以创建垂直参考线。

1.3.3 移动参考线

选择移动工具,然后将鼠标放在参考线上,此时鼠标指针会变为双箭头,直接拖动参考线即可移动。

1.3.4 锁定参考线

单击“视图”菜单,选择“锁定参考线”,即可锁定参考线,不会误移动或误删除。

1.3.5 删除参考线

删除参考线有以下 2 种方式:

(1)单击“视图”菜单,选择“清除参考线”,即可删除参考线。

(2)用移动工具将参考线移出图像窗口即可删除参考线。

1.4 标尺、网格、参考线参数设置

单击“编辑”菜单,选择“首选项”,在下拉列表中选择“单位与标尺”,即可对标尺进行参数设置。选择“参考线、网格与切片”,即可对参考线和网格进行参数设置。

2 图像的缩放和平移

2.1 图像的缩放

(1)放大图像:单击“视图”菜单,选择“放大”,即可放大图像。可多次选择,不断放大图像。也可使用快捷键“Ctrl + +”。

(2)缩小图像:单击“视图”菜单,选择“缩小”,即可缩小图像。可多次选择,不断缩小图像。也可使用快捷键“Ctrl + -”。

(3)按屏幕大小缩放:单击“视图”菜单,选择“按屏幕大小缩放”,即可使图像全屏显示在图像窗口内。也可使用快捷键“Ctrl +0”。

(4)实际像素:单击“视图”菜单,选择“实际像素”,即可按图像的实际像素将图像显

示在图像窗口内。也可使用快捷键“Ctrl + 1”。

(5)也可以在图像窗口左下角的文本框内输入数值,来控制图像的显示比例,如图 2-3-4所示。

图 2-3-4

2.2　**图像的平移**

当对图像进行放大后,图像可能不能完全显示。此时,选择工具箱里的抓手工具,可以对图像进行平移,浏览图像的各个局部。

3　调整图像大小和分辨率

3.1　**查看图像大小和分辨率**

单击“图像”菜单,选择“图像大小”,即打开如图 2-3-5 所示的“图像大小”对话框。在图 2-3-5 中可以看出,该图像宽度和高度均为 199.99 厘米,分辨率为 72 像素/英寸。

3.2　**调整图像大小和分辨率**

单击“图像大小”对话框中“约束比例”前的对钩,取消约束比例。此时,用户可在高度、宽度、分辨率后的文本框中输入想要的数值,以此来调整图像大小和分辨率。

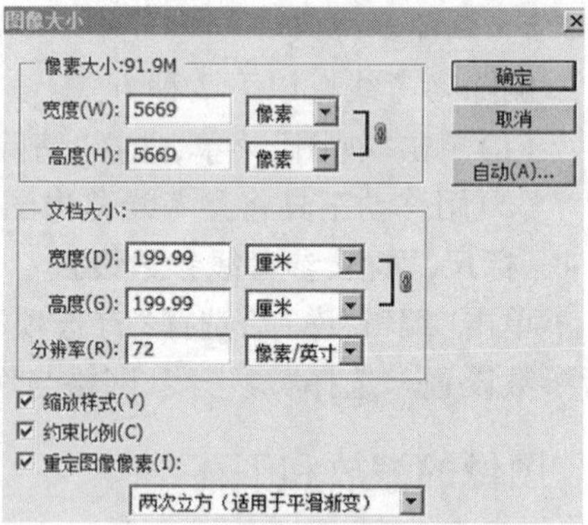

图 2-3-5

【学习情景】

1　任务描述

打开一个图像文件,查看其图像大小。重新打开一个图像文件,将其图像大小设置为前一个图像文件的1/2。将第二个图像文件中的图像移入第一个图像文件中,并放置在第三象限位置。效果如图 2-3-6 所示。

图 2-3-6

2　任务执行

（1）在 Photoshop 中打开素材图片文件夹中的 2-3-7. jpg 文件，如图 2-3-7 所示。

（2）单击其标题栏，使其悬浮显示。按快捷键“Ctrl +0”，使其按屏幕大小进行自动缩放。

（3）单击“图像”菜单，选择“图像大小”，查看该图像文件的宽度、高度（如 90. 32 厘米 ×67. 74 厘米）。

（4）按快捷键“Ctrl + R”打开标尺。

（5）将鼠标放在水平标尺上，单击并向下拖动，引出一条水平参考线。同样，引出一条垂直参考线。

（6）分别移动水平参考线和垂直参考线，使其分别位于水平标尺和垂直标尺的中心。

（7）打开素材图片文件夹中的 2-3-8. jpg 文件，如图 2-3-8 所示。

图 2-3-7

图 2-3-8

（8）单击“图像”菜单，选择“图像大小”，取消勾选“约束比例”，将图像文件的宽度、高度分别改成图像文件 2-3-7. jpg 宽度和高度的一半（如 45. 16 厘米 ×33. 87 厘米）。

(9)选择移动工具,按住鼠标左键并拖动图像 2-3-8. jpg 至图像 2-3-7. jpg 中。

(10)继续使用移动工具,在图像 2-3-7. jpg 中选择刚移动进来的图像,将其放置在如图 2-3-6 所示位置。

【任务小结】

熟练掌握 Photoshop 的基本工具,包括辅助线的制作、图像的缩放和图像大小的调整等,可以对图像进行精确处理。

【课后作业】

一、填空题

(1)按“Ctrl + ____”,可以放大图像;按“Ctrl + ____”,可以缩小图像。

(2)使用________工具,可以平移图像。

(3)使用________工具,可以移动参考线。

二、判断题

(1)网格可以打印出来。 ( )

(2)参考线可以打印出来。 ( )

(3)按“Ctrl + R”可以显示标尺,按“Ctrl + H”可以隐藏标尺。 ( )

(4)当对图像进行缩放时,不能精确确定图像的缩放比例。 ( )

(5)当显示了参考线后,参考线不能删除。 ( )

(6)图像的宽度和高度具有一定比例,不能更改。 ( )

三、基础实训题

(1)打开一个图像文件,依次打开标尺、参考线和网格,然后进行隐藏。

(2)放大图像文件直到图像不能完全显示,用抓手工具对图像进行平移。

(3)将图像文件按屏幕大小进行缩放。

(4)查看并修改图像文件的大小和分辨率。

项目三　Photoshop 常用工具

【项目概述】

牢固掌握 Photoshop 的常用工具是做好一件 Photoshop 作品的基础，本项目主要对 Photoshop 的常用工具做一介绍。为了让大家能够较好地了解及应用，本项目将常用工具分为八项任务进行介绍，即应用填充工具、应用选取工具、应用绘图工具、应用修饰工具、应用路径工具、应用文字工具、应用图像色彩和色调工具、应用滤镜工具。每项任务均通过案例进行讲解，通过案例介绍，带入工具应用，在做中学、在学中做，方便学习及查阅。

任务一　应用填充工具

【任务概述】

任何图像都离不开颜色，用 Photoshop 的填充工具修饰图像时，需要相应的颜色，在 Photoshop 中提供了很多设置、运用颜色的方法。本任务主要介绍颜色的设置、填充和渐变工具以及油漆桶工具。

【任务目标】

◆理解颜色设置及相关工具属性栏中各参数的意义。

◆熟悉填充、渐变和油漆桶工具的使用方法和技巧。

【技能目标】

◆能够对前景色、背景色及拾色器、色板进行颜色设置。

◆熟练运用各种相关工具绘制特殊图像效果。

【基本知识与技能】

1　设置绘制颜色

1.1　前景色与背景色

在 Photoshop 中，前景色通常用于绘制图像、填充和描边选区等，背景色常用于生成渐变填充和填充图像中被抹除的区域。

在 Photoshop 工具箱的底部有一组前景色和背景色设置按钮，如图 3-1-1 所示，在默认情况下，前景色为黑色，背景色为白色。

- 前景色：单击前景色图标，可以在弹出的“拾色器”对话框中选取一种颜色作为前

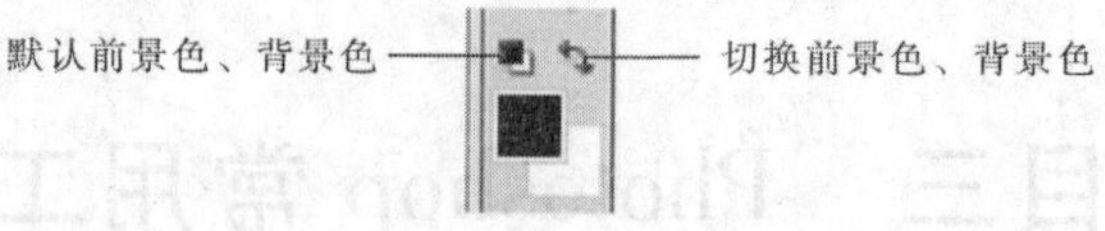

图 3-1-1

景色。

● 背景色：单击背景色图标，可以在弹出的“拾色器”对话框中选取一种颜色作为背景色。

1.2 使用拾色器选取颜色

在 Photoshop 中，只要设置颜色几乎都需要用到拾色器，如图 3-1-2 所示，在拾色器中，可以选用 HSB、RGB、Lab 或 CMYK 颜色模式来指定颜色。

1.3 使用吸管工具选取颜色

使用吸管工具可以在打开的图像的任何位置采集色样来作为前景色或背景色，如图 3-1-3所示。吸管工具选项栏如图 3-1-4 所示。

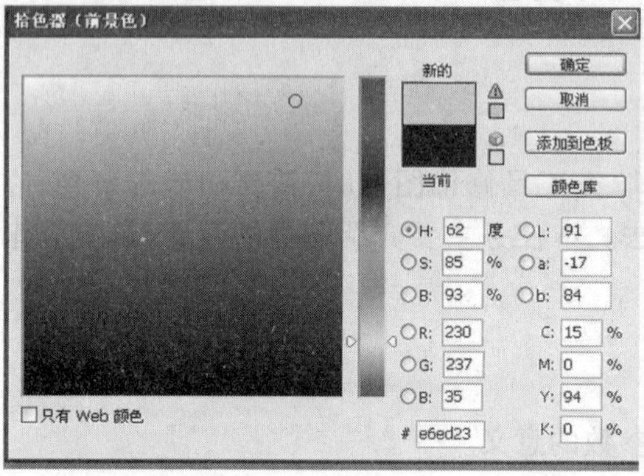

图 3-1-2

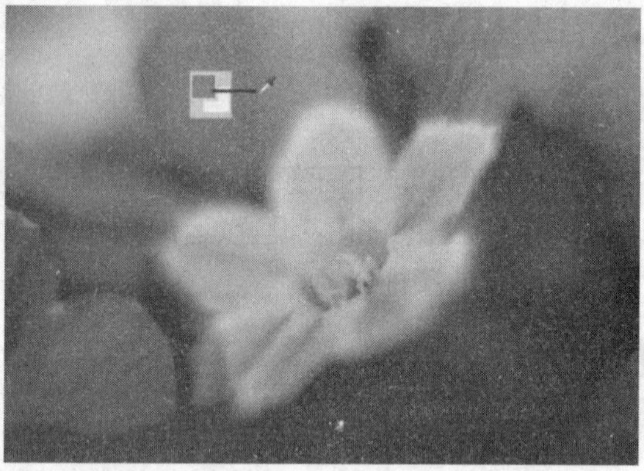

图 3-1-3

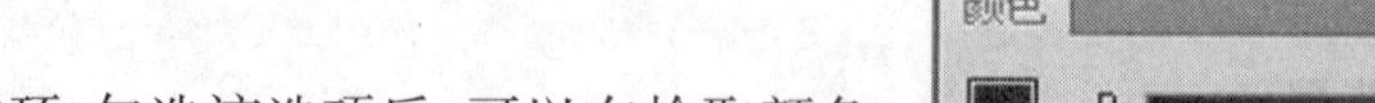

图 3-1-4

吸管工具选项栏介绍如下：

● 取样大小：设置吸管取样范围的大小。

● 样本：可以从“当前图层”或“所有图层”中采集颜色。

● 显示取样环：勾选该选项后，可以在拾取颜色时显示取样环。

1.4 “颜色”面板

执行“窗口/颜色”菜单命令，可以打开“颜色”面板，如图 3-1-5 所示。“颜色”面板中显示了当前的前景色和背景色，可以在该面板中重新设置前景色和背

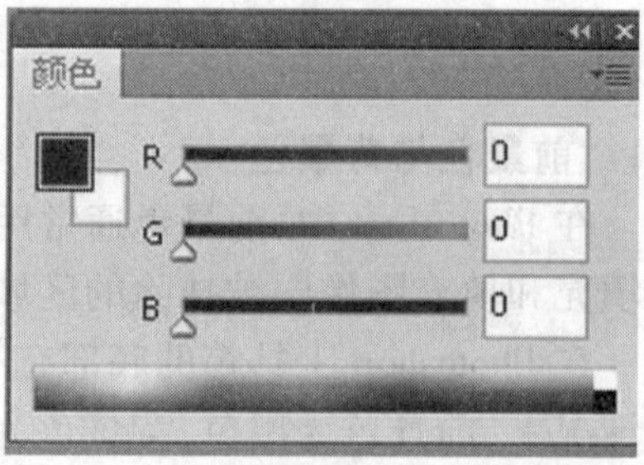

图 3-1-5

景色。

1.5　“色板”面板

“色板”面板中是一些系统预设的颜色，单击相应的颜色即可将其设置为前景色。执行“窗口/色板”菜单命令，可以打开“色板”面板，如图 3-1-6 所示。

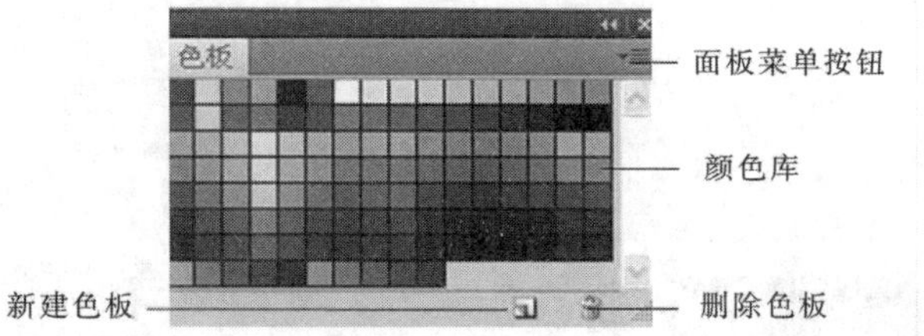

图 3-1-6

2　填充前景色、背景色

执行“编辑/填充/前景色(背景色)”菜单命令，可填充前景色(背景色)。快速填充前景色的快捷键为“Alt + Delete”，填充效果如图 3-1-7所示；快速填充背景色的快捷键为“Ctrl + Delete”。

图 3-1-7

3　渐变工具

使用渐变工具可以在整个文档或选区内填充渐变色，并且可以创建多种颜色的混合效果。渐变工具选项栏如图 3-1-8 所示。渐变工具的应用非常广泛，它不仅可以填充图像，还可以用来填充图层蒙版、快速蒙版和通道等。

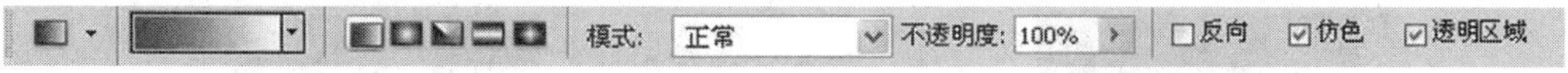

图 3-1-8

渐变工具选项栏介绍如下：

- 渐变颜色条：显示当前的渐变颜色，单击右侧的倒三角图标，可以打开渐变拾色器，如图 3-1-9 所示。如果单击渐变颜色条，则会弹出“渐变编辑器”对话框，在该对话框中可以编辑渐变颜色，或存储渐变等，如图 3-1-10 所示。
- 渐变类型：激活“线性渐变”按钮，可以以直线方式创建从起点到终点的渐变，如图 3-1-11 所示；激活“径向渐变”按钮，可以以圆形方式创建从起点到终点的渐变，如图 3-1-12所示；激活“角度渐变”按钮，可以创建围绕起点以逆时针扫描方式的渐变，如图 3-1-13 所示；激活“对称渐变”按钮，可以使用均衡的线性渐变在起点的任意一侧创建渐变，如图 3-1-14 所示；激活“菱形渐变”按钮，可以以菱形方式从起点向外产生渐变，终点定义菱形的一个角，如图 3-1-15 所示。

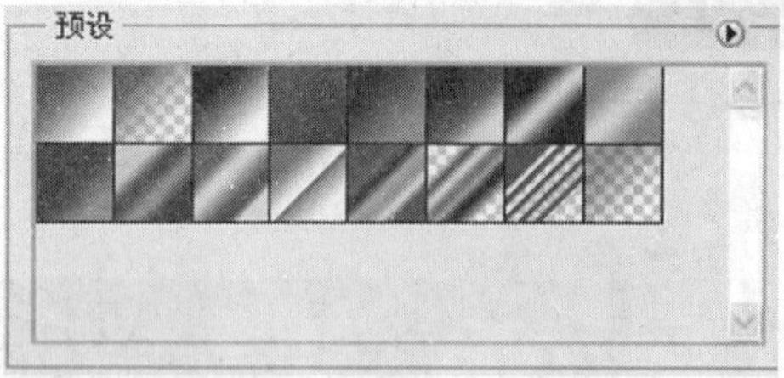

图 3-1-9

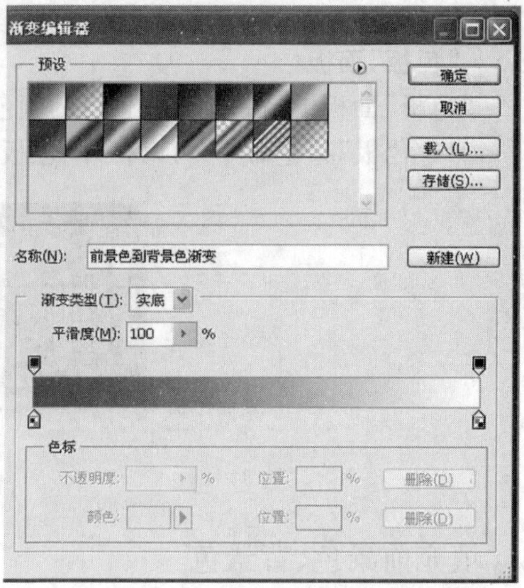

图 3-1-10

图 3-1-11

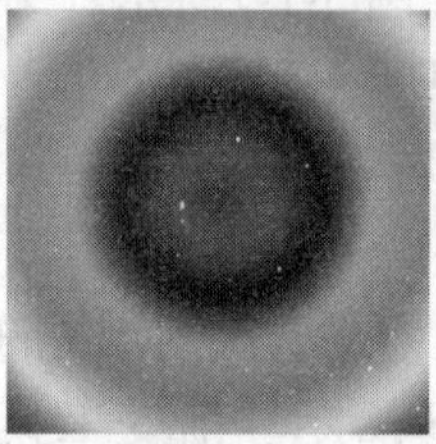

图 3-1-12

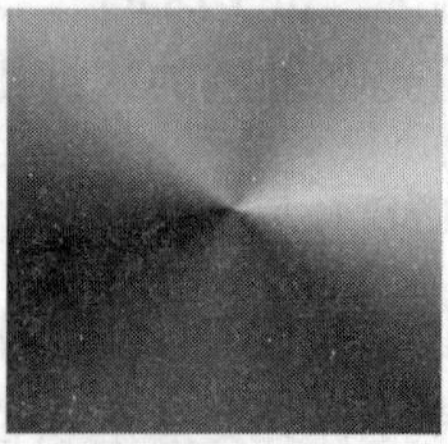

图 3-1-13

图 3-1-14

图 3-1-15

● 模式:用来设置应用渐变时的混合模式。

● 不透明度:用来设置渐变色的不透明度。

● 反向:勾选该选项时,可转换渐变中的颜色顺序,得到反方向的渐变结果。

● 仿色:勾选该选项时,可以使渐变效果更加平滑。它主要用于防止打印时出现的条带变化,但在计算机屏幕上并不能明显地体现出来。

● 透明区域:勾选该选项时,可以创建包含透明像素的渐变。

提示:渐变工具不能用于位图和索引颜色图像,在切换颜色模式时,有些方式观察不到渐变效果,此时就需要将图像再切换到可用模式下操作。

4 油漆桶工具

使用“油漆桶工具”可以在图像中填充前景色或图案，如果创建了选区，填充的区域为当前选区；如果没有创建选区，填充的就是与鼠标单击处颜色相近的区域。油漆桶工具选项栏如图 3-1-16 所示。

图 3-1-16

油漆桶工具选项栏选项介绍如下：

- 填充模式：用于选择填充的模式，包含“前景”和“图案”两种模式。
- 模式：用来设置填充内容的混合模式。
- 不透明度：用来设置填充内容的不透明度。
- 容差：用来定义填充颜色的相似程度。容差值低则填充的颜色范围小，容差值高则填充的颜色范围大。
- 消除锯齿：勾选该选项后，可平滑填充选区的边缘。
- 连续的：勾选该选项后，只填充图像中处于连续范围内的区域；关闭该选项后，可以填充图像中的所有相似像素。
- 所有图层：勾选该选项后，可以对所有可见图层中与单击点颜色相近的区域进行填充；关闭该选项后，仅填充当前选择的图层。

【学习情景】

1 任务描述

利用油漆桶工具填充图案，油漆桶工具在有无选区的情况下均可进行颜色或图案的填充，我们利用这一特性，对图像中的相近颜色进行图案填充，以深刻理解无选区填充。

2 任务执行

（1）打开素材图像 3-1-17. jpg，如图 3-1-17 所示。

（2）在工具箱中点击油漆桶工具，然后在选项栏中设置填充模式为“图案”，接着单击“图案”选项后面的倒三角图标，在弹出的图案拾色器中单击右向箭头，最后在弹出的菜单中选择“填充纹理”命令，如图 3-1-18 所示。

（3）在选项栏中选择图案，然后设置模式为“正常”，不透明度为 80%，容差为 80，并关闭“连续的”选项，接着在第一个图像上单击鼠标左键，效果如图 3-1-19 所示。

（4）选择其他图案，然后在第二个图像上单击鼠标左键，利用同样的方法填充剩下的两个图像，最终效果如图 3-1-20 所示。

图 3-1-17

图 3-1-18

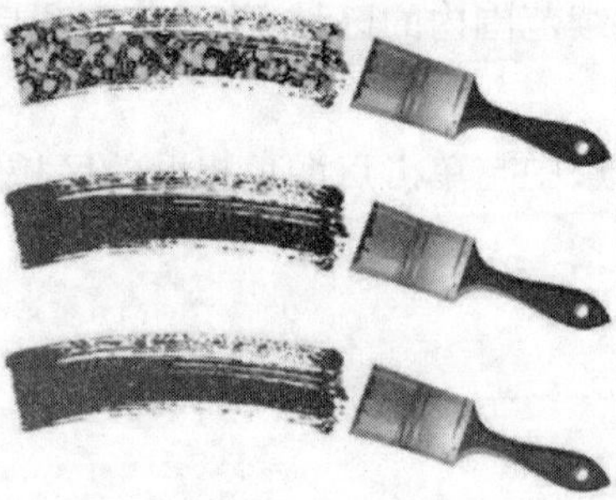

图 3-1-19

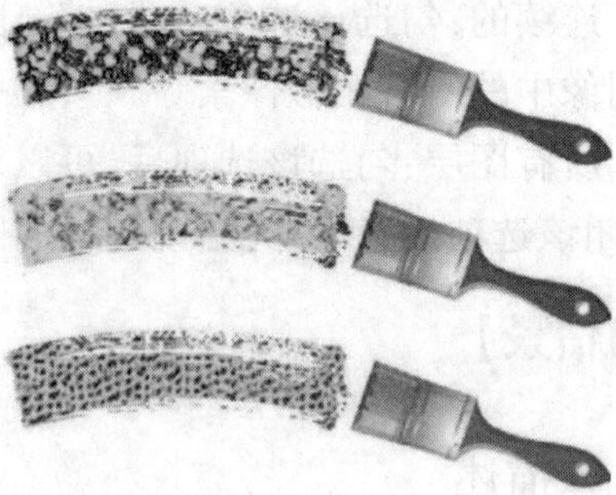

图 3-1-20

☞技巧:油漆桶工具的作用是对某一区域进行着色,文档中可以不必存在选区。

【任务小结】

颜色(图案)设置和在选区存在与否的情况下填充颜色(图案),对图像的处理至关重要,通过渐变及油漆桶工具可以在没有选区的情况下,通过容差、模式调整来进行颜色和图案的设置,为图像增加装饰效果。

【课后作业】

一、填空题

(1)油漆桶工具用于在__________或__________中填充图案。

(2)Photoshop 渐变工具选项栏中的渐变类型共有 5 种,分别是________、________、________、________和__________。

(3)填充前景色的快捷键是"________",填充背景色的快捷键是"___________"。

二、基础实训题

(1)掌握渐变工具的操作,能够熟练使用渐变编辑器来新建渐变样式。

(2)利用油漆桶工具对图像中可操作容差范围进行相应的图案填充。

任务二　应用选取工具

【任务概述】

在 Photoshop 中关于处理图像的操作几乎都与当前选区有关,因为任何编辑操作只对当前选区内的像素有效,对未选范围无效。所以,创建选区是进行其他许多操作的基础,而选区创建的准确与否,与图像编辑后的效果好坏有密切关系。因此,高效、快捷及准确地创建选区是提高图像处理质量、创作满意作品的关键。本任务主要介绍创建、编辑及应用选区的方法和技巧,相关工具和命令在工具箱和"选择"菜单中。

【任务目标】

◆理解选取工具与工具选项栏中的各项参数的意义。

◆理解"选择"菜单中编辑命令的作用。

◆熟悉创建选区的方法和技巧。

【技能目标】

◆能够对不同形状、不同颜色进行选取。

◆掌握选区编辑的方法和技巧。

◆熟练运用各种工具和命令绘制特殊图像效果。

【基本知识与技能】

1　创建选区

1.1　创建选区的方法

选框工具、套索工具、魔棒工具等是最基本的选取工具,利用这些工具可以创建简单的选区,组合使用可得到较复杂的选区。在 Photoshop 中创建选区可以根据选区的不同特点来选择相应的工具和命令。根据各选择方法的选择原理,大致可分为以下几种:①圈地式选择;②通过颜色选择;③通过通道与蒙版编辑得到;④通过图层和路径转换。

1.1.1　圈地式选择

圈地式选择是用选取工具直接创建选择区域,主要使用选框工具和套索工具,如图 3-2-1所示。

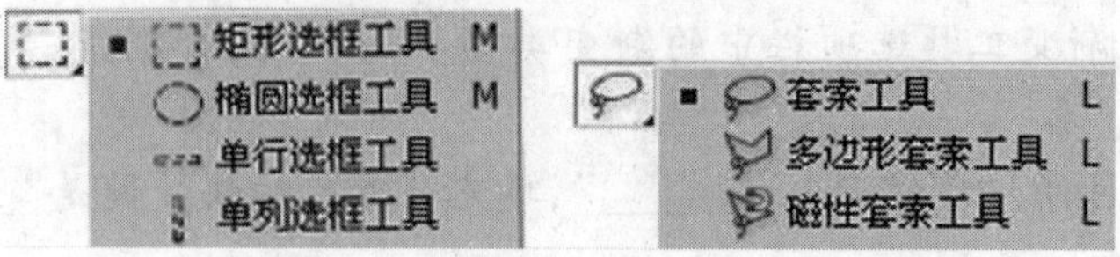

图 3-2-1

1.1.2　通过颜色选择

通过颜色创建选区主要运用魔棒工具和“色彩范围”命令，是根据颜色的反差来确定选区的，选择的选区是和取样点颜色相近的区域。这种选择方式适用于颜色比较单一的图像范围的选取。

1.1.3　通过通道与蒙版编辑得到

通道和蒙版是通过灰阶图像选取图像范围的。在通道和蒙版编辑方式下，可以使用画笔、橡皮擦等工具及滤镜命令来编辑选区。

1.1.4　通过图层和路径转换

图层的选区和路径可以相互转换。在图像中创建的选区可以通过转换成路径的方式进行保存，以便再次使用。选区转换成路径后可以使用钢笔工具进行编辑，进一步调节各节点的位置和曲度。

1.2　创建选区的工具和命令

1.2.1　规则形状选择工具

规则形状选择工具包括矩形选框工具、椭圆选框工具、单行选框工具和单列选框工具四种，它们的使用方法基本相同，创建的选区如图 3-2-2 所示。

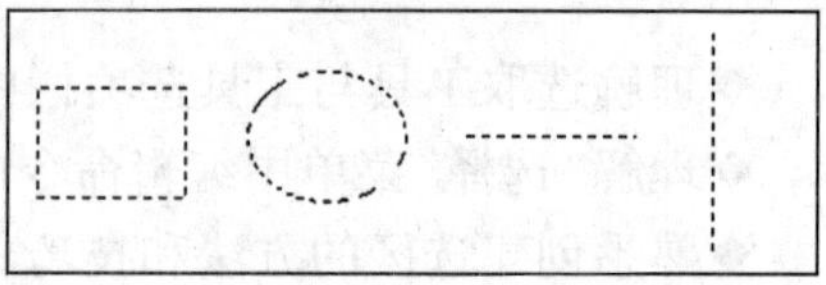

图 3-2-2

1.2.2　矩形选框工具

使用矩形选框工具可以在图像中创建形状为矩形的选区。单击工具箱中的“矩形选框工具”按钮，在图像窗口按下鼠标左键并拖动即可创建矩形选区，其选项栏如图 3-2-3 所示。

图 3-2-3

矩形选框工具选项栏介绍如下：

- ：单击该按钮可创建一个新选区。
- ：单击该按钮可在图像中的原有选区基础上添加新的选区。
- ：单击该按钮可在图像中的原有选区基础上减去新的选区。
- ：单击该按钮可创建原有选区和新选区的相交部分。
- 羽化：在该文本框中输入数值，可柔化选区边缘，产生渐变过渡的效果，如图 3-2-4 为输入不同羽化值的选区效果。其取值范围在 0～250。数值越大，羽化效果越明显。
- 消除锯齿：选中该复选框可除去边缘的锯齿，使选区边缘更加平滑，该选项在使用矩形选框工具时为灰色，不可用。

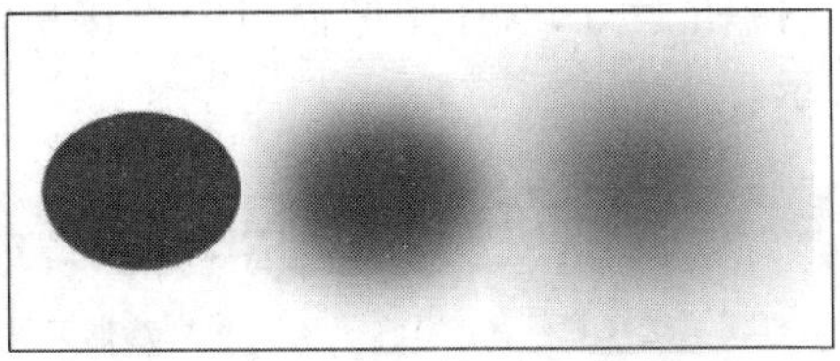

羽化值为0 羽化值为15 羽化值为25

图 3-2-4

• 样式：如图 3-2-5 所示，单击倒三角按钮，下拉列表中有三种样式：选择正常，在图像中单击并拖拽鼠标可创建任意宽度和高度的选区；选择固定长宽比，输入宽度和高度比值，单击并拖拽鼠标，可创建指定宽度和高度比例的选区；选择固定大小，输入宽度和高度值，直接单击即可创建指定大小的选区。

图 3-2-5

1.2.3 椭圆选框工具

使用椭圆选框工具可在图像中创建形状为椭圆的选区。单击工具箱中的“椭圆选框工具”按钮，在图像窗口按下鼠标左键并拖动即可创建椭圆选区，其选项栏如图 3-2-6 所示。

图 3-2-6

椭圆选框工具选项栏的各选项与矩形选框工具的基本相同。椭圆选区的宽度和高度分别为椭圆的长轴和短轴。消除锯齿效果如图 3-2-7 所示。

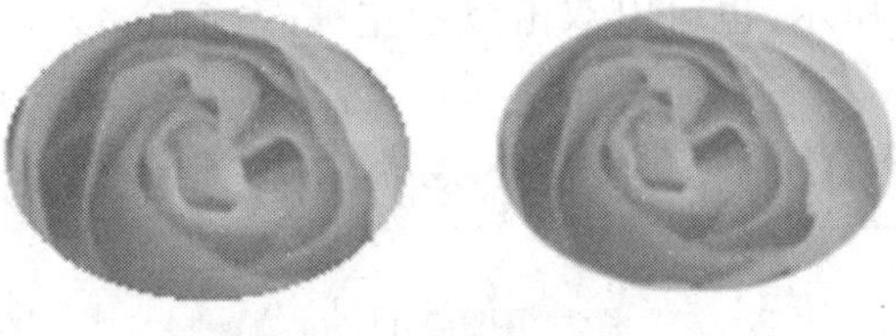

未选中消除锯齿 选中消除锯齿

图 3-2-7

☞技巧：(1) 在使用矩形或椭圆选框工具的同时按住“Shift”键，可以创建正方形或正圆形选区。

(2) 在使用矩形或椭圆选框工具的同时按住“Alt”键，可以创建确定中心的矩形或椭圆形选区。

(3) 在使用矩形或椭圆选框工具的同时按住“Shift + Alt”组合键，可以创建确定中心的正方形或正圆形选区。

1.2.4 单行、单列选框工具

使用单行选框工具可以在图像中创建高度为一个像素、宽度为文件宽度的选区；使用单列选框工具可以在图像中创建宽度为一个像素、高度为文件高度的选区。单击工具箱中的“单行/单列选框工具”按钮、，在图像窗口中直接单击，即可创建单行或单列选区，其选项栏如图 3-2-8 所示。

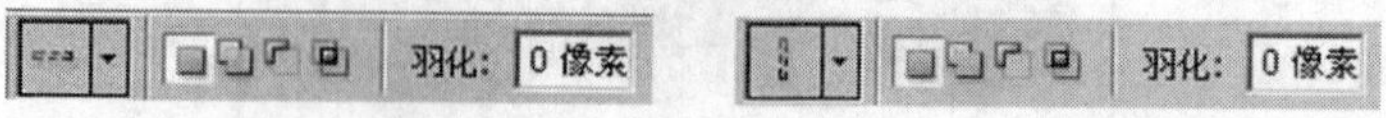

单行选框工具选项栏　　单列选框工具选项栏

图 3-2-8

1.2.5　套索工具

使用套索工具可以在图像中创建任意曲边的自由选区。单击工具箱中的“套索工具”按钮，其选项栏如图 3-2-9 所示。

图 3-2-9

套索工具选项栏的各选项与矩形选框工具基本相同。选择套索工具，在图像窗口中按下鼠标左键并拖动鼠标，即可创建曲边的选区，如图 3-2-10 所示。

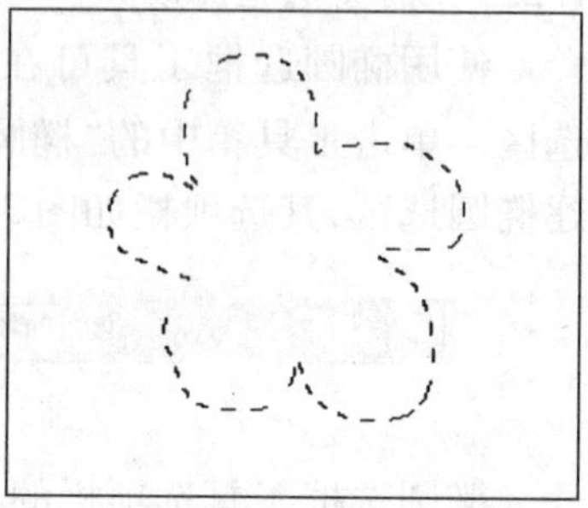

图 3-2-10

1.2.6　多边形套索工具

使用多边形套索工具，可以创建多边形选区，单击工具箱中的“多边形套索工具”按钮，其选项栏如图 3-2-11 所示。

选择多边形套索工具，在图像中单击设置起点，再次单击即可创建一条直线段，继续单击，可以创建一系列直线段，最后回到起点位置，此时光标右下角有一个小圆圈，单击即可闭合选区，如图 3-2-12 所示，也可以双击鼠标左键，系统会将起点与终点自动闭合。

图 3-2-11

技巧：(1)在创建选区时，按“Alt”键，可以在曲边和直线边之间切换。

(2)在创建选区过程中，单击“Delete”键，可以删除创建的直线段。

图 3-2-12

1.2.7　磁性套索工具

使用磁性套索工具，可以通过颜色进行选取，因为它可以自动根据颜色的反差来确定选区边缘，使选区边缘紧贴图像中已定义区域的边缘。磁性套索工具特别适用于快速选择边缘与背景有强烈对比的对象。单击工具箱中的“磁性套索工具”按钮，其选项栏如图 3-2-13 所示。

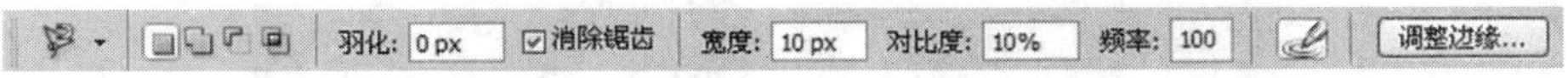

图 3-2-13

磁性套索工具选项栏介绍如下：

- 宽度：可以设置磁性套索工具在进行选取时能够检测到的边缘宽度，其取值范围在 0～256 像素。数值越小，所检测的范围就越小，选取也就越精确，但同时因为鼠标更难控制，稍有不慎就会移出图像边缘。
- 对比度：可以设置磁性套索工具在选取时的敏感度，其取值范围在 1%～100%。数值越大，选取的范围就越精确。
- 频率：可以设置选取时的关键点数（以小方框显示），其取值范围在 0～100。数值越大，标记的关键点就越多，选取就越精细。

选择磁性套索工具，在图像中单击设置第一个关键点，然后松开鼠标，将光标沿着所要选取的对象移动，此时，光标会紧贴图像中颜色对比度最大的地方创建选区线。当光标移至起点位置时，光标右下角有一个小圆圈，单击即可闭合选区，如图 3-2-14 所示。

在光标移动过程中，如果由于颜色对比度不大，没有紧贴想要选取的边缘，可以单击鼠标，手动添加关键点。

技巧：在创建选区过程中，单击“Delete”键，可以删除绘制的最后一条线段和关键点。

图 3-2-14

1.2.8　选择颜色范围

1.2.8.1　魔棒工具

使用魔棒工具，可以根据指定的容差值，选择色彩一致的选区。单击工具箱中的“魔棒工具”按钮，其选项栏如图 3-2-15 所示。

图 3-2-15

魔棒工具选项栏介绍如下：

- 容差：可以设置选定颜色的范围，其取值范围在 0～255。数值越大，颜色选取范围越广。
- 连续的：选中此复选框，选取时只选择与单击点位置相邻且颜色相近的区域；不选则选择图像中所有与单击点颜色相近的区域，而不管这些区域是否相连，如图 3-2-16 所示。
- 用于所有图层：选中此复选框，选取时对所有图层起作用；不选则选取时只对当前图层起作用。

1.2.8.2　“色彩范围”命令

使用“选择”菜单中的“色彩范围”命令，可以通过在图像窗口中指定颜色来定义选

选择“连续的”　　不选“连续的”

图 3-2-16

区,并可以通过指定其他颜色来增加或减少选区。单击“选择”菜单中的“色彩范围”命令,打开“色彩范围”对话框,如图 3-2-17 所示。

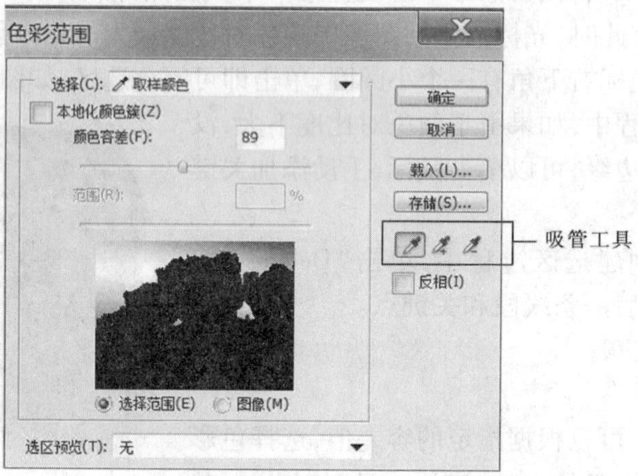

图 3-2-17

对话框选项介绍如下:

• 选择:单击此选项,将打开一个下拉列表,可以从中选择制作方式,如图 3-2-18 所示。在默认情况下,系统是根据取样点颜色进行选择的。当光标被移至图像窗口或预览窗口指定取样点的时候,光标将变成吸管形状。同时,在这种情况下,可以通过改变“颜色容差”的滑块来调整颜色选区。

• 颜色容差:指定用于选区颜色的范围。

• 选择范围和图像:指定对话框预览窗口中的图像显示方式,选择“选择范围”只能预览要创建的选区;选择“图像”可以预览整个图像。

• 选区预览:指定图像窗口中显示图像选择区域的预览方式,如图 3-2-19 所示。在默认的情况下,其设置为“无”,表示不在图像窗口中显示选择效果。若选择“灰度”、“黑色杂边”或“白色杂边”,则表示以灰色、黑色或白色显示未选区域。

• 吸管工具:单击不同的工具可以确定选区增减的方式。表示直接创建与单击点颜色相近的选区;表示在当前已有选区的基础上添加选区;表示在当前已有选区的基础上减少选区。

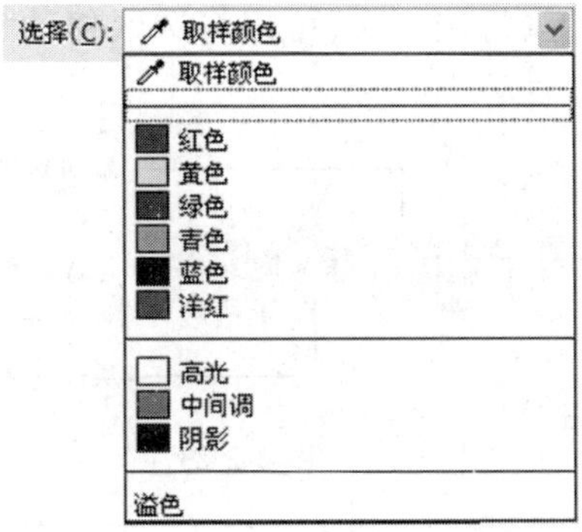

图 3-2-18

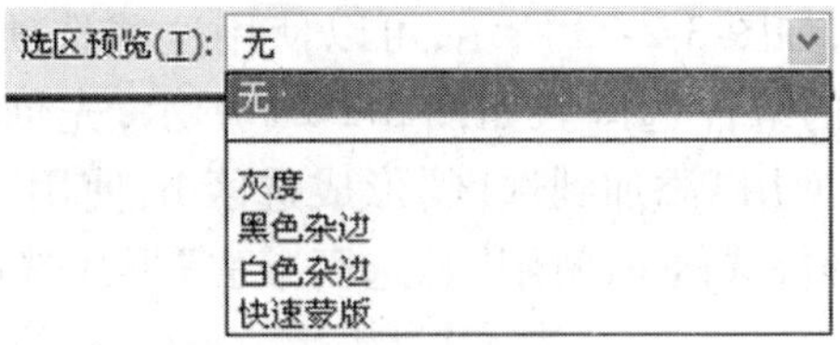

图 3-2-19

- 载入和存储：用来装载和保存“色彩范围”对话框的设置。
- 反相：勾选该选项后，可反选选择区域，相当于执行“反向”命令。

2　调整、编辑选区

创建完选区，有时需要对选区进行修改或调整，比如对选区进行移动、增减、羽化、扩大、变换等编辑，从而达到理想的效果。编辑选区的命令大多在“选择”菜单中，如图 3-2-20所示。

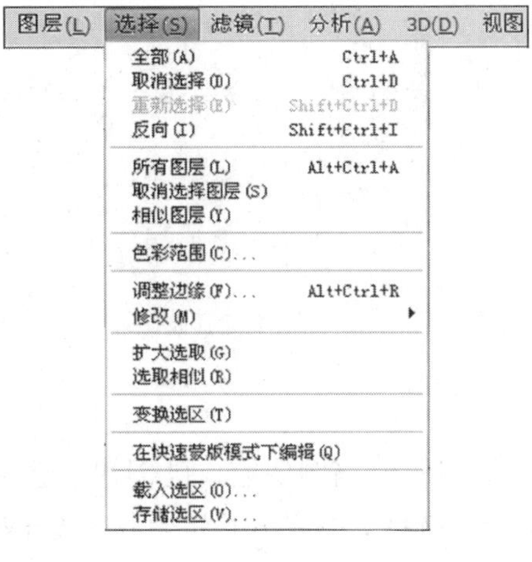

图 3-2-20

2.1　移动选区

当前工具为任意创建选区工具时，建立选区后将光标移动到选区内，当光标变为时，按下鼠标左键并拖动鼠标，可以移动选区。如图 3-2-21 为新创建的选区，图 3-2-22 为移动后的选区。移动选区可以在同一个图像窗口操作，也可以在不同图像窗口操作。

技巧：(1) 对选区进行微小距离移动时，可单击键盘上的“↑、↓、←、→”键，每按一次，可以将选区移动 1 个像素的距离。

图 3-2-21

图 3-2-22

(2)按住“Shift”键单击键盘上的“↑、↓、←、→”键,每按一次,可以将选区移动 10 个像素的距离。

2.2 增减选区

创建选区工具的工具选项栏中都有增减选区的选项,如图 3-2-23 所示,可以使用这些选项创建多个选区的组合选区。如图 3-2-24 所示,先创建一个选区 a,使用“添加到选区”形成选区 b,使用“与选区相交”形成选区 c,使用“从选区减去”形成选区 d。

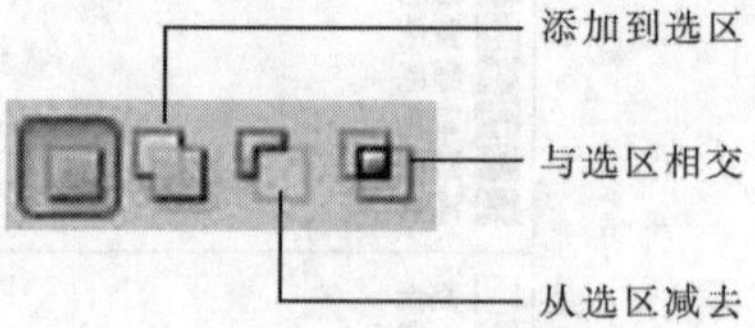

图 3-2-23

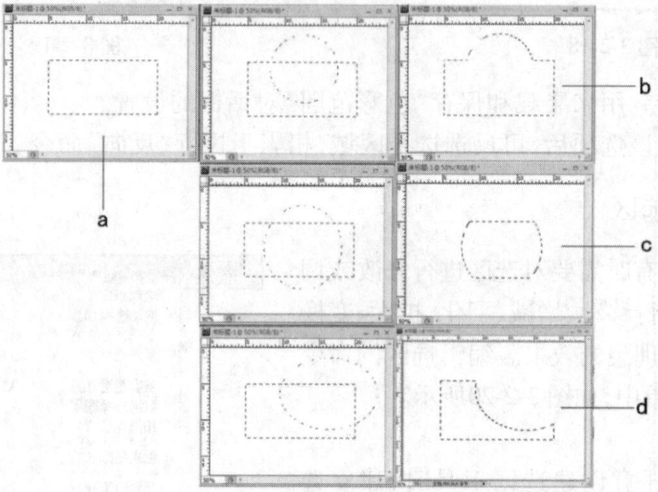

图 3-2-24

☞技巧:当图像窗口已创建了选区时,如需继续增加选区,可按“Shift”键直接增加;如需减少选区,可按“Alt”键直接减少;如需相交后选区,可按“Shift + Alt”组合键得到。

2.3 修改命令

“选择”菜单下提供了“修改”子菜单,包括五个子命令,即边界、平滑、扩展、收缩和羽化,主要用来修改选区的边缘,直到选区达到理想状态,如图 3-2-25 所示。

2.3.1 边界

创建选区后,执行“选择/修改/边界”菜单命令,可以将选区的边界向内或向外进行扩展,扩展后的选区边界将与原来的选区边界形成新的选区。如图 3-2-26 所示,是在“边界选区”对话框中分别设置“宽度”为 10 像素和 30 像素的选区效果。

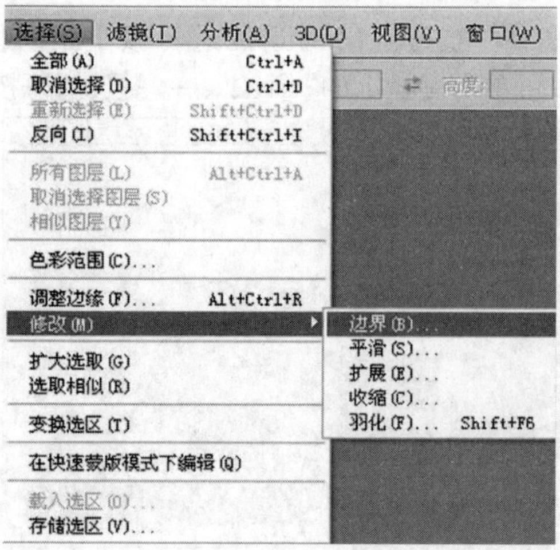

图 3-2-25

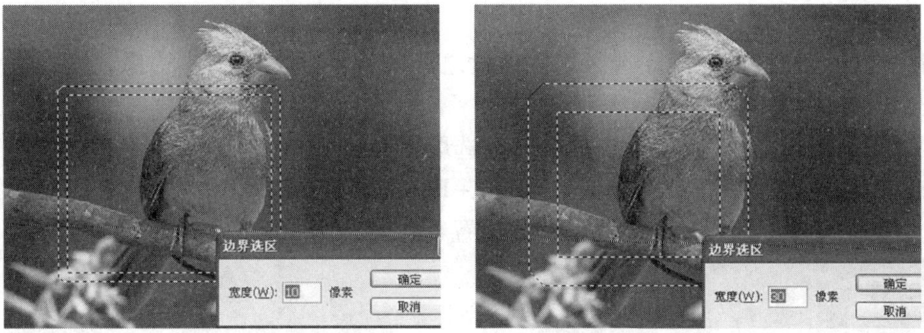

图 3-2-26

2.3.2 平滑

创建选区后,执行“选择/修改/平滑”菜单命令,可以将选区进行平滑处理,如图 3-2-27 所示,是分别设置“取样半径”为 5 像素和 30 像素的选区效果。

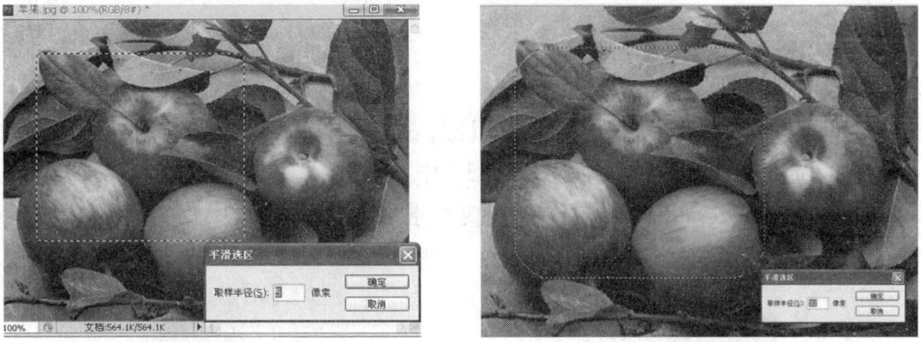

图 3-2-27

2.3.3 扩展与收缩

创建选区后, 执行“选择/修改/扩展”菜单命令, 可以将选区向外进行扩展。如图 3-2-28所示是设置的原始选区,图 3-2-29 所示为设置“扩展量”为 50 像素后的选区效果;如果要向内收缩选区,可以执行“选择/修改/收缩”菜单命令,如图 3-2-30 所示为设置“收缩量”为 50 像素后的选区效果。

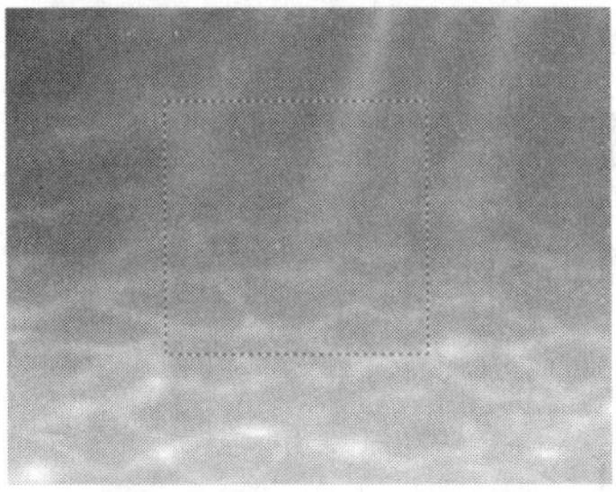

图 3-2-28

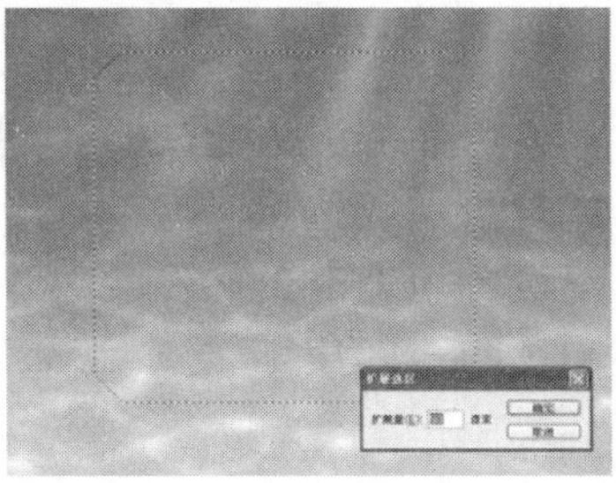

图 3-2-29

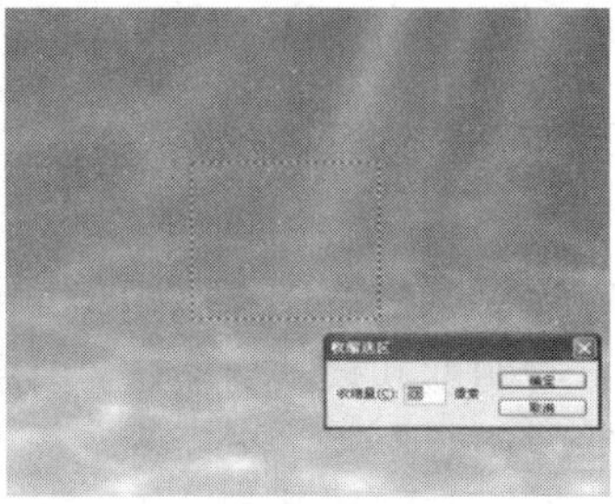

图 3-2-30

2.3.4　羽化

羽化选区是通过模糊建立选区周围像素之间的转换边界来模糊边缘，这种模糊方式将丢失选区边缘的一些细节。

可以先利用选框工具、套索工具等其他选取工具创建出选区，如图 3-2-31 所示，然后执行“选择/修改/羽化”菜单命令或按“Shift + F6”组合键，在弹出的“羽化选区”对话框中定义选区的羽化半径，图 3-2-32 所示即为设置羽化半径为 100 像素后的图像效果。

图 3-2-31

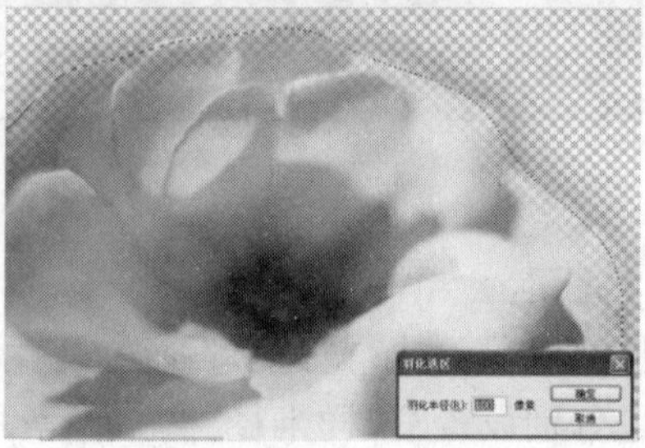

图 3-2-32

2.4　选取相似

“选取相似”命令与“扩大选取”命令相似，都是基于魔棒工具选项栏中指定的“容差”范围来决定选区的扩展范围。如图 3-2-33 中只选取了一部分灰色背景，执行“选择/选取相似”菜单命令后，Photoshop 同样会查找并选取与当前选区中像素色调相近的像素，从而扩大选择区域，如图 3-2-34 所示。

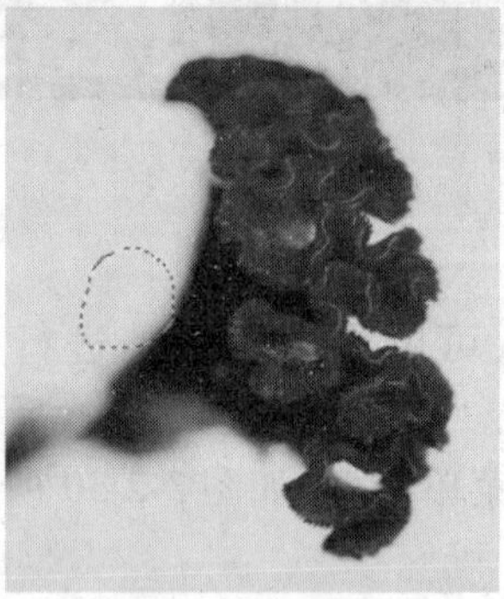

图 3-2-33

图 3-2-34

2.5　填充选区

利用“填充”命令可以在当前图层或选区内填充颜色或图案，同时也可以设置填充时的不透明度和模式，但文字图层和被隐藏图层不能使用“填充”命令。

执行“编辑/填充”菜单命令或按“Shift + F5”组合键，打开“填充”对话框，如图 3-2-35 所示。

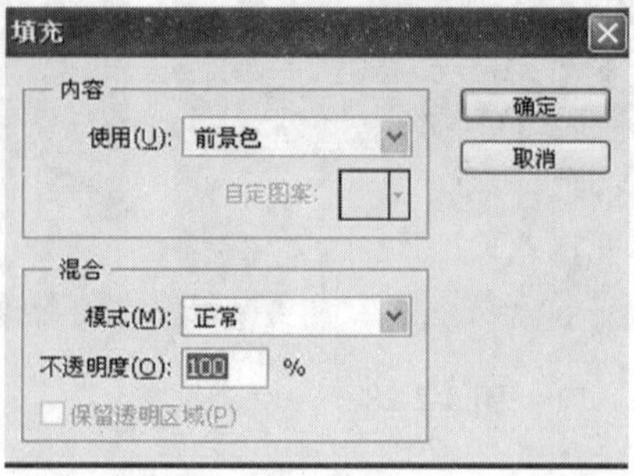

图 3-2-35

2.6　描边选区

使用“描边”命令可以在选区、路径或图层周围创建彩色边框。如图 3-2-36 所示，创建选区，执行“编辑/描边”菜单命令或按“Alt + E + S”组合键，打开“描边”对话框，如图 3-2-37所示，在对话框中可设置描边的宽度、颜色及描边相对于选区的位置，执行命令后效果如图 3-2-38 所示。

图 3-2-36

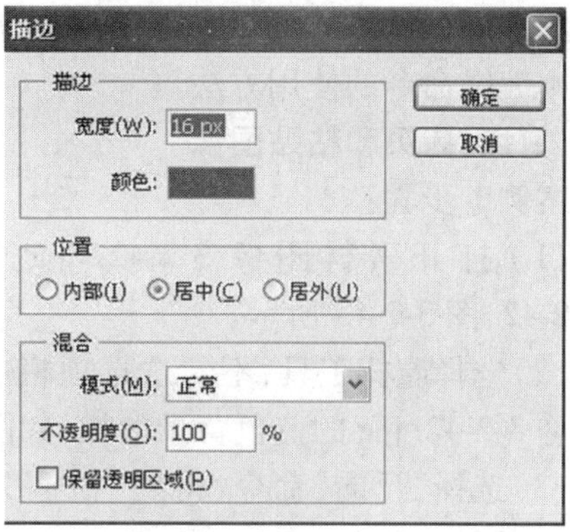

图 3-2-37

2.7　变换选区

在菜单栏中单击“选择/变换选区”命令，选区四周出现控制点，如图 3-2-39 所示，拖动控制点就可以变换选区。

确认选区为变换编辑状态，在菜单栏中单击“编辑/变换”命令，在选区中单击鼠标右键可以选择更多的变换方式，如图 3-2-40 所示为单击鼠标右键后出现的快捷菜单。

图 3-2-38

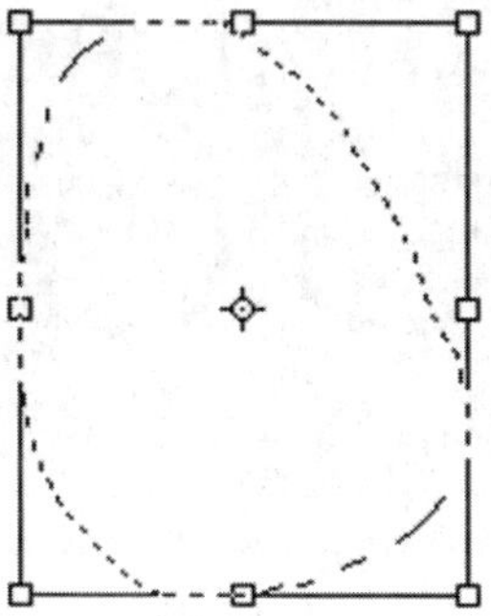

图 3 2 39

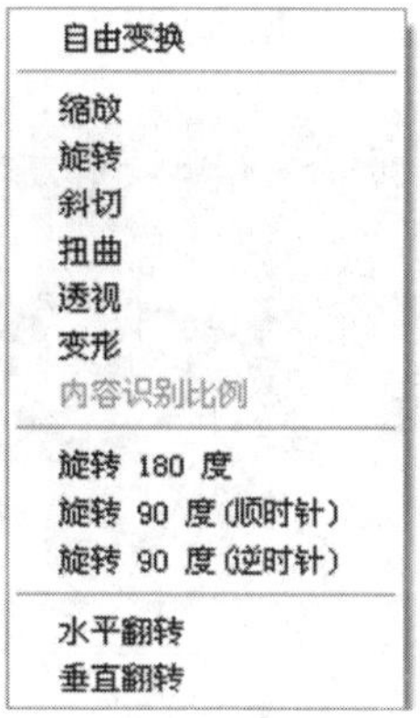

图 3-2-40

3　应用选区

图像编辑也是 Photoshop 的基本操作。选区创建好之后,要对图像继续编辑,如剪切、拷贝、粘贴、清除、填充、描边等。这些编辑命令是“编辑”菜单下的子命令,如图 3-2-41 所示,通过使用这些命令可以对图像进行简单的编辑。下面将以案例形式向大家介绍基本编辑命令的使用方法。

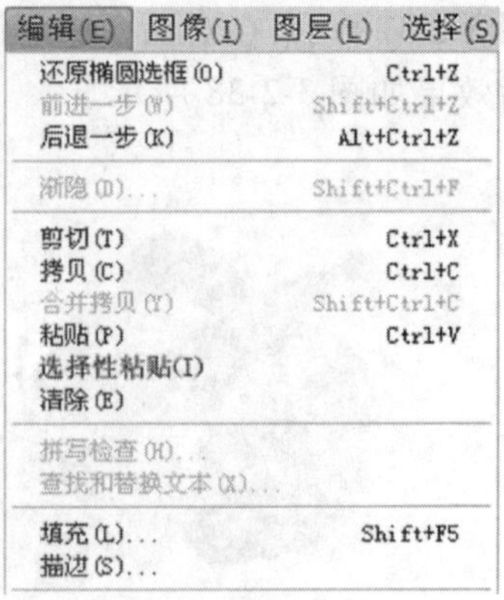

图 3-2-41

3.1　剪切、拷贝和粘贴图像

案例 1 步骤:

(1)打开素材图像 3-2-42. jpg 和 3-2-43. jpg,如图 3-2-42、图 3-2-43 所示。

(2)选择魔棒工具,不勾选选项栏中的“连续的”,单击图像 3-2-42. jpg 的蓝色背景取样,如图 3-2-44 所示。

(3)选择“反向”命令,得到“镜框”选区,如图 3-2-45 所示。

图 3-2-42

图 3-2-43

图 3-2-44

图 3-2-45

(4)选择“剪切”命令,选区内图像将被当前背景色填充,如图 3-2-46 所示。

(5)单击图像 3-2-43. jpg 使其成为当前图像窗口,选择“粘贴”命令,调整“镜框”的大小和角度,如图 3-2-47 所示。

图 3-2-46

图 3-2-47

“拷贝”命令与“剪切”命令操作一样，在步骤(4)中也可选择“拷贝”命令。区别只是拷贝后选区内图像不变。

提示：“拷贝”命令与“剪切”命令都是针对当前图层，对其他图层的图像不起作用。

技巧：“拷贝”命令快捷键为“Ctrl + C”；“剪切”命令快捷键为“Ctrl + X”；“粘贴”命令快捷键为“Ctrl + V”。

3.2　移动图像

在对图像进行编辑时，经常需要对图像位置进行调整，这就需要使用移动工具。移动工具是图像编辑中经常用到的工具，位于工具箱的最上方，如图 3-2-48 所示，使用方法很简单，按住鼠标左键拖动要移动的图像即可。

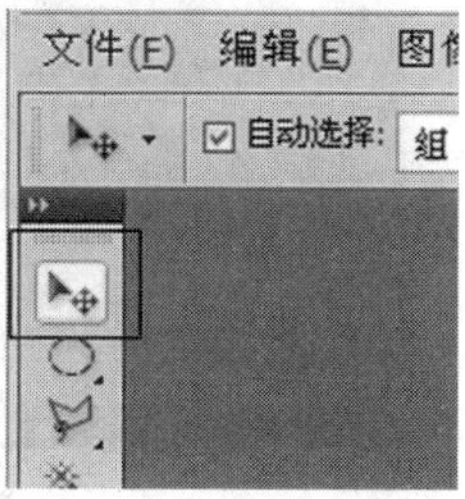

图 3-2-48　移动工具

案例 2 步骤：

(1)打开素材图像 3-2-49. jpg，如图 3-2-49 所示。

(2)单击工具箱中的移动工具，按下鼠标左键并拖动，可调整“花”的位置，如图 3-2-50 所示。

图 3-2-49

图 3-2-50

移动工具可以用于同一图像中调整图像位置，也可以用于不同图像中。在不同图像中应用移动工具，其作用相当于拷贝粘贴。

提示：在不同图像中使用移动工具移动选区内图像，光标应放在选区内，再拖动鼠标,否则将移动整个图层图像。

☞技巧:(1)当前工具为移动工具时,对所选图像可进行微小距离移动,单击键盘上的"↑、↓、←、→"键,每按一次,可以将图像移动 1 个像素的距离;按住"Shift"键单击键盘上的"↑、↓、←、→"键,每按一次,可以将图像移动 10 个像素的距离。

(2)当前工具为移动工具时,按下"Alt"键使用移动工具,可以拷贝所移动的图像。

3.3 合并拷贝和选择性粘贴

"拷贝"命令只对当前图层的内容起作用,若要拷贝所选区域内的所有可见图层的内容,则可以使用"合并拷贝"命令,"合并拷贝"命令快捷键为"Shift + Ctrl + C"。

案例 3 步骤:

(1)打开素材图像 3-2-51. jpg,如图 3-2-51 所示,其图层面板如图 3-2-52 所示,有三个可见图层。

(2)选择椭圆选框工具,创建如图 3-2-53 所示的选区。

(3)选择"合并拷贝"命令,拷贝选区内的图像。

(4)新建一个图像文件,在新建文件里,选择"粘贴"命令,效果如图 3-2-54 所示。

图 3-2-51

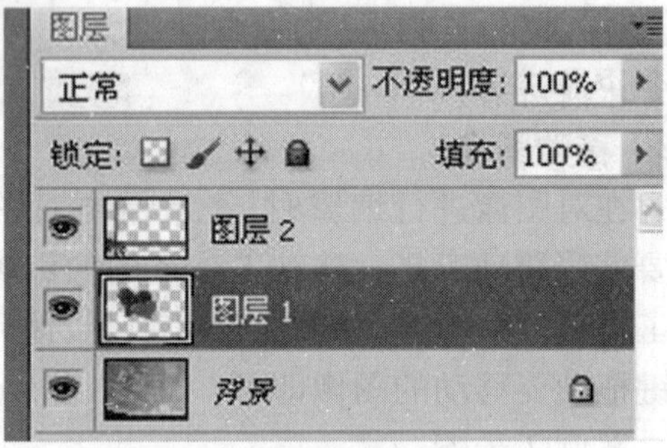

图 3-2-52

图 3-2-53

图 3-2-54

"选择性粘贴"中有"原位粘贴"、"外部粘贴"和"贴入"三个子命令,是 Photoshop CS5 的新增功能,可以根据需要在拷贝图像的原位置粘贴图像,或者有所选择地粘贴拷贝图像的某一部分。

案例 4 步骤:

(1)打开素材图像3-2-51.jpg,按住“Ctrl”键单击图层1缩略图,得到如图3-2-55所示的选区。

(2)选择“拷贝”命令拷贝选区内图像。

(3)创建一个1024×729像素、RGB模式的图像文件,选择“原位粘贴”命令,将复制的图像原位置粘贴,粘贴效果如图3-2-56所示。

图3-2-55

图3-2-56

“外部粘贴”即如果在文档中创建了选区,执行该命令,可以将图像粘贴到选区内,并自动添加蒙版,将选中的图像隐藏。

“贴入”即如果在文档中创建了选区,执行该命令,可以将图像粘贴到选区内,并自动添加蒙版,将选区之外的图像隐藏。

案例5步骤:

(1)打开素材图像3-2-57.jpg,获取如图3-2-57所示的选区。

(2)打开素材图像3-2-58.jpg,如图3-2-58所示,按“Ctrl + A”组合键全选图像,在图3-2-57中执行“编辑/选择性粘贴/贴入”命令,得到图3-2-59。

图3-2-57

图3-2-58

3.4 清除图像

“清除”命令是用来删除选区内的图像内容的。选取要清除的图像区域,然后选择“清除”命令即可。在普通图层上使用“清除”命令,清除后区域为透明,在背景图层上使用“清除”命令,清除后区域为当前背景色。

3.5 定义图案

Photoshop 系统图案库提供的图案很有限,不能满足绘图时的需要,因此可以使用“编辑”菜单下的“定义图案”命令自己定义所需图案，还可以将它们保存在磁盘中，以备下次使用。

图 3-2-59

案例 6 步骤：

(1) 打开素材图像 3-2-60. jpg，如图 3-2-60 所示。

(2) 选择矩形选框工具，选中要定义的图案，如图 3-2-61 所示。

(3) 选择“编辑”菜单下的“定义图案”命令，输入图案名称，如图 3-2-62 所示，单击“确定”。

图 3-2-60

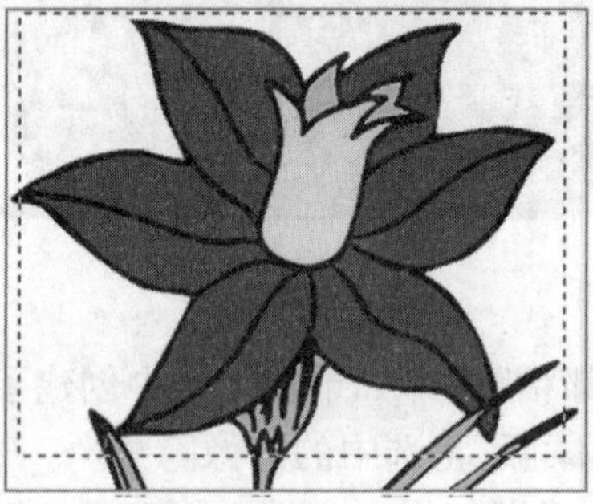

图 3-2-61

图 3-2-62

(4) 新建图像文件，选择“编辑”菜单下的“填充”命令，填充已定义好的图案“小花”，效果如图 3-2-63 所示。

图 3-2-63

3.6　图像旋转

“图像”菜单下有“图像旋转”子菜单，其子命令如图 3-2-64 所示，主要用于对图像进行旋转和翻转，这些操作是对于所有图层而言的。

3.7　图像变换

在对图像进行处理时，常常需要对图像进行变形，比如调整大小、改变角度、做图像的扭曲或透视效果等。Photoshop 提供了一些图像变换的命令，可以让这些操作变得简单很多。

选择“编辑”菜单下“变换”命令中的子命令，如图 3-2-65 所示。

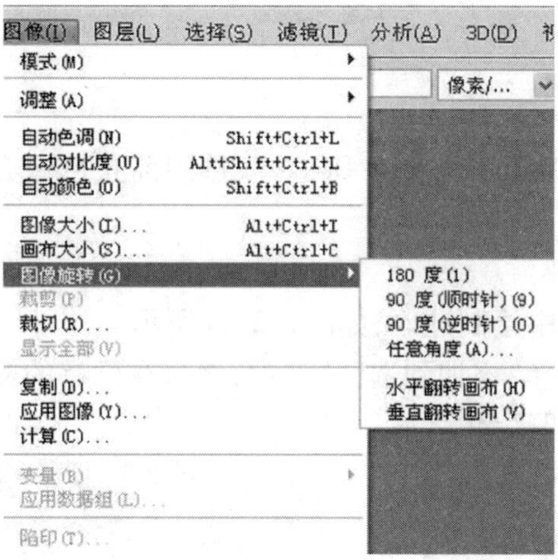

图 3-2-64

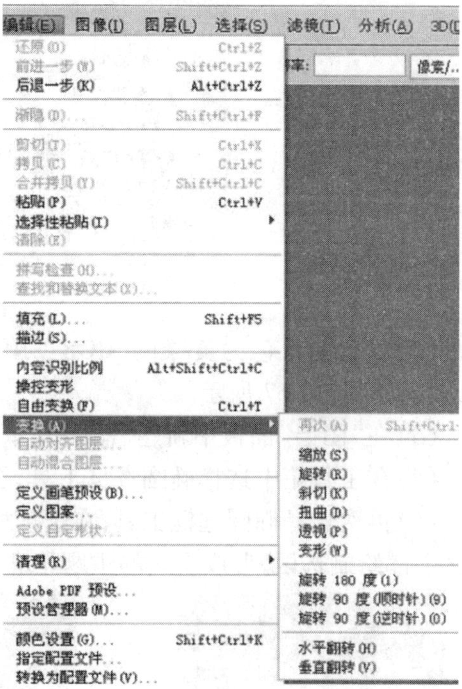

图 3-2-65

使用“缩放”、“旋转”、“斜切”、“扭曲”、“透视”、“变形”子命令后，会出现一个矩形定界框和 8 个小方块，调整定界框上的小方框即可将选区内图像变形。

3.8　自由变换

“编辑”菜单下还有“自由变换”命令，也是对图像局部进行变形的。选择“自由变换”命令，可以单击鼠标右键，使用快捷方式对局部图像进行缩放、旋转、斜切、扭曲、透视的切换，而不用从菜单中选择这些命令。“自由变换”命令快捷键为“Ctrl + T”。

【学习情景】

1　任务描述

运用创建选区工具创建不同选区，并对选区进行描边等编辑。运用“拷贝”、“粘贴”及“贴入”等命令对图像进行合成处理，同时运用“填充”、“描边”、“变换”、“羽化”等命令绘制图像特殊效果。

2　任务执行

（1）执行“文件/新建”菜单命令，打开“新建”对话框，设置文件名称为“雪人”，宽度为400像素，高度为500像素，分辨率为72像素/英寸，颜色模式为RGB颜色，8位，如图3-2-66所示。

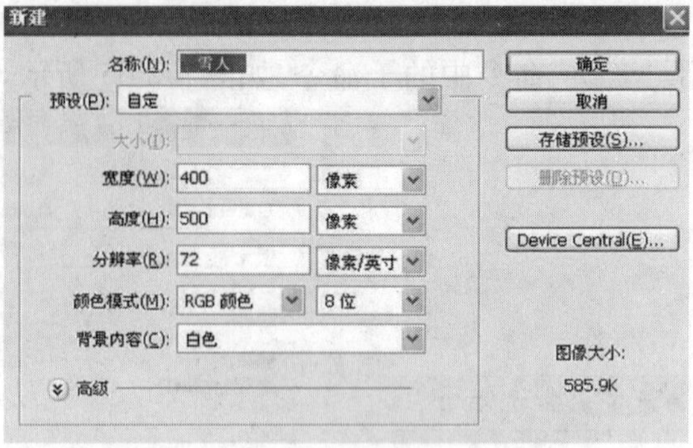

图3-2-66

（2）设置前景色为黄绿色（RGB：210，185，18），按“Alt + Delete”，选用前景色填充背景，效果如图3-2-67所示。

（3）在“图层”面板中新建“图层1”。

（4）在工具箱中选择椭圆选框工具，在画布中绘制选区，如图3-2-68所示。

（5）再次选择椭圆选框工具，在选项栏中选择“添加到选区”选项，然后在已有的椭圆选区上部绘制选区，形成雪人的主题轮廓，如图3-2-69所示。

图3-2-67

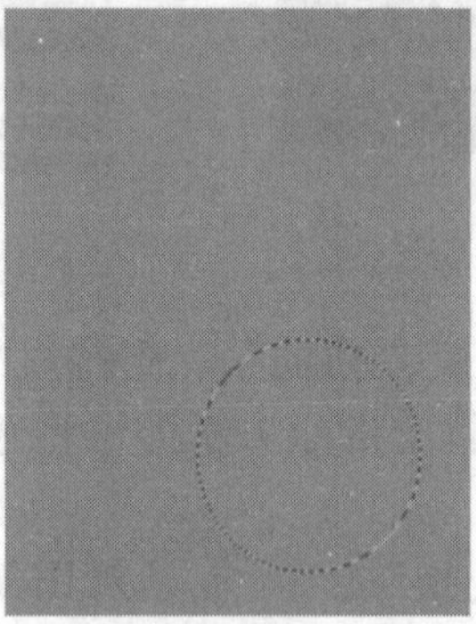

图3-2-68

图3-2-69

（6）在菜单栏中单击“编辑/描边”命令，打开“描边”对话框，设置宽度为2px，颜色为蓝色（RGB：47，162，172），单击“确定”按钮，为选区描边，按“Ctrl + Delete”，用背景色白色填充选区，效果如图3-2-70所示。

（7）新建“图层2”，在工具箱中选择矩形选框工具，在画布中绘制矩形选区并移动选区到雪人上部，在菜单栏中单击“选择/变换选区”命令，选区变为可变状态，如图3-2-71所示。

(8)在选区上单击鼠标右键,在弹出的快捷菜单中选择“透视”选项,用鼠标拖动选区上方两侧的任一控制点,沿水平方向向中间拖动,以与中间的控制点重合,形成三角形的选区,如图 3-2-72 所示。按“Enter”键,确定修改选区,创建三角形选区。

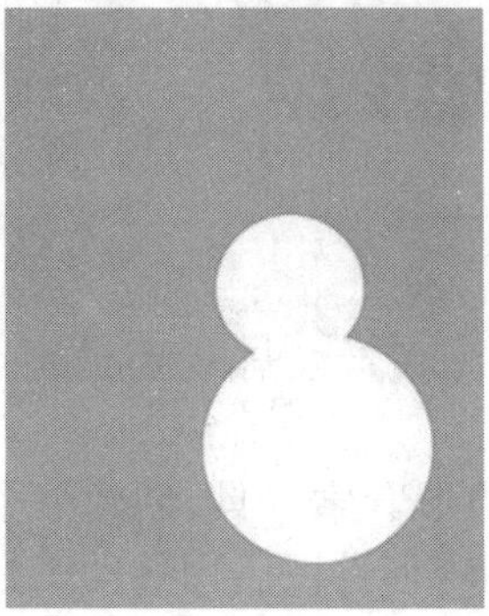

图 3-2-70

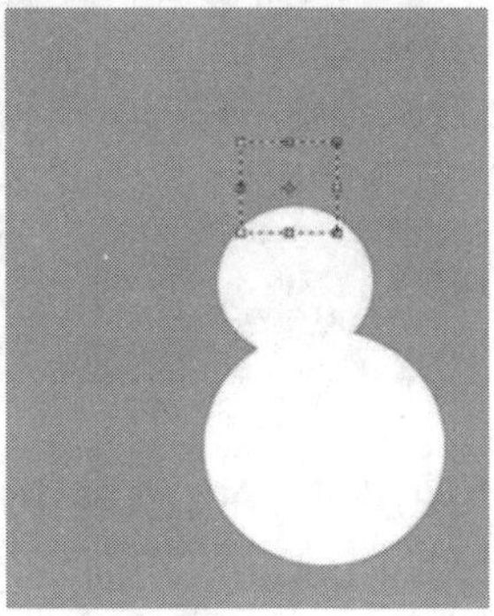

图 3-2-71

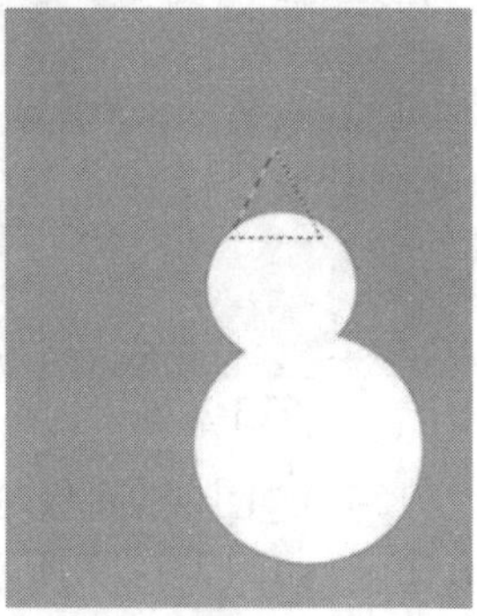

图 3-2-72

(9)设置前景色为红色(RGB:255,0,0),按“Alt + Delete”,用前景色填充选区,如图 3-2-73所示。

(10)按“Ctrl + T”,然后用鼠标拖动三角形上的控制点旋转图像,形成雪人帽子的效果,按“Enter”键确认图像变化。在“图层”面板中,将帽子所在“图层 2”拖到“图层 1”下方,效果如图 3-2-74 所示。

(11)设置前景色为橘红色(RGB:255,128,64),在“图层”面板中新建“图层 3”,在雪人帽子顶端创建一个椭圆选区,按“Alt + Delete”,用前景色填充选区,如图 3-2-75 所示。

图 3-2-73

图 3-2-74

图 3-2-75

(12)在“图层”面板中新建“图层 4”,选择椭圆选区工具,绘制一个椭圆选区。再次选择椭圆选区工具,并在选项栏中选择“从选区中减去”选项,再绘制一个椭圆选区,形成如图 3-2-76 所示的效果。

(13)按“Alt + Delete”,用前景色填充选区,按“Ctrl + D”,取消选区,形成雪人围巾的轮廓,如图 3-2-77 所示。

(14)在“图层”面板中拖动“图层 4”到“新建图层”按钮,生成“图层 4 副本”,在菜单栏中单击“编辑/变换/垂直翻转”命令,将“图层 4 副本”中的图像垂直翻转,在工具箱中选择移动工具,将“图层 4 副本”中的图像拖到雪人围巾的右侧,效果如图 3-2-78 所示。

图 3-2-76

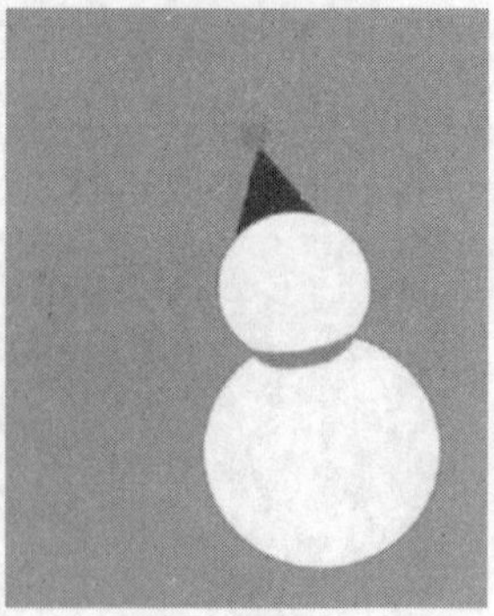
图 3-2-77

图 3-2-78

(15)在“图层”面板中,新建“图层 5”,在工具箱中选择多边形套索工具,创建一个蝴蝶形选区,如图 3-2-79 所示。按“Alt + Delete”,用前景色填充蝴蝶形选区。用移动工具拖动蝴蝶形图像到雪人围巾上,按“Ctrl + T”,调整蝴蝶图像到适合的大小和位置,为围巾添加修饰,效果如图 3-2-80 所示。

(16)设置前景色为黑色(RGB:0,0,0),在“图层”面板中新建“图层 6”,在工具箱中选择椭圆选框工具,在雪人脸部绘制一个小的椭圆选区并填充前景色,完成雪人的一只眼睛,同样再绘制另一只眼睛。

(17)设置前景色为红色(RGB:255,0,0),在“图层”面板新建“图层 7”,在工具箱中选择椭圆选框工具,再利用“从选区中减去”选项绘制雪人的嘴,并利用前景色(红色)填充选区,完成雪人面部的绘制,效果如图 3-2-81 所示。

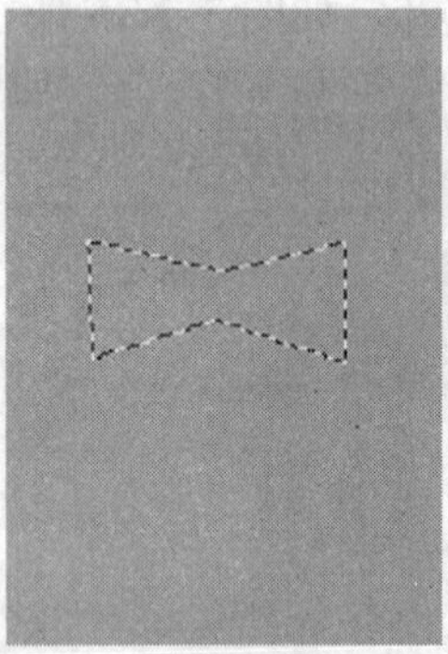
图 3-2-79

图 3-2-80

图 3-2-81

(18)设置前景色为灰色(RGB:205,198,198),在“图层”面板中新建“图层 8”。使用椭圆选框工具在雪人身体上部绘制一个小的椭圆选区,然后在菜单栏中单击“编辑/描边”命令,打开“描边”对话框,设置宽度为 2px,颜色为前景色,位置居中,具体如图 3-2-82 所示,单击“确定”按钮后完成雪人的第一个纽扣制作。利用同样的方法制作雪人的其他两个纽扣,效果如图 3-2-83 所示。

(19)在“图层”面板中隐藏背景图层,然后在菜单栏中单击“图层/合并可见图层”命令,合并雪人的所有图层。

(20)打开素材文件 3-2-84. jpg,在雪人文档中按“Ctrl + A”全选图像,然后按“Ctrl + C”复制图像。在素材文件 3-2-84. jpg 中,按“Ctrl + V”,将雪人复制到素材中,同时生成新图层,完成后,调整雪人的大小。

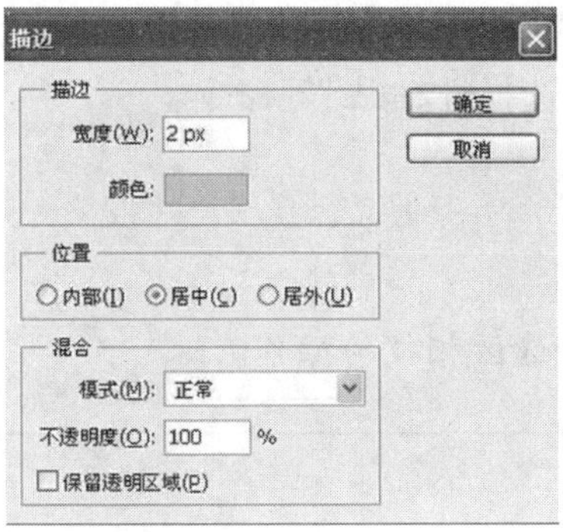

图 3-2-82

图 3-2-83

(21)按"Ctrl"键,同时单击雪人图层缩略图,得到雪人选区。执行"选择/修改/收缩"菜单命令,设置宽度为 5px,然后按"Shift + Ctrl + I"执行反选,再执行"选择/修改/羽化"菜单命令,设置宽度为 5px。按"Delete"键,删除边缘,使雪人与背景更加融合,最终效果如图 3-2-84 所示。

图 3-2-84

【任务小结】

Photoshop 最主要的功能简单说就体现在图片的处理上。对于一张图片,实际上我们往往只需要图片中的某一部分,这就需要在背景中将图像选取出来,即平常所说的去背、抠图,所使用的工具就是本任务所介绍的选取工具(创建选区工具)。

矩形选框工具和椭圆选框工具可以在图像中创建规则形状的选区;一般要绘制纵横方向的细线时,多选择单行选框工具和单列选框工具;创建不规则形状的选区时常使用套索工具;创建不规则的直线边选区时使用多边形套索工具;选取图像边界较简单、边界颜色分明的区域时多使用磁性套索工具;选取背景颜色较单一,或在色彩繁杂的图像中选取需要的部分时,通常选择用魔棒工具和"色彩范围"命令。

对于创建的选区,可以根据需要进行进一步的编辑。如对选区进行边界处理,可以得到图像的环状边缘,也可以对选区进行不同程度的扩展和收缩。为了让图像合成得更加自然或达到某些特殊效果,可以结合使用"羽化"命令。

创建编辑好选区后,就可以根据需要对选区内图像进行变换、移动等操作。大多数图像是合成效果,需要用到“拷贝”、“剪切”、“粘贴”、“选择性粘贴”等命令。

【课后作业】

一、填空题

(1)创建组合选区时,按“________”键可以进行选区相减的操作。

(2)“选择”菜单中,“修改”命令的子命令有________、________、________、________和________。

(3)自由变换的快捷键是“________”。

(4)使用椭圆选框工具时,按住“________”键可以创建出确定中心的椭圆形选区。

二、判断题

(1)在任何情况下都可以单击键盘上的“↑、↓、←、→”键对所选图像进行微小距离移动。 ( )

(2)使用“平滑”命令可以做出环状效果。 ( )

(3)使用矩形选框工具可以创建宽度为一个像素的选区。 ( )

(4)使用“填充”命令只能填充前景色。 ( )

三、选择题(可多选)

(1)使用矩形选框工具时,按住( )键可以创建正方形选区。

A. Alt B. Shift C. Ctrl

(2)创建组合选区时,若进行选区相加可以用( )快捷键。

A. Alt B. Shift C. Ctrl

(3)使用“变换”命令可以对图像进行( )。

A. 旋转 B. 缩放 C. 变形

(4)对当前图像进行 180 度旋转可以使用( )命令。

A. 变换 B. 自由变换 C. 图像旋转

四、基础实训题

(1)打开一幅图像,使用“色彩范围”命令对不同色彩进行选择。

(2)练习使用选取工具对选区进行加、减、相交的操作,创建特殊形状的选区。

(3)打开一幅图像,创建一个选区,并对选区内图像进行缩放、旋转、扭曲、透视、变形等操作。

(4)创建选区,使用“填充”、“描边”命令绘制特殊图像效果。

任务三 应用绘图工具

【任务概述】

利用工具进行绘图是 Photoshop 的重要功能之一,只要大家熟练掌握这些工具并增强自身的美术造型能力,就能设计出非常好的平面图纸。如在平面设计中经常需要绘制一些图像或各种标志，用 Photoshop 中提供的绘画工具及图像擦除工具就可以实现。本任务主要介绍画笔工具、橡皮擦工具等。

【任务目标】

◆认识画笔工具、画笔面板和画笔预设。
◆认识橡皮擦工具参数设置及其分类。
◆熟悉绘图工具的应用。

【技能目标】

◆熟练掌握画笔预设及画笔面板参数设置。
◆掌握橡皮擦工具类型及应用。
◆熟练掌握绘图工具应用技巧。

【基本知识与技能】

1 绘画工具

1.1 画笔工具

1.1.1 画笔预设面板

画笔预设面板中提供了各种系统预设的画笔，这些预设的画笔带有大小、形状和硬度属性。用户在使用绘图工具、修饰工具时，都可以从画笔预设面板中选择画笔的形状。执行“窗口/画笔预设”菜单命令，打开画笔预设面板，如图 3-3-1 所示。

画笔预设面板介绍如下：

- 大小：通过输入数值或拖拽下面的滑块以调整画笔的大小。
- 切换画笔面板：单击“切换画笔面板”按钮可以打开画笔面板。
- 切换硬毛刷画笔预览：使用毛刷笔尖时，在画布中实时显示笔尖的样式。
- 创建新画笔：将当前设置的画笔保存为一个新的预设画笔。
- 删除画笔：选中画笔后，单击“删除画笔”按钮，可以将该画笔删除。将画笔拖拽到“删除画笔”按钮上，也可以删除画笔。
- 画笔样式：拖拽滚动条可显示预设画笔的笔刷样式。
- 面板菜单：单击“面板菜单”图标，可以打开画笔预设面板菜单，如图 3-3-2 所示。

1.1.2 画笔面板

在认识其他绘制及修饰工具之前首先需要掌握画笔面板。画笔面板是最重要的面板之一，它可以设置绘画工具、修饰工具的笔刷种类、画笔大小和硬度等。

执行“窗口/画笔”菜单命令，或单击“F5”键，或在画笔工具选项栏中单击，即可打开画笔面板，如图 3-3-3 所示。

在画笔面板中单击图标，则打开画笔面板菜单，如图 3-3-4所示。

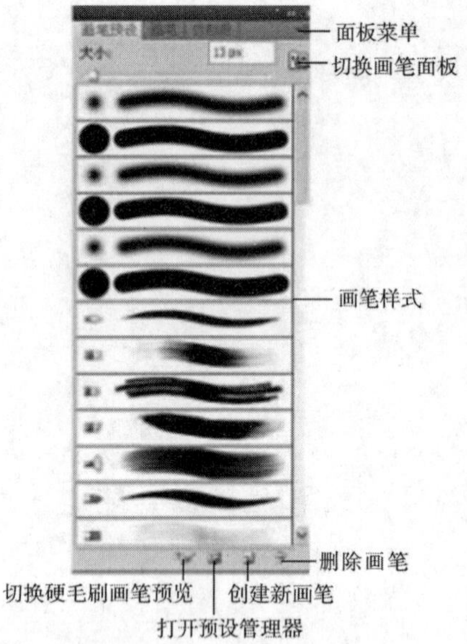

图 3-3-1

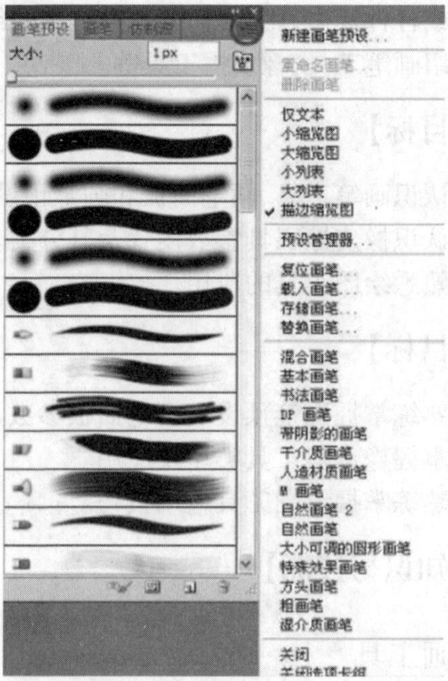

图 3-3-2

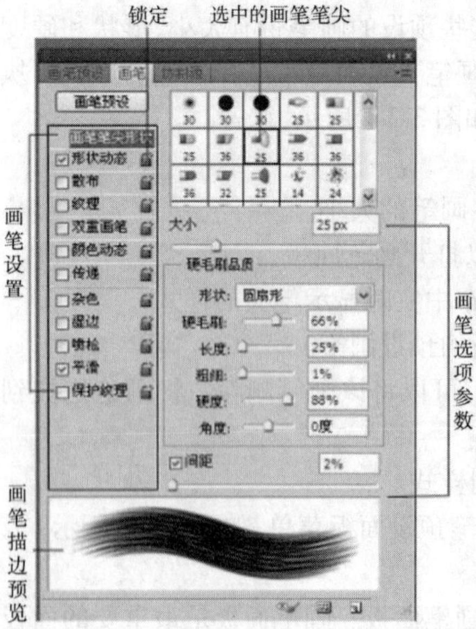

图 3-3-3

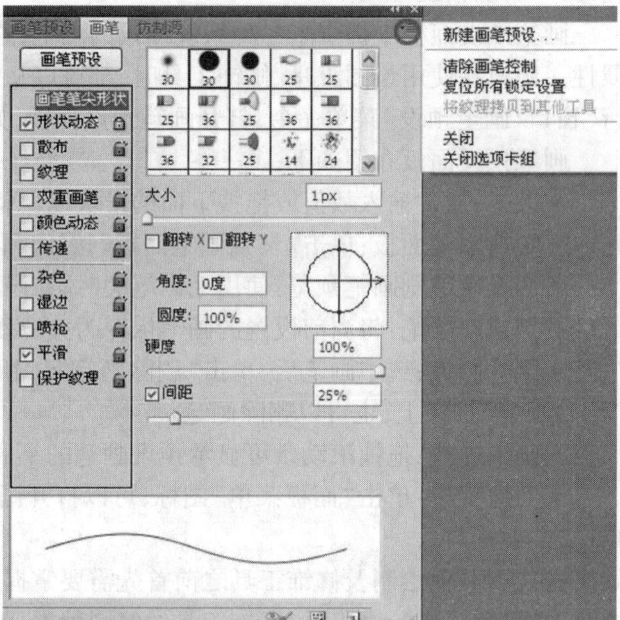

图 3-3-4

1.1.2.1　画笔笔尖形状

在"画笔笔尖形状"选项中可以设置画笔形状、大小、硬度和间距等属性，如图 3-3-5

所示。

“画笔笔尖形状”选项参数介绍如下：

● 大小：控制画笔的大小，可以直接输入像素值，也可以通过拖拽滑块来设置画笔大小。

● 翻转 X/Y：将画笔笔尖在其 X 轴或 Y 轴上进行翻转。

● 角度：指定椭圆画笔样本或本画笔的长轴在水平方向旋转的角度。

● 圆度：设置画笔短轴和长轴之间的比率。当圆度值为 100% 时，表示圆形画笔；当圆度值为 0% 时，表示线形画笔；介于 0% ~100% 之间的圆度值，表示椭圆画笔（呈“压扁”状态）。

● 硬度：控制画笔硬度中心的大小（不能更改样本画笔的硬度）。数值越小，画笔的柔和度越高。

● 间距：控制描边中两个画笔笔迹之间的距离。数值越大，笔迹之间间距越大。

1.1.2.2　形状动态

形状动态可以决定描边中画笔笔迹的变化，它可以使画笔的大小、圆度等产生随机变化的效果。勾选“形状动态”选项后，会显示相关参数，如图 3-3-6 所示。

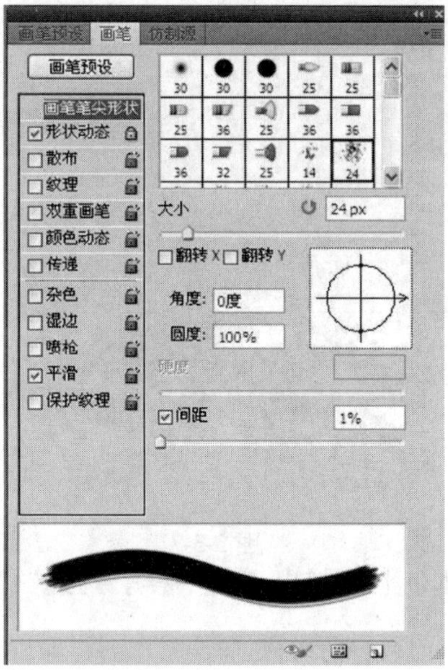

图 3-3-5

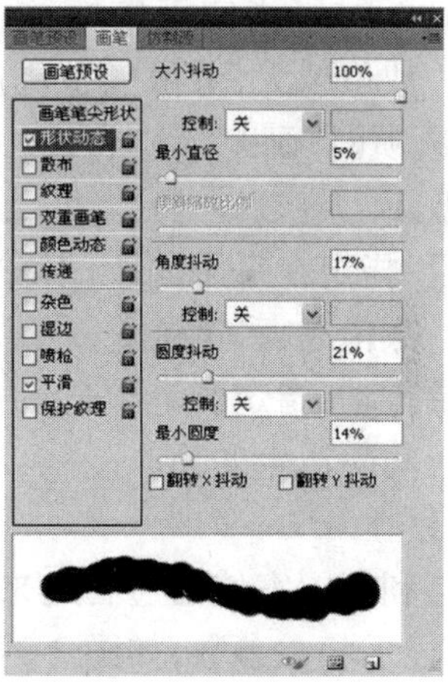

图 3-3-6

“形状动态”选项参数介绍如下：

● 大小抖动/控制：指定描边中画笔笔迹大小的改变方式。数值越大，图像轮廓越不规则。要设置“大小抖动”的方式，可以从“控制”下拉列表中进行选择，其中“关”选项表示不控制画笔笔迹的大小变换；“渐隐”选项是按照指定数量的长度在初始直径和最小直径之间渐隐画笔笔迹的大小，使笔迹产生逐渐淡出的效果；如果计算机配置有数位板，可以选择“钢笔压力”、“钢笔斜度”、“光轮笔”或“旋转”选项，然后根据钢笔压力、斜度、位置或旋转角度来改变初始直径和最小直径之间的画笔笔迹大小。

• 最小直径:当启用“大小抖动”选项以后,通过该选项可以设置画笔笔迹缩放的最小百分比。数值越大,笔尖的直径变化越小。

• 倾斜缩放比例:当“大小抖动”设置为“钢笔斜度”选项时,该选项用来设置在旋转前应用于画笔高度的比例因子。

• 角度抖动/控制:用来设置画笔笔迹的角度,如果要设置“角度抖动”的方式,可以在下面的“控制”下拉列表中进行选择。

• 圆度抖动/控制:用来设置画笔笔迹的圆度在描边中的变化方式,如果要设置“圆度抖动”的方式,可以在下面的“控制”下拉列表中进行选择。

• 最小圆度:用来设置画笔笔迹的最小圆度。

• 翻转 X/Y 抖动:将画笔笔尖在其 X 轴或 Y 轴上进行翻转。

利用各参数控制下拉菜单可设置相应属性,得到特殊效果,以下不再赘述。

1.1.2.3 散布

散布可以确定描边中笔迹的数量和位置,使画笔笔迹沿着绘制的线条扩散。勾选“散布”选项后,会显示相关参数,如图 3-3-7 所示。

“散布”选项参数介绍如下:

• 散布/两轴:指定画笔笔迹在描边中的分散程度。数值越大,分散的范围越广。当勾选“两轴”选项时,画笔笔迹将以中心为基准,向两侧分散。

• 数量:指定在每个间距间隔应用的画笔笔迹数量。数值越大,笔迹重复的数量越大。

• 数量抖动:指定画笔笔迹的数量如何针对各种间距间隔产生变化。

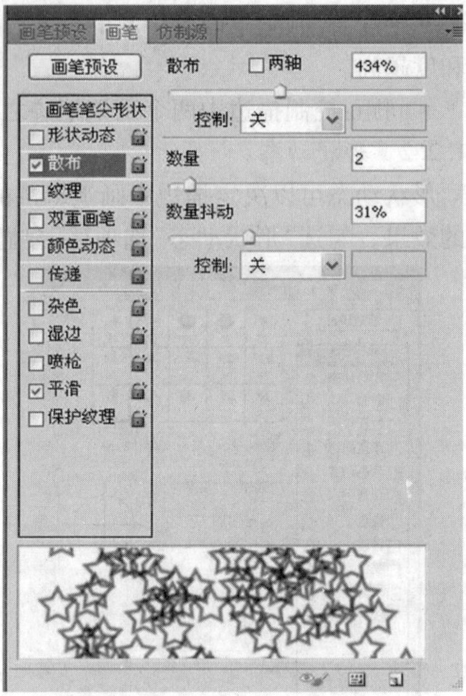

图 3-3-7

1.1.2.4 纹理

纹理是利用图案使描边看起来像在带纹理的画布上绘制出来的一样。勾选“纹理”选项后,会显示相关参数,如图 3-3-8 所示。

“纹理”选项参数介绍如下:

• 设置纹理/反相:单击图案缩览图右侧的倒三角图标,可以在弹出的图案拾色器中选择一个图案,并将其设置为纹理。如果勾选“反相”选项,可以基于图案中的色调来翻转纹理中的亮点和暗点。

• 缩放:设置图案的缩放比例。数值越小,纹理越多。

• 为每个笔尖设置纹理:将选定的纹理单独应用于画笔描边中的每个画笔笔迹,而不是作为整体应用于画笔描边。如果关闭“为每个笔尖设置纹理”选项,下面的“深度抖动”选项将不可用。

• 深度:设置油彩渗入纹理的深度。数值越大,渗入的深度越大。

• 最小深度：当“深度抖动”下面的“控制”选项设置为“渐隐”、“钢笔压力”、“钢笔斜度”或“光轮笔”，并且勾选了“为每个笔尖设置纹理”选项时，“最小深度”选项用来设置油彩可渗入纹理的最小深度。

• 深度抖动：当勾选“为每个笔尖设置纹理”选项时，“深度抖动”选项用来设置深度的改变方式。

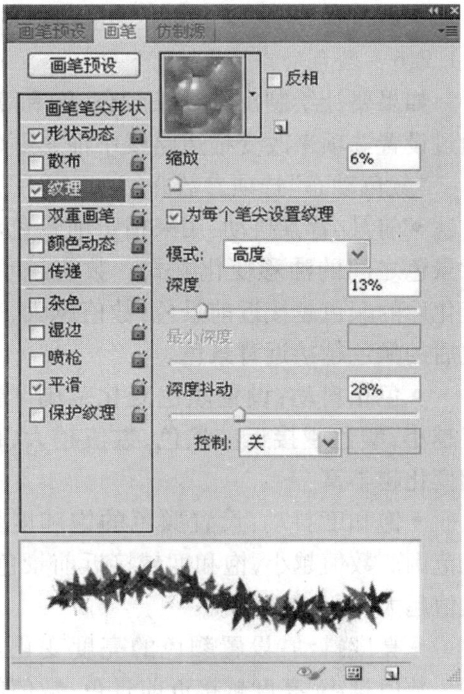

图 3-3-8

1.1.2.5 双重画笔

双重画笔是组合两个笔尖创建的画笔笔迹。要使用双重画笔，首先要在“画笔笔尖形状”选项中设置主画笔，如图 3-3-9 所示，然后从“双重画笔”选项中选择另外一个笔尖（双重画笔），如图 3-3-10 所示。

“双重画笔”选项参数介绍如下：

• 翻转 X/Y：勾选该选项时，可基于图案中的色调来翻转纹理中的亮点和暗点。

• 大小：控制双重画笔的大小。

• 间距：控制描边中双重画笔笔迹之间的距离。数值越大，间距越大。

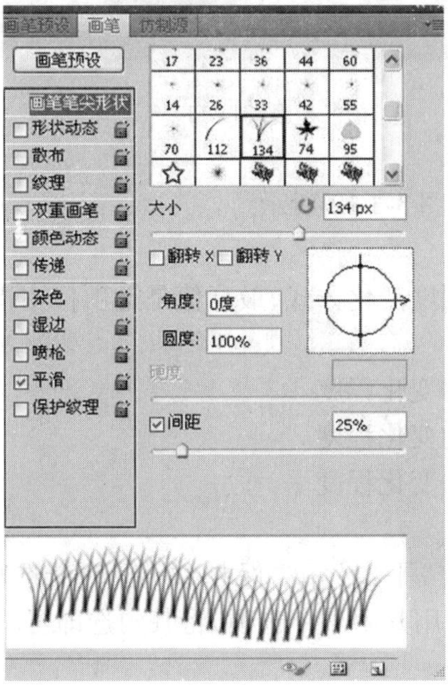

图 3-3-9

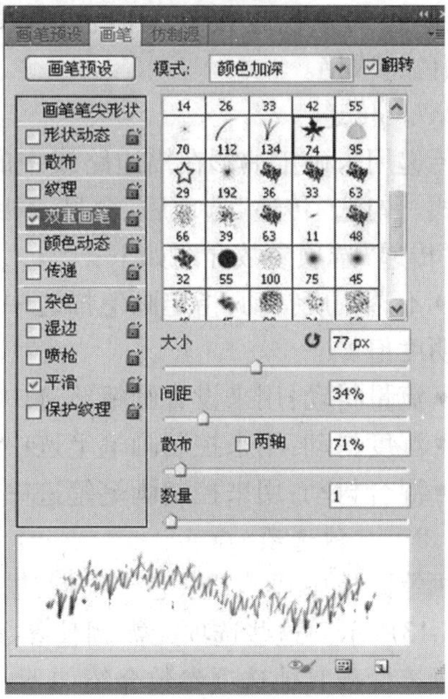

图 3-3-10

• 散布/两轴：指定描边中双重画笔笔迹的分布方式。当勾选“两轴”选项时，双重画笔笔迹会径向分布；当关闭“两轴”选项时，双重画笔笔迹将垂直于描边路径分布。

● 数量:指定在每个间距间隔应用的双重画笔笔迹数量。

1.1.2.6　颜色动态

如果要让绘制出的线条颜色、饱和度和亮度等产生变化,可以勾选"颜色动态"选项,通过设置选项来改变描边路线中油彩颜色的变化方式,如图 3-3-11 所示。

"颜色动态"选项参数介绍如下:

● 前景/背景抖动:用来指定前景色和背景色之间的油彩变化方式。数值越小,变化后的颜色越接近前景色;数值越大,变化后的颜色越接近背景色。

● 色相抖动:设置颜色变化范围。数值越小,颜色越接近前景色;数值越大,色相变化越丰富。

● 饱和度抖动:设置颜色的饱和度变化范围。数值越小,饱和度越接近前景色;数值越大,颜色越艳丽。

● 亮度抖动:设置颜色的亮度变化范围。数值越小,亮度越接近前景色;数值越大,颜色的亮度值越大。

● 纯度:用来设置颜色的纯度。数值越小,笔迹的颜色越接近黑白色;数值越大,颜色越浓艳。

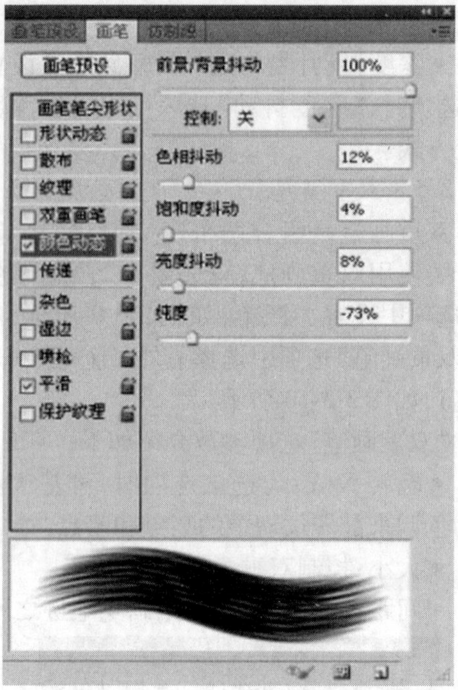

图 3-3-11

1.1.2.7　传递

传递用来确定油彩在描边路线中的改变方式。勾选"传递"选项后,会显示相关参数,如图 3-3-12 所示。

"传递"选项参数介绍如下:

● 不透明度抖动:指定画笔描边中油彩不透明度变化方式,最高值是选项栏中指定的不透明度值。

● 流量抖动:用来设置画笔笔迹中油彩流量的变化程度。

● 湿度抖动:用来控制画笔笔迹中油彩湿度的变化程度。

● 混合抖动:用来控制画笔笔迹中油彩混合的变化程度。

1.1.2.8　其他选项

画笔面板中还有"杂色"、"湿边"、"喷枪"、"平滑"和"保护纹理"5 个选项,如图 3-3-13所示。这些选项无需调整参数,如果要启用其中某个选项,将其勾选即可。

画笔面板其他选项参数介绍如下:

● 杂色:为个别画笔笔尖增加额外的随机性。

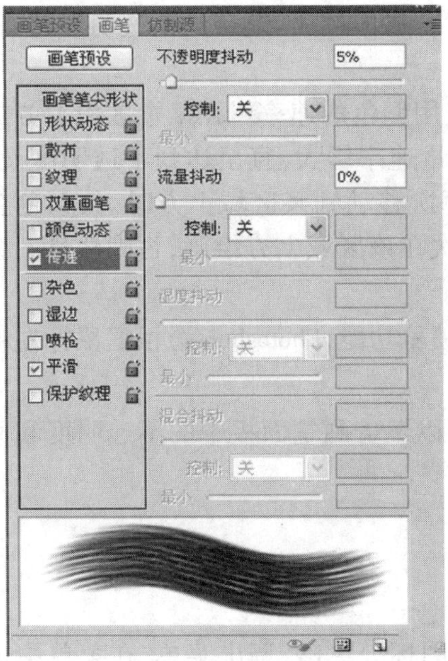

图 3-3-12

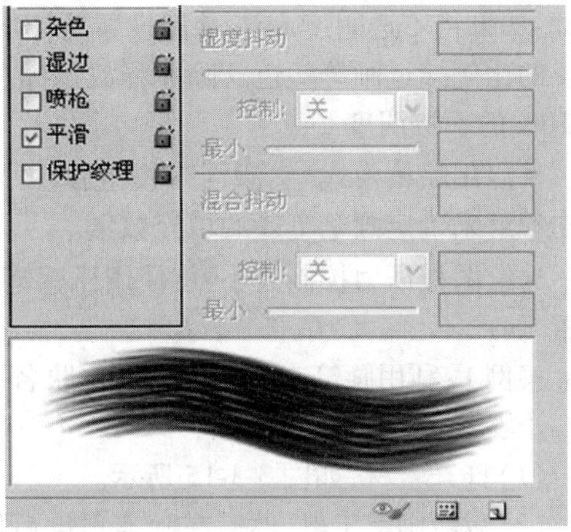

图 3-3-13

• 湿边:沿画笔描边的边缘增大油彩量,从而创建出水彩效果。

• 喷枪:将渐变色调应用于图像,同时模拟传统的喷枪技术。画笔面板中的“喷枪”与选项栏中的“喷枪”选项相对应。

• 平滑:有助于在画笔描边中生成更加平滑的曲线。当使用压感笔进行快速绘画时,该选项最有效。

• 保护纹理:将相同图案和缩放比例应用于具有纹理的所有画笔预设。勾选该选项后,当使用多个纹理画笔绘画时,可以模拟出一致的画布纹理。

1.1.3　画笔工具

画笔工具与毛笔比较相似,可以使用前景色绘制出各种线条,同时也可以利用它来修改通道和蒙版。画笔工具是使用频率最高的工具之一,如图 3-3-14 所示是画笔工具选项栏。

图 3-3-14

画笔工具选项栏介绍如下:

• “画笔预设”选取器:单击画笔预设后倒三角图标,可以打开“画笔预设”选取器,在这里可以选择笔尖,设置画笔的大小和硬度。

• 模式:设置绘画颜色与下面现有像素的混合方式。可用模式将根据当前选定工具的不同而变化。

● 不透明度:设置画笔绘制的颜色的不透明度。数值越大,笔迹的不透明度越高;数值越小,笔迹的不透明度越低。

● 流量:设置将光标移动到某个区域上方时应用颜色的速率。在某个区域上方进行绘画时,如果一直按住鼠标左键,颜色量将根据流量速率增大,直至达到不透明度设置。例如:如果将不透明度和流量都设置为 10%,则每次移动到某区域上方时,其颜色会以 10% 的比例接近画笔颜色。除非释放鼠标左键再次在该区域上方绘画,否则总量不会超出 10% 的不透明度。

● 启用喷枪模式:激活该按钮后,可以启用喷枪功能,Photoshop 会根据鼠标左键的单击程度来确定画笔笔迹的填充数量。

● 绘图板压力控制大小:使用压感笔压力可以覆盖画笔面板中的不透明度和大小设置。

案例 1:利用画笔工具制作裂痕皮肤名片。

步骤:

(1)打开素材,如图 3-3-15 所示。

(2)激活画笔工具,然后在画笔预设后倒三角图标处单击,调出菜单,在菜单中选择“载入画笔”命令,如图 3-3-16 所示,选择素材 01,载入裂痕画笔。

图 3-3-15

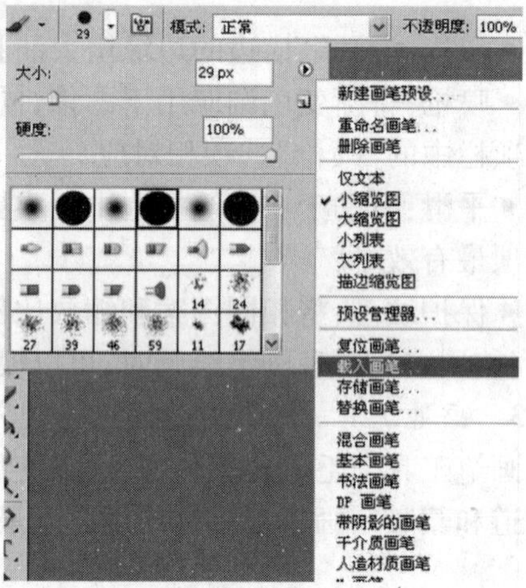

图 3-3-16

(3)新建一个“裂痕”图层,然后选择上一步载入的裂痕画笔,再设置前景色为红棕色,最后在肩膀部位绘制出裂痕效果,在工具箱中单击橡皮擦工具,擦除超出任务区域的裂痕,如图 3-3-17 所示。

(4)打开素材文件,如图 3-3-18 所示,然后将其拖拽到图 3-3-17 的操作界面中,并将新生成的图层命名为“名片”,如图 3-3-19 所示。

图 3-3-17

图 3-3-18

图 3-3-19

(5)执行“图层/图层样式/投影”菜单命令，然后在弹出的“图层样式”对话框中设置角度为 107 度，如图 3-3-20 所示，投影效果如图 3-3-21 所示，并适当调整曲线，调整名片的明暗度。

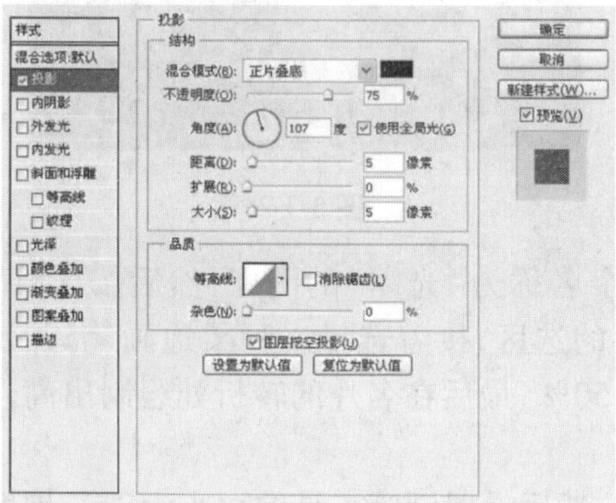

图 3-3-20

图 3-3-21

(6)执行“编辑/变换/变形”菜单命令，然后将名片调整成如图 3-3-22 所示的形状。

(7)在“名片”图层下方新建一个名称为“投影”的图层，然后在画笔工具选项栏中选择一种柔边画笔,设置大小为 53px、硬度为 16%,绘制名片的投影,用橡皮擦擦除多余部分,完成效果如图 3-3-23 所示。

图 3-3-22

图 3-3-23

(8)在“图层”面板中将“投影”图层不透明度调整至 57%,效果如图 3-3-24 所示。

(9)在“投影”图层下方新建一个名称为“伤口”的图层,然后设置前景色(RGB:62,4,4),接着选择一种硬边画笔,最后沿名片的边缘绘制一条蜿蜒的伤口,如图 3-3-25 所示。将裂痕放置在名片的下方,然后在图层面板中设置伤口的混合模式为“颜色加深”,不透明度为 81%,效果如图 3-3-26 所示。

图 3-3-24

图 3-3-25

(10)设置前景色为白色,在最顶层新建一个名称为“光泽”的图层,然后按住“Ctrl”键,同时单击“名片”图层的缩略图,载入该图层的选区,接着选择一种柔边画笔,并设置画笔工具的大小为 170px,不透明度和流量均为 50%,最后在名片的转折处绘制出高光效果,如图 3-3-27 所示。

(11)在最顶层新建一个名称为“线”的图层,然后设置画笔工具的大小为 3px,硬度为 100%,接着在名片和皮肤之间绘制一条连接线,如图 3-3-28 所示,最终效果如图 3-3-29 所示。

图 3-3-26

图 3-3-27

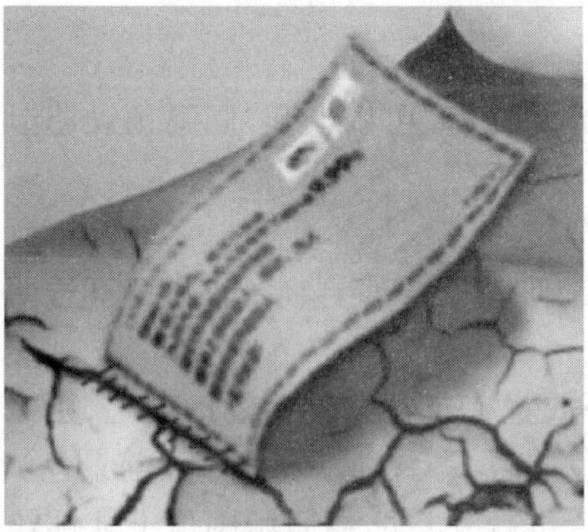

图 3-3-28

图 3-3-29

☞技巧：使用画笔工具进行绘制的过程中，可以在工具选项栏中单击倒三角图标，在打开的面板中进行设置，改变画笔直径的大小，也可在英文输入状态下直接按“[”键来减小画笔直径，按“]”键来增大画笔直径。

1.1.4　自定义画笔

尽管 Photoshop 提供了很多画笔，但有时还是不能满足设计者的要求，因此设计者可以根据自己的需要，用已有的图像、画笔等要素创建自定义画笔。自定义画笔的操作步骤如下：

（1）打开素材文件，如图 3-3-30 所示。

（2）在工具箱中选择移动工具，按下“Ctrl”键，同时在“图层”面板中单击“图层 1”，载入“图层 1”选区。

（3）在菜单栏中单击“编辑/定义画笔预设”命令，打开“画笔名称”对话框，如图 3-3-31 所示。

（4）在“名称”文本框中输入自定义画笔的名称，如“星空”，单击“确定”按钮，即可创建自定义画笔。自定义画笔可以在“画笔预设”中选择使用，方法与其他画笔相同。

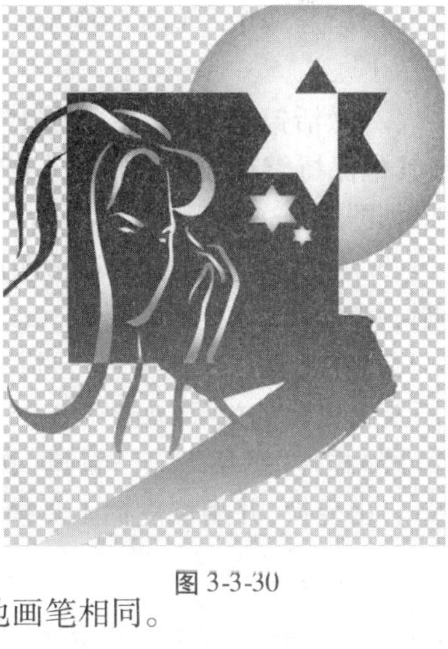

图 3-3-30

图 3-3-31

1.2 铅笔工具

铅笔工具不同于画笔工具，它只能绘制出硬边线条，其选项栏如图 3-3-32 所示。

图 3-3-32

铅笔工具选项栏介绍如下：

• "画笔预设"选取器：单击画笔预设后倒三角形图标，可以打开"画笔预设"选取器，在这里可以选择笔尖，设置画笔的大小和硬度。

• 模式：设置绘画颜色与下面现有像素的混合模式。

• 不透明度：设置铅笔绘制出来的颜色的不透明度。数值越大，笔迹的不透明度越高；数值越小，笔迹的不透明度越低。

• 自动抹除：勾选该选项后，如果将光标中心放置在包含前景色的区域上，则涂抹区域为背景色；如果将光标中心放置在不包含前景色的区域上，则涂抹区域为前景色。

提示："自动抹除"选项只适用于原始图像，也就是只能在原始图像上才能绘制出设置的前景色和背景色。如果是在新建的图层中进行涂抹，则"自动抹除"选项不起作用。

案例 2：使用铅笔工具绘制石头图像。

步骤：

（1）新建一个 800px × 600px，分辨率为 300 像素/英寸的水墨画图像文件，然后新建"图层 1"。

（2）激活铅笔工具，在面板中单击，打开画笔面板，在其中选择"柔边椭圆 11"笔刷，其他保持默认设置，如图 3-3-33 所示。在图像区域拖拽鼠标，绘制石头的大致形状，效果如图 3-3-34 所示。

（3）在工具选项栏的"不透明度"下拉列表框中输入"45%"，然后在图像中拖拽鼠标，绘制石头的明暗效果，如图 3-3-35 所示。

（4）在工具选项栏中单击选中"抹除"复选框，然后在石头的轮廓边缘拖拽鼠标，涂抹出石头被风化的效果，如图 3-3-36 所示。

（5）拖住"图层 1"至"新建"按钮上，得到"图层 1 副本"，对图像按"Ctrl + T"组合键进行自由变换，并用橡皮擦工具擦除多余部分，效果如图 3-3-37 所示。

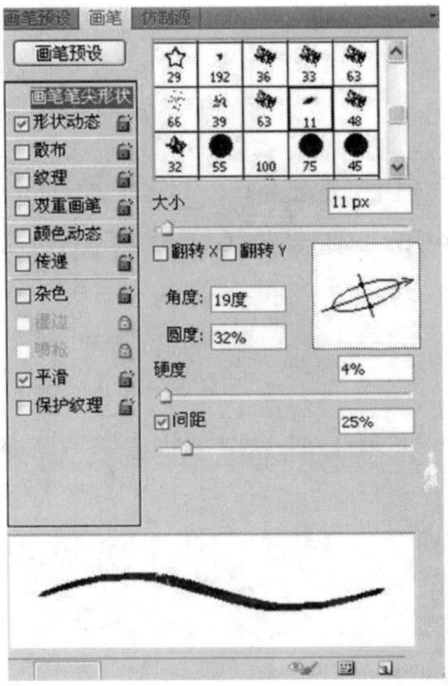

图 3-3-33

图 3-3-34

图 3-3-35

图 3-3-36

图 3-3-37

1.3 颜色替换工具

颜色替换工具可以将选定的颜色替换为其他颜色,其选项栏如图 3-3-38 所示。

图 3-3-38

颜色替换工具选项栏介绍如下:

- 模式:选择颜色替换模式,包括“色相”、“饱和度”、“颜色”和“明度”。当选择“颜色”模式时,可以同时替换色相、饱和度和明度。
- 取样:用来设置颜色的取样方式。激活“取样:连续”按钮后,在拖拽光标时,可以对颜色进行取样;激活“取样:一次”按钮后,只替换包含第一次单击的颜色区域中的目标颜色;激活“取样:背景板”按钮后,只替换包含当前背景色的区域。
- 限制:当选择“不连续”选项时,可以替换出现在光标下任何位置的样本颜色;当选择“连续”选项时,只替换与光标下的颜色很接近的颜色;当选择“查找边缘”选项时,可以替换包含样本颜色的连接区域,同时保留形状边缘的锐化程度。
- 容差:用来设置颜色替换工具的容差。
- 消除锯齿:勾选该选项后,可以消除颜色替换区域的锯齿效果,从而使图像变得平滑。

案例 3:利用颜色替换工具制作艺术照。

步骤:

(1)打开素材文件,如图 3-3-39 所示,按“Ctrl + J”组合键复制一个“背景副本”图层,然后在颜色替换工具选项栏中设置画笔的大小为 40px、硬度为 61%、容差为 29%,如图 3-3-40所示。

图 3-3-39

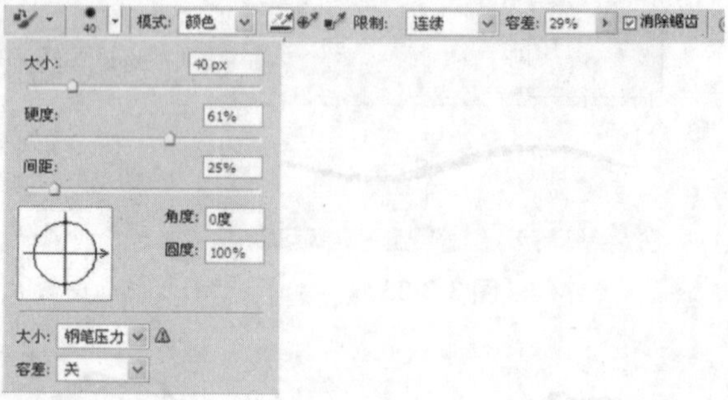

图 3-3-40

(2)在颜色替换工具选项栏中单击“取样:连续”按钮,然后设置前景色(RGB:199,102,20),接着在图像中的绿色部分涂抹,将绿色替换为橘黄色,如图 3-3-41 所示。

(3)设置前景色(RGB:235,117,175),然后设置背景色(RGB:242,231,219),接着在选项栏中单击“取样:背景板”按钮,设置容差为 61%,最后在白色背景以及人物的手部、面部和肩部进行涂抹,将这些颜色替换为洋红色,如图 3-3-42 所示。

图 3-3-41

图 3-3-42

(4)在“图层”面板中设置“背景副本”图层的混合模式为“叠加”,最终效果如图 3-3-43所示。

提示:选择“取样:背景板”模式,只替换容差范围以内的背景颜色,而其他颜色不会被替换。

1.4 混合器画笔工具

混合器画笔工具可以模拟真实的绘画效果，并且可以混合画布的颜色和使用不同的绘画湿度，其选项栏如图 3-3-44所示。

图 3-3-43

混合器画笔工具选项栏介绍如下：

• 潮湿：控制画笔从画布拾取的油彩量。设置比较高的参数会产生比较长的绘画划痕。

• 载入：指定储槽中载入的油彩量。当载入速率较低时，绘画描边干燥的速度会更快。

• 混合：控制画布油彩量与储槽油彩量的比例。当混合比例为 100% 时，所有油彩将从画布中拾取；当混合比例为 0% 时，所有油彩都来自储槽。

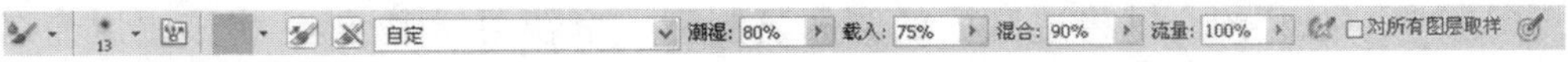

图 3-3-44

• 流量：控制混合画笔的流量大小。

• 对所有图层取样：拾取所有可见图层中的画布颜色。

案例 4：利用混合器画笔工具制作油画。

步骤：

(1)按“Ctrl + N”组合键新建一个 1200px × 930px、分辨率为 300 像素/英寸、背景内容为“透明”的文档，打开素材文件，将其拖拽到当前文档中，并将其新生成的图层命名为“参考图”，如图 3-3-45 所示。

(2)按“Ctrl + T”组合键进入自由变换状态，然后按住“Shift”键，将参考图放大到与画布相同的大小，如图 3-3-46 所示。

图 3-3-45

图 3-3-46

(3)按“Ctrl + J”组合键复制一个“参考图副本”图层，然后将该图层更名为“背景天空”。激活混合器画笔工具，然后在选项栏中选择一种毛刷画笔，并设置大小为 146px，接着选择“潮湿，深混合”模式，如图 3-3-47 所示。

(4)设置前景色(RGB:85,170,215),然后使用画笔混合器工具绘制出天空的轮廓和走向,再更改笔刷,将“大小”参数逐渐调整小,使颜色过渡柔和,如图 3-3-48 所示。

图 3-3-47

图 3-3-48

(5)暂时隐藏“背景天空”图层,然后选择“参考图”图层,接着使用钢笔工具勾选出风车的外轮廓,按“Ctrl + Enter”组合键建立选区,如图 3-3-49 所示。

(6)按“Ctrl + J”组合键将选区内的图像复制到一个新图层中,然后将该图层命名为“风车”,接着隐藏“参考图”图层,如图 3-3-50 所示。

图 3-3-49

图 3-3-50

(7)在混合器画笔工具选项栏中选择一种毛刷画笔,并设置大小为 33px,如图 3-3-51 所示,接着设置前景色为白色,绘制出风车的白色大体轮廓。在选项栏中更改画笔的类型和大小,细致涂抹过渡区域,如图 3-3-52 所示。

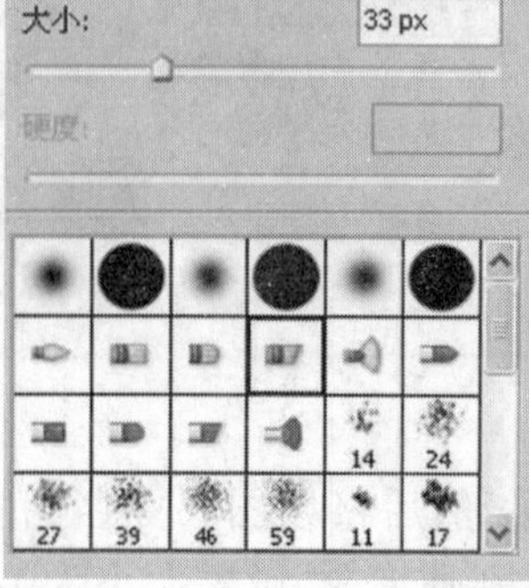

图 3-3-51

图 3-3-52

（8）设置前景色为黑色，然后绘制出风车的扇叶部分，在选项栏中更改画笔类型和大小，然后细致涂抹过渡区域，效果如图 3-3-53 所示。

（9）将“风车”图层放置在“背景天空”图层的上一层，然后显示“背景天空”图层，效果如图 3-3-54 所示。

图 3-3-53

图 3-3-54

（10）为了增强艺术效果，可以使用柔边白色画笔工具，设置大小为 16px，硬度为 4%，在风车的扇叶部分绘制一些白色线条，如图 3-3-55 所示。

（11）显示“参考图”图层，然后暂时隐藏其他图层，接着使用钢笔工具勾选出地面轮廓，再按“Ctrl + Enter”组合键载入路径的选区，如图 3-3-56 所示。

图 3-3-55

图 3-3-56

（12）按“Ctrl + J”组合键将选区内的图像复制到一个新图层中，然后将该图层命名为“前景地面”，接着将其放置到最上层，并暂时隐藏其他图层，如图 3-3-57 所示。

（13）设置前景色（RGB：203，194，168），然后在混合器画笔工具选项栏中选择一种毛刷画笔，并设置大小为 80px，如图 3-3-58 所示，最后绘制出地面的大体轮廓。

（14）显示“前景地面”、“风车”和“背景天空”3 个图层，最终效果如图 3-3-59 所示。

2　图像擦除工具

图像擦除工具主要用来擦除多余的图像。Photoshop 提供了 3 种图像擦除工具，分别是橡皮擦工具、背景橡皮擦工具、魔术橡皮擦工具。

图 3-3-57

图 3-3-58

图 3-3-59

2. 1　橡皮擦工具

橡皮擦工具主要用于擦除图像中的像素或图案，可以将像素更改为背景色或透明，其选项栏如图 3-3-60 所示。如果使用该工具在背景图层或锁定了透明像素的图层中进行擦除，则擦除的像素将变成背景色；如果在普通图层中进行擦除，则擦除的像素将变成透明。

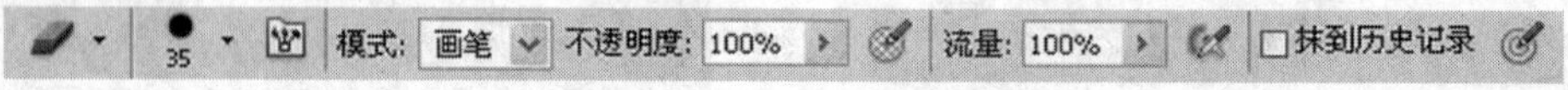

图 3-3-60

橡皮擦工具选项栏介绍如下：

● 模式：选择橡皮擦的种类。选择"画笔"选项时，可以创建柔边擦除效果；选择"铅笔"选项时，可以创建硬边擦除效果；选择"块"选项时，擦除的效果为块状。如图 3-3-61 所示，从左至右分别是"画笔"、"铅笔"、"块"的擦除效果。

● 不透明度：用来设置橡皮擦工具的擦除强度。当设置为 100% 时，可以完全擦除像素。当设置"模式"为"块"时，该选项不可用。

● 流量：用来设置橡皮擦工具的涂抹速度，图 3-3-62 从上至下分别是"流量"为 35% 和 100% 的擦除效果。

● 抹到历史记录：勾选该选项后，橡皮擦工具的作用相当于历史记录画笔。

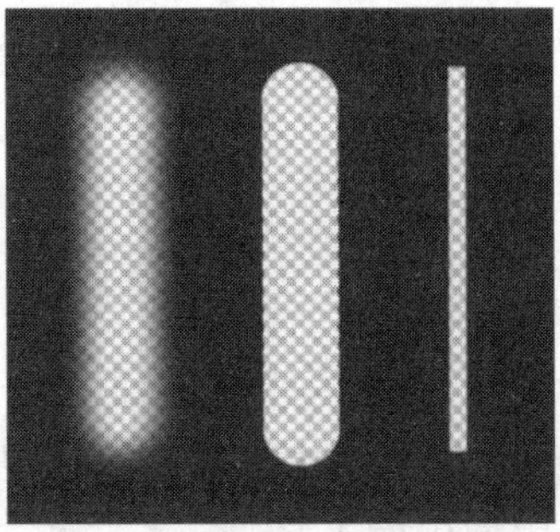

图 3-3-61

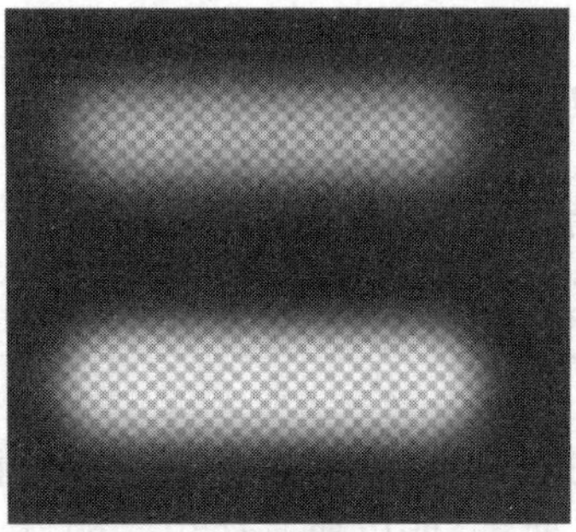

图 3-3-62

2.2 背景橡皮擦工具

背景橡皮擦工具是一种智能的橡皮擦。设置好背景色后，使用该工具可以在抹除背景的同时保留前景对象的边缘，其选项栏如图 3-3-63 所示。

图 3-3-63

背景橡皮擦工具选项栏介绍如下：

• 取样：用来设置取样的方式。激活“取样：连续”按钮，在拖拽鼠标时可以连续对颜色进行取样，凡是出现在光标中心十字线以内的图像都将被擦除；激活“取样：一次”按钮，只擦除包含第一次单击处颜色的图像（例如，第一次单击处为白色，则拖拽鼠标时只擦除白色）；激活“取样：背景板”按钮，只擦除包含背景色的图像。

• 限制：设置擦除图像时的限制模式。选择“不连续”选项时，可以擦除现在光标下任何位置的样本颜色；选择“连续”选项时，只擦除包含样本颜色并且相互连接的区域；选择“查找边缘”选项时，可以擦除包含样本颜色的连接区域，同时更好地保留形状边缘的锐化程度。

• 容差：用来设置颜色的容差范围。

• 保护前景色：勾选该选项后，可以防止擦除与前景色匹配的区域。

2.3 魔术橡皮擦工具

用魔术橡皮擦工具在图像上单击时，可以将所有相似的像素更改为透明（如果在锁定了透明像素的图层中工作，这些像素将更改为背景色），其选项栏如图 3-3-64 所示。

图 3-3-64

魔术橡皮擦工具选项栏介绍如下：

• 容差：用来设置可擦除的颜色范围。

• 消除锯齿：勾选该选项时，可以使擦除区域的边缘变得平滑。

• 连续：勾选该选项时，只擦除与单击点像素邻近的像素；关闭该选项时，可以擦除图像中所有相似的像素。

• 不透明度:用来设置擦除的强度。当设置为 100% 时,将完全擦除像素;设置较低的值可以擦除部分像素。

【学习情景】

1　任务描述

利用魔术橡皮擦工具使前景与背景分离,在单独利用魔术橡皮擦工具时也许并不能完全满足要求,所以要制作出一幅好的图片,要综合利用橡皮擦工具。

2　任务执行

(1)打开素材文件,如图 3-3-65 所示,在魔术橡皮擦工具选项栏中设置容差为 60,如图 3-3-66 所示。

图 3-3-65

图 3-3-66

(2)使用魔术橡皮擦工具在人像附近的背景上单击鼠标左键,擦除效果如图 3-3-67 所示。

(3)继续使用魔术橡皮擦工具在其他背景区域上单击鼠标左键,做细节处理,擦除效果如图 3-3-68 所示。

图 3-3-67

图 3-3-68

(4)使用橡皮擦工具擦除多余的杂点,进一步细化处理,完成后效果如图 3-3-69 所示。

(5)将背景图层转换为普通图层,打开素材,如图 3-3-70 所示,将其拖拽至人物图像中,并将其放置在"人像"图层的下一层,最终效果如图 3-3-71 所示。

图 3-3-69

图 3-3-70

图 3-3-71

【任务小结】

Photoshop 在利用绘画工具和图像擦除工具处理图片时基本不能完全依靠单一工具完成,需要几个工具组合完成。这些工具的主要功能是绘制图片的一部分或抠取图片中的一部分。

对于绘画工具中的画笔、铅笔、颜色替换和混合器画笔工具及图像擦除工具中的橡皮擦、背景橡皮擦和魔术橡皮擦工具均有案例做以说明。

【课后作业】

一、填空题

(1)在 Photoshop 绘画工具中提供了______、______、______、______ 4 种工具。

(2)在 Photoshop 中,在英文输入状态下,按"______"键可以快速切换到绘画工具,在按下"______"键的同时按"____"键可以快速实现画笔工具、铅笔工具和颜色替换工具的切换。

(3)打开画笔面板的快捷键是“______”。

(4)硬度用于设置画笔边缘的柔和度，取值范围是______之间的整数值，数值越小，边缘越____。

(5)在英文输入状态下，按下“____”键可以使画笔直径变大，按下“____”键可以使画笔直径变小。

(6)背景橡皮擦工具的主要功能是____________________。

(7)橡皮擦的模式分为________、________、________3 种。

二、基础实训题

(1)掌握画笔工具及画笔面板的基础操作，能够运用画笔工具绘制简单的图形。

(2)掌握颜色替换工具的操作，能够使用颜色替换工具改变图像的某种颜色。

(3)自选一种图案分别添加自定义画笔和自定义图案，并在设计中应用自定义画笔和自定义图案。

(4)利用魔术橡皮擦工具擦除图片中的背景色。

任务四　应用修饰工具

【任务概述】

通常情况下，拍摄的数码图片或一些已有的图像会出现各种缺陷，使用 Photoshop 的图像修饰工具可以轻松地将带有缺陷的照片修复成靓丽的图片。本任务主要学习 Photoshop中各种修饰工具的使用方法和技巧，并能利用这些工具完成修饰图像的任务。

【任务目标】

◆掌握图章工具组的使用方法。

◆掌握图像修饰工具的使用方法。

◆熟悉图像修补及修饰技巧。

【技能目标】

◆掌握仿制和记录工具的操作方法和技巧。

◆掌握图像修饰工具的操作方法和技巧。

◆能够运用本任务所学知识完成图像修饰任务。

【基本知识与技能】

1　图章工具组

1.1　仿制图章工具

仿制图章工具可以将图像的一部分绘制到同一图像的另一位置上，或绘制到具有相同颜色模式的任何打开文档的另一部分，当然也可以将一个图层的一部分绘制到另一个图层上。其选项栏如图 3-4-1 所示。

图 3-4-1

仿制图章工具选项栏介绍如下:

- “切换画笔面板”按钮:打开或关闭画笔面板。
- “切换仿制源面板”按钮:打开或关闭仿制源面板。
- 对齐:勾选该选项后,可以连续对像素进行取样,即使释放鼠标后,也不会丢失当前取样点。
- 样本:从指定的图层中进行数据取样。

案例 1:利用仿制图章工具修补图像缺陷。

步骤:

(1)打开素材文件,如图 3-4-2 所示,在仿制图章工具选项栏中选择一种柔边画笔,并设置大小为 189px,如图 3-4-3 所示。

图 3-4-2

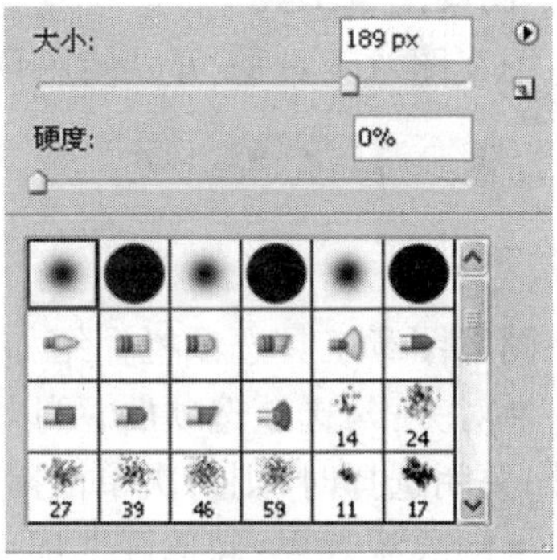

图 3-4-3

(2)将光标放置在地平线的位置,然后按住“Alt”键单击进行取样,接着在地平线上单击鼠标左键进行仿制,如图 3-4-4 所示。

图 3-4-4

(3)将光标放置在水面右侧的位置,然后按住“Alt”键单击进行取样,接着在右侧地平线处单击鼠标左键进行仿制,连续使用仿制图章工具修补效果欠佳的区域,如图 3-4-5 所示。

图 3-4-5

1.2 图案图章工具

图案图章工具可以使用预设图案或载入图案进行绘画,其选项栏如图 3-4-6 所示。

图 3-4-6

图案图章工具选项栏介绍如下:

- 对齐:勾选该选项后,可以保持图案与原始起点的连续性,即使多次单击鼠标也不例外;关闭选择时,则每次单击鼠标都重新应用图案。
- 印象派效果:勾选该选项后,可以模拟出印象派效果。

1.3 污点修复画笔工具

污点修复画笔工具可以消除图像中的污点和某个对象。污点修复画笔工具不需要设置取样点,因为它可以自动从所修饰区域的周围进行取样,其选项栏如图 3-4-7 所示。

图 3-4-7

污点修复画笔工具选项栏介绍如下:

- 模式:用来设置修复图像时使用的混合模式。除“正常”、“正片叠底”等常用模式外,还有一个“替换”模式,该模式可以保留画笔描边的边缘处的杂色、胶片颗粒和纹理。
- 类型:用来设置修复的方法。选择“近似匹配”选项时,可以使用选区边缘周围的像素来查找要用作选定区域的图像区域;选择“创建纹理”选项时,可以使用选区中的所有像素创建一个用于修复该区域的纹理;选择“内容识别”选项时,可以使用选区周围的像素进行修复。

案例 2:利用污点修复画笔工具去除污点(雀斑)和鱼尾纹。

步骤：

（1）打开素材文件，如图 3-4-8 所示，适度放大图像，可以观察到人像的面部有很多雀斑和鱼尾纹。

（2）激活污点修复画笔工具，然后在图像上单击雀斑，即可将雀斑消除，接着采用相同方法消除其他雀斑，完成后效果如图 3-4-9 所示。

图 3-4-8

图 3-4-9

（3）在选项栏设置画笔大小为 7px，然后设置类型为近似匹配，如图 3-4-10所示。

图 3-4-10

（4）使用设置好的污点修复画笔工具从鱼尾纹的一端向另外一端进行绘制，松开鼠标左键即可修复鱼尾纹。采用相同方法修复所有鱼尾纹，并适当调整曲线，最终效果如图 3-4-11所示。

1.4 修复画笔工具

图 3-4-11

修复画笔工具可以校正的瑕疵与仿制图章工具一样，修复画笔工具也可以用图像中的像素作为样本进行绘制。另外，修复画笔工具还可以将样本像素的纹理、光照、透明度和阴影与修复的像素进行匹配，从而使修复后的像素不留痕迹地融入图像的其他部分，其选项栏如图 3-4-12 所示。

修复画笔工具选项栏介绍如下：

- 源：设置用于修复像素的来源。选择“取样”选项时，可以用当前像素来修复图像；选择“图案”选项时，可以用某个图案作为取样点。

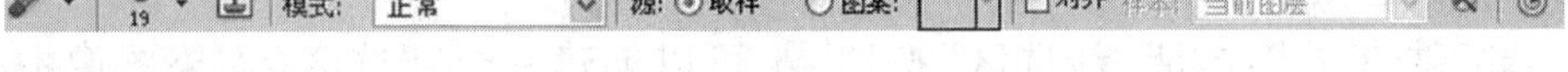

图 3-4-12

- 对齐：勾选该选项后，可以连续对像素进行取样，即使释放鼠标也不会丢失当前的取样点；关闭“对齐”选项后，则会在每次停止并重新开始绘制时使用初始取样点中的样本像素。

案例 3:利用修复画笔工具去除雀斑和眼袋。

步骤:

(1)打开素材文件,如图 3-4-13 所示。

(2)在修复画笔工具选项栏中设置画笔大小为 21px,硬度为 0%,如图 3-4-14 所示。

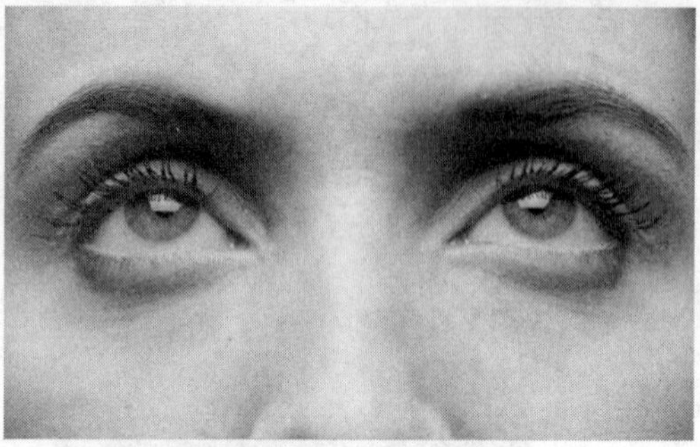

图 3-4-13

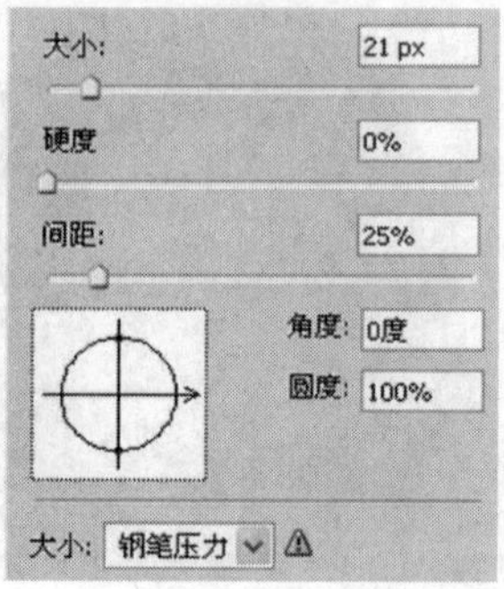

图 3-4-14

(3)在按住"Alt"键的同时在雀斑旁边的位置单击进行取样,然后在雀斑上单击鼠标左键,消除雀斑后的效果如图 3-4-15 所示。

(4)在选项栏设置画笔大小为 40px,硬度为 0%。在按住"Alt"键的同时在眼袋下方单击进行取样,然后在眼袋处涂抹,最终效果如图 3-4-16 所示。

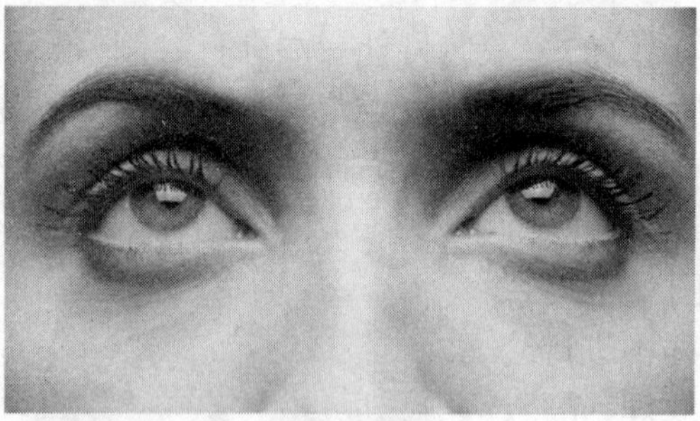

图 3-4-15

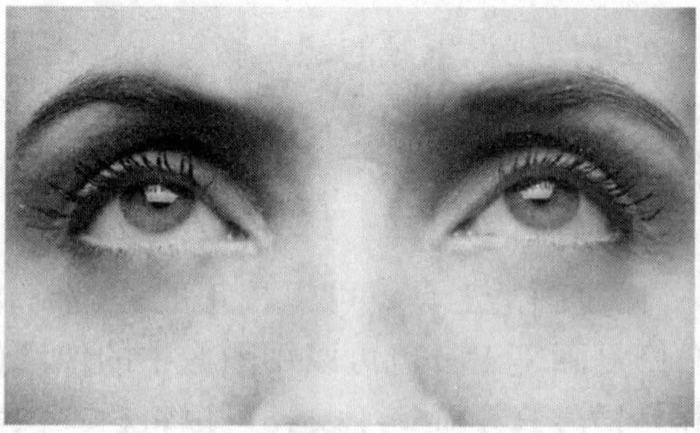

图 3-4-16

1.5　修补工具

修补工具可以利用样本或图案来修复所选图像区域中不理想的部分,其选项栏如图 3-4-17 所示。

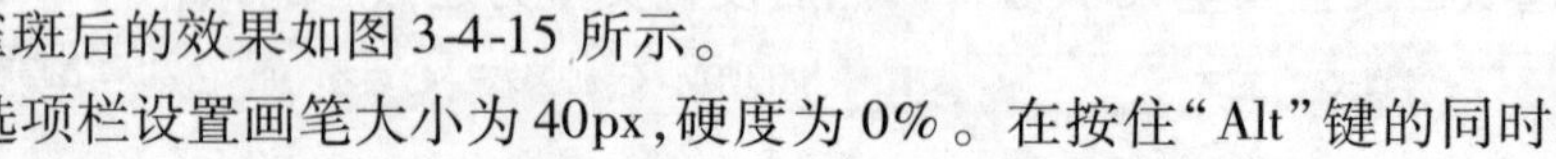

图 3-4-17

修补工具选项栏介绍如下:

• 选区创建方式:激活"新选区"按钮,可以创建一个新选区(如果图像中存在选区,则原始选区将被新选区替代);激活"添加到选区"按钮,可以在原始选区的基础上添加新的选区;激活"从选区中减去"按钮,可以在原始选区中减去当前绘制的选区;激活"与选区交叉"按钮,可以得到原始选区与当前创建选区的相交部分。

● 修补：创建选区后，选择“源”选项时，将选区拖拽到要修补的区域后，松开鼠标左键就会用当前选区中的图像修补原来选中的内容；选择“目标”选项时，则会将选中的图像复制到目标区域。

● 透明：勾选该选项后，可以使修补的图像与原始图像产生透明的叠加效果。

● 使用图案：使用修补工具创建选区以后，单击“使用图案”，可以使用图案修补选区内的图像。

案例 4：利用修补工具去除飞机。

步骤：

（1）打开素材文件，如图 3-4-18 所示。

（2）使用修补工具沿着飞机轮廓绘制出选区，如图 3-4-19 所示。

图 3-4-18

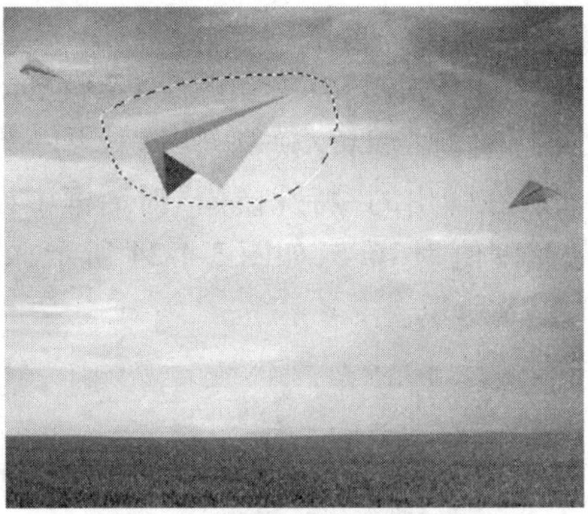

图 3-4-19

（3）将光标放在选区内，然后按住鼠标左键将选区向左或向右拖拽，当选区内没有显示出飞机时松开鼠标左键，按“Ctrl + D”组合键取消选区，效果如图 3-4-20 所示。

1.6 红眼工具

红眼工具可以去除由闪光灯导致的红色反光，其选项栏如图 3-4-21 所示。

图 3-4-20

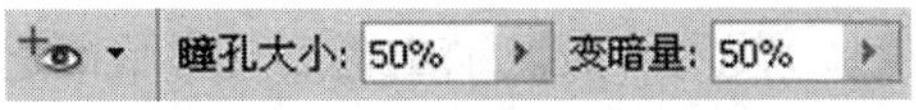

图 3-4-21

红眼工具选项栏介绍如下：

● 瞳孔大小：用来设置瞳孔的大小，即眼睛暗色中心的大小。

● 变暗量：用来设置瞳孔的暗度。

1.7　历史记录画笔工具

历史记录画笔工具可以将标记的历史记录状态或快照作为源数据对图像进行修改。历史记录画笔工具可以理性、真实地还原某一区域的某一步操作，其选项栏如图 3-4-22所示。

图 3-4-22

案例 5：利用历史记录画笔工具为人像磨皮。

图 3-4-23

步骤：

(1) 打开素材文件，如图 3-4-23 所示。

(2) 执行"滤镜/模糊/特殊模糊"菜单命令，然后在弹出的"特殊模糊"对话框中设置半径为 3、阈值为 16.5，如图 3-4-24 所示，效果如图 3-4-25 所示。

图 3-4-24

图 3-4-25

(3) 由于"特殊模糊"滤镜将头发也模糊了，需要在"历史记录"面板标记"特殊模糊"操作，如图 3-4-26 所示，然后单击"打开"。

(4) 在历史记录画笔工具选项栏中选择一种柔边画笔，并设置大小为 125px、硬度为 0%，接着设置不透明度和流量都为 50%。

(5) 使用历史记录画笔工具对脸部进行涂抹，然后在选项栏中设置画笔大小为 25px，在眼角、鼻翼和嘴角等细节部位进行涂抹（注意：眉毛、睫毛等部分不要涂抹），完成后效果如图 3-4-27 所示。

图 3-4-26

图 3-4-27

1.8　历史记录艺术画笔工具

与历史记录画笔工具一样，历史记录艺术画笔工具也可以将标记的历史记录状态或快照用作源数据对图像进行修改。但是，历史记录画笔工具只能通过重新创建指定的源数据来绘画，而历史记录艺术画笔工具在使用这些数据时，还可以为图像创建不同的颜色和艺术风格，其选项栏如图 3-4-28 所示。

图 3-4-28

历史记录艺术画笔工具选项栏介绍如下：

- 样式：选择一个选项来控制绘画描边的形状，包括“绷紧短”、“绷紧中”和“绷紧长”等。
- 区域：用来设置绘画描边所覆盖的区域。数值越大，覆盖的区域越大，描边的数量越多。
- 容差：限定可应用绘画描边的区域。低容差可以用于在图像中的任何地方绘制无数条描边；高容差会将绘画描边限定在与源状态或快照中的颜色明显不同的区域。

案例 6：利用历史记录艺术画笔工具制作手绘效果。

步骤：

(1) 打开素材文件，如图 3-4-29 所示。

(2) 在历史记录艺术画笔工具选项栏中选择一种柔边画笔，并设置大小为 25px，然后设置样式为“绷紧短”。

(3) 使用历史记录艺术画笔工具在远景处绘制，完成后效果如图 3-4-30 所示。

图 3-4-29

图 3-4-30

（4）在选项栏中设置画笔大小为 3px，然后在中景区域绘制。

（5）在选项栏中设置不透明度为 60%，然后在前景区域绘制，完成后效果如图 3-4-31 所示。

（6）在选项栏中设置画笔大小为 15px，然后分别在花朵和小狗身上绘制（着重在小狗面部绘制）。设置画笔大小为 5px，然后细致绘制小狗面部，最后为图像添加一些文字，最终效果如图 3-4-32 所示。

图 3-4-31

图 3-4-32

2　图像修饰工具

2.1　模糊工具

模糊工具可以柔化硬边缘或减少图像中的细节，使用该工具在某个区域上方绘制的次数越多，该区域就越模糊。模糊工具选项栏如图 3-4-33 所示。

图 3-4-33

模糊工具选项栏介绍如下：

- 模式：用来设置模糊工具的混合模式。
- 强度：用来设置模糊工具的强度。

2.2　锐化工具

锐化工具可以增强图像中相邻像素之间的对比度，以提高图像的清晰度。锐化工具选项栏只比模糊工具选项栏多一个“保护细节”选项，如图 3-3-34 所示。勾选该选项后，在进行锐化处理时，将对图像的细节进行保护。

图 3-4-34

2.3　涂抹工具

涂抹工具可以模拟手指划过油漆时所产生的效果。该工具可以拾取鼠标单击处的颜色，并沿着拖拽方向展开这种颜色。涂抹工具选项栏如图 3-4-35 所示。

涂抹工具选项栏介绍如下：

图 3-4-35

• 模式:用来设置涂抹工具的混合模式。

• 强度:用来设置涂抹工具的强度。

• 手指绘画:勾选该选项后,可以使用前景色进行涂抹绘制。

2.4　减淡工具

减淡工具可以对图像进行减淡处理,其选项栏如图 3-4-36 所示。用该工具在某个区域上方绘制的次数越多,该区域就会变得越亮。

图 3-4-36

减淡工具选项栏介绍如下:

• 范围:选择要修改的色调。选择“中间调”时,可以更改灰色的中间范围;选择“阴影”时,可以更改暗部区域;选择“高光”时,可以更改亮部区域。

• 曝光度:可以为减淡工具指定曝光度,数值越大,效果越明显。

• 保护色调:可以保护图像色调不受影响。

2.5　加深工具

加深工具可以对图像进行加深处理,其选项栏如图 3-4-37 所示。用该工具在某个区域上方绘制的次数越多,该区域就会变得越暗。

图 3-4-37

案例 7:利用加深、减淡工具进行抠图。

步骤:

(1)打开素材文件,如图 3-4-38 所示。

(2)按“Ctrl + J”组合键复制一个“背景副本”图层,将其更名为“人像”,如图 3-4-39 所示。

图 3-4-38

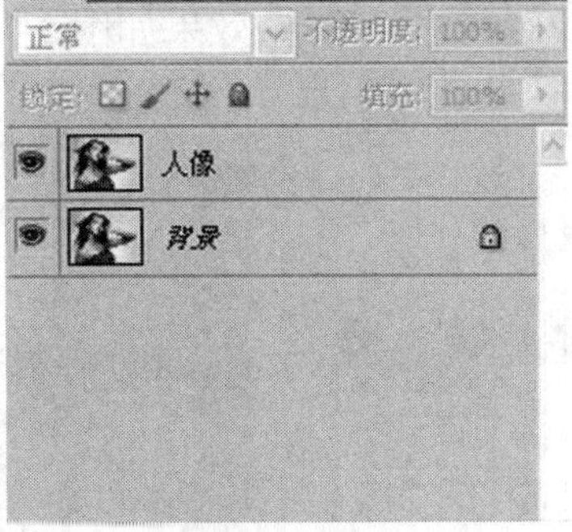

图 3-4-39

(3)切换到“通道”面板,观察“红”、“绿”、“蓝”通道,发现“绿”通道的头发部分与背景的对比最强烈,如图 3-4-40 所示。

(4)将“绿”通道拖拽至“通道”面板下面的“创建新通道”按钮上,复制出一个“绿副本”通道,如图 3-4-41 所示。

图 3-4-40

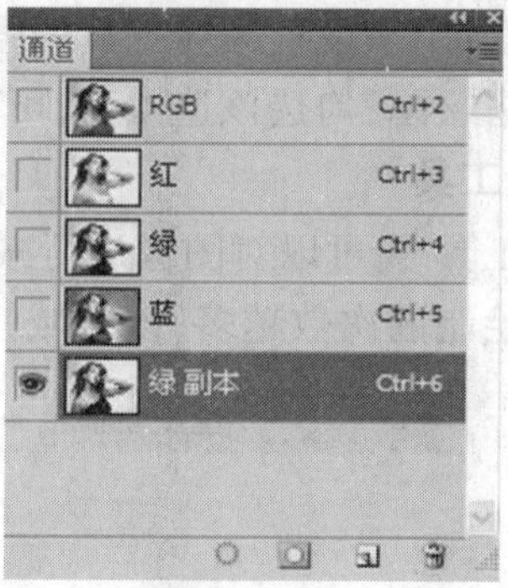

图 3-4-41

(5)选择“绿副本”通道,按“Ctrl + M”组合键打开“曲线”对话框,然后将曲线调节成如图 3-4-42 所示,效果如图 3-4-43 所示。

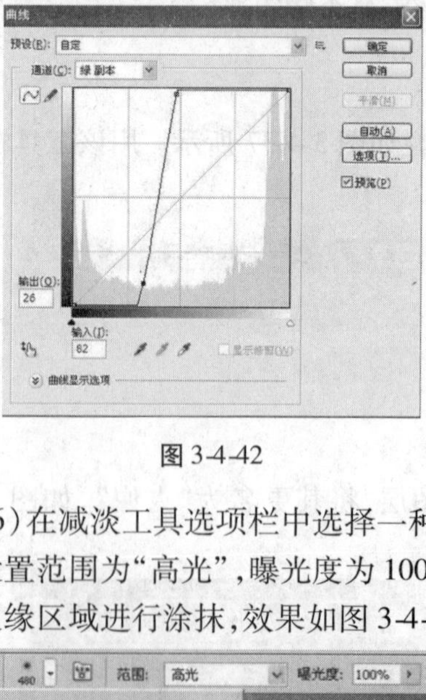

图 3-4-42

图 3-4-43

(6)在减淡工具选项栏中选择一种柔边画笔,并设置画笔大小为 480px,硬度为 0%,然后设置范围为“高光”,曝光度为 100%,如图 3-4-44 所示,接着在图像的右侧和左侧的背景边缘区域进行涂抹,效果如图 3-4-45 所示。

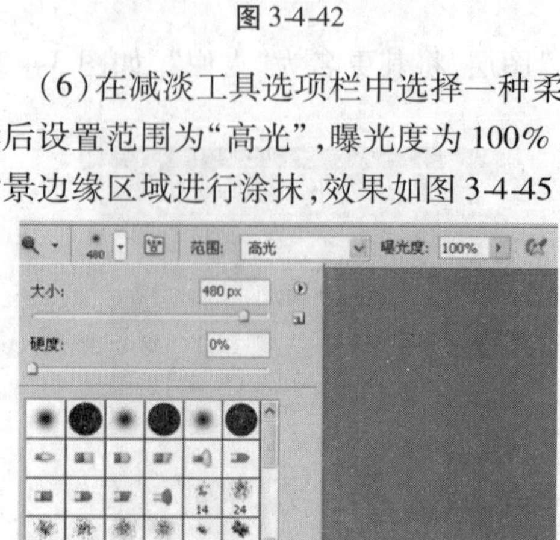

图 3-4-44

图 3-4-45

(7)在加深工具选项栏中选择一种柔边画笔，设置画笔大小为189px，硬度为0%，然后设置范围为“阴影”，曝光度为100%，如图3-4-46所示，接着在人像的头发部分进行涂抹，以加深头发的颜色。

(8)使用黑色画笔工具将面部和身体部分涂成黑色，如图3-4-47所示。

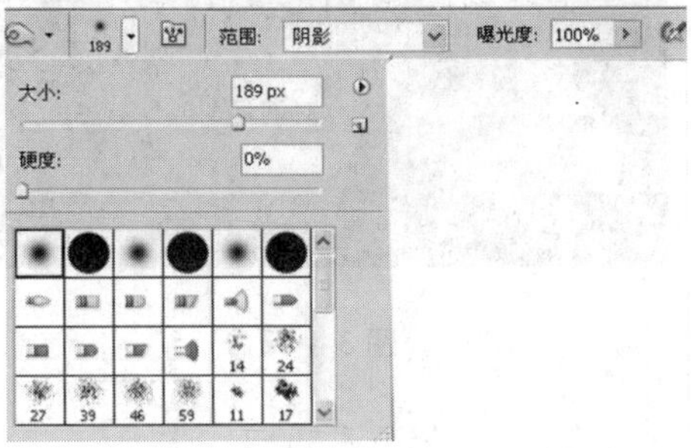

图3-4-46

图3-4-47

(9)在按住“Ctrl”键的同时单击“绿副本”通道的缩略图，载入该通道的选区(白色部分为所选区域)，如图3-4-48所示，单击“RGB”通道，并切换到图层面板，选区效果如图3-4-49所示。

图3-4-48

图3-4-49

(10)按“Delete”键删除背景区域，如图3-4-50所示。

(11)打开素材文件，如图3-4-51所示，然后将其拖拽到操作界面，并将其放在“人像”图层下方，最终效果如图3-4-52所示。

图3-4-50

图3-4-51

2.6 海绵工具

图 3-4-52

海绵工具可以精确地更改图像某个区域的色彩饱和度，其选项栏如图 3-4-53 所示。如果是灰度图像，该工具将通过灰阶远离或靠近中间灰来增加或降低对比度。

海绵工具选项栏介绍如下：

- 模式：选择“饱和”选项时，可以增加色彩的饱和度；选择“降低饱和度”选项时，可以降低色彩的饱和度。
- 流量：可以为海绵工具指定流量。数值越大，海绵工具的强度越大，效果越明显。

图 3-4-53

- 自然饱和度：勾选该选项后，可以在增加饱和度的同时防止颜色过度饱和而产生溢色现象。

【学习情景】

1 任务描述

本任务是修复老照片，对照片进行处理，以实现写真皮肤效果，通过修复照片来掌握 Photoshop 中修饰工具的操作方法和技巧。

2 任务执行

(1) 打开素材文件，如图 3-4-54 所示。

(2) 放大图片，选择污点修复画笔工具，在选项栏中设置画笔大小为 15px，硬度为 0%，用其将照片的褶皱纹理和脏污处细致地消掉，效果如图 3-4-55 所示。

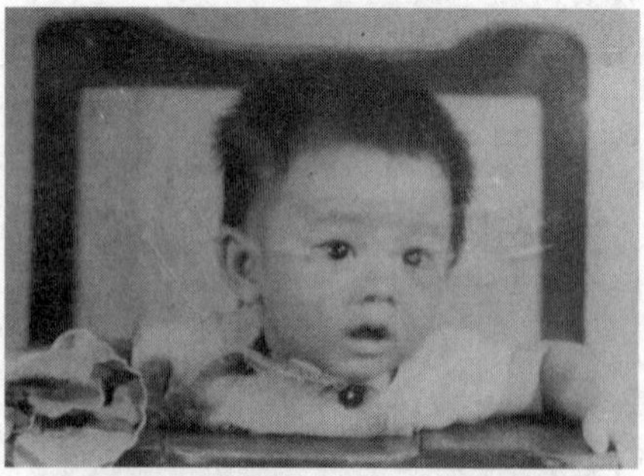

图 3-4-54

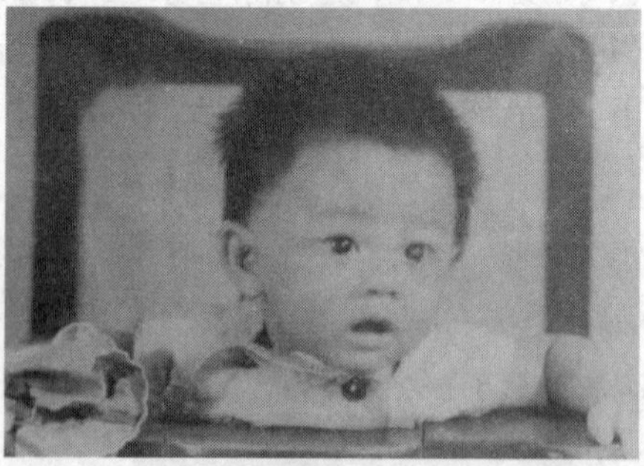

图 3-4-55

(3) 选择仿制图章工具，调节图章笔尖属性，设置画笔大小为合适，柔边，不透明度为 30%，在脸部修饰，并给予适当的智能锐化，效果如图 3-4-56 所示。

(4) 使用修补工具对右眼进行修补，并选择涂抹工具，在选项栏中设置适当大小、硬度为 0% 的圆形柔边画笔,并设置强度为 100%,然后在人物眼睛边缘涂抹,使眼睛边缘自然、圆润,效果如图 3-4-57 所示。

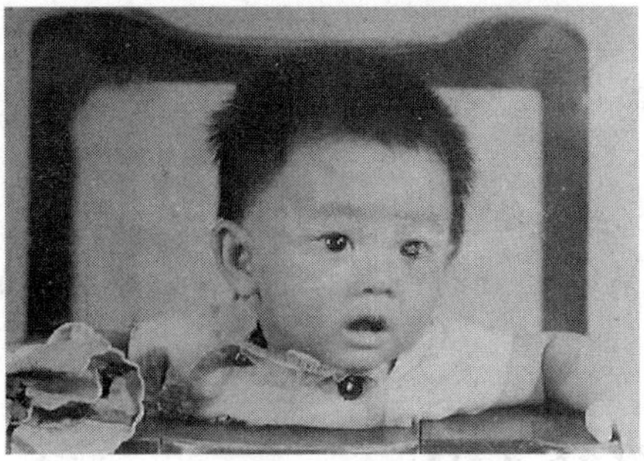

图 3-4-56

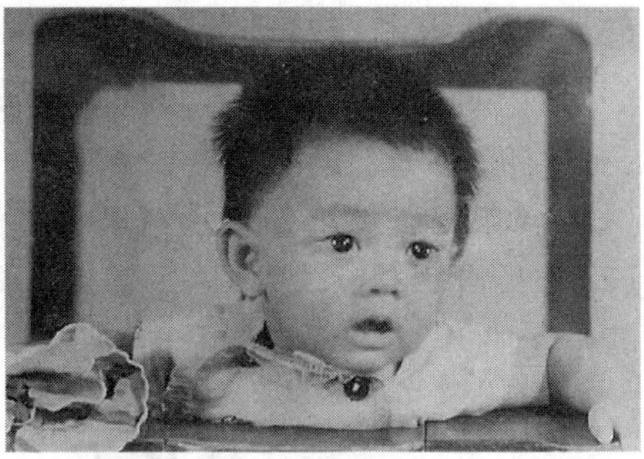

图 3-4-57

(5)选择仿制图章工具,通过取样修复,将画面中头发的边缘以及墙面上的杂物去掉。

(6)执行"滤镜/模糊/表面模糊"命令,设置半径为 5px,阈值为 8,单击"确定",效果如图 3-4-58 所示。

(7)进入"通道"面板,在按住"Ctrl"键的同时单击"红"通道,载入选区。进入图层面板,新建"图层 1",并设置"图层 1"的混合模式为"柔光",用白色填充"图层 1"选区,按"Ctrl + D"组合键取消选区,用加深工具在头发及衣服花纹处适当涂抹,完成照片的修复,效果如图 3-4-59 所示。

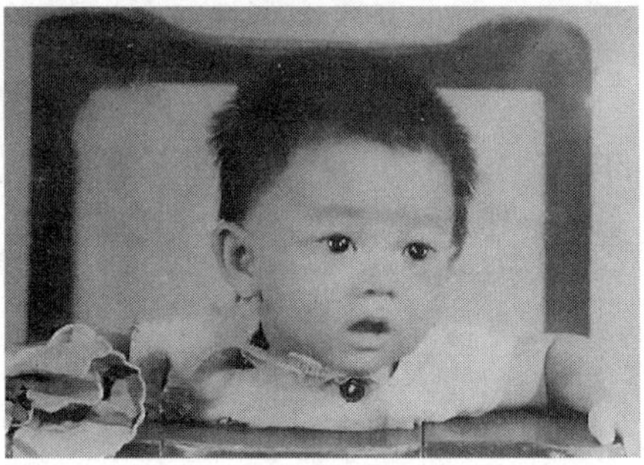

图 3-4-58

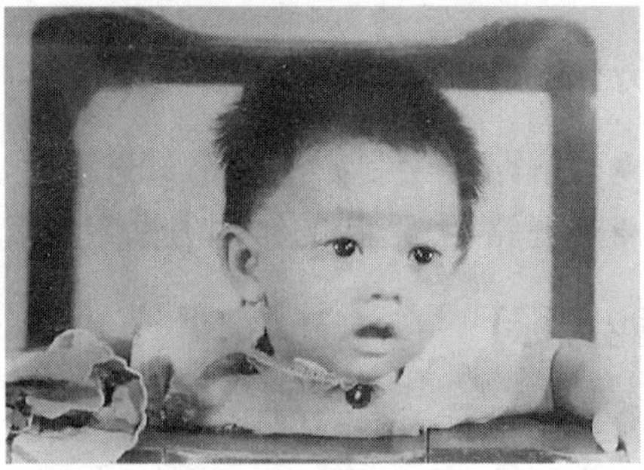

图 3-4-59

【任务小结】

通过本任务的练习,我们掌握了污点修复画笔工具、仿制图章工具、涂抹工具、修补工具、加深工具等的使用方法。其中,污点修复画笔工具常用来去除人物的雀斑和鱼尾纹,仿制图章工具常用来修复人物和黑眼圈,涂抹工具用于调整外形,修补工具常用于修复背景中杂色,加深工具用于将人物的头发和衣服花纹颜色加深。

【课后作业】

一、填空题

(1)修补工具选项栏中如果选中"源"单选按钮,则将选区拖拽到__________的区域;如果选中"目标"单选按钮,则是以__________作为样本来修补其他位置的像素。

(2)红眼工具一般用于快速修复用________拍摄的人物或动物照片中的________,也可以修复用________拍摄的动物照片中的__________或__________反光部分。

(3)海绵工具一般用于精确更改区域的__________。

(4)历史记录画笔工具主要用于恢复图像的操作,可以恢复到________的状态。

二、基础实训题

(1)分组交流,讨论各种修饰工具的使用经验,并总结各种修饰工具的使用技巧。

(2)收集自己或朋友、家人的照片,或拍照效果不太好的照片,利用本任务所学的修饰工具修复照片。

任务五　应用路径工具

【任务概述】

在使用 Photoshop 中的钢笔工具和形状工具绘图前,首先要了解使用这些工具可以绘制出什么图形,也就是通常所说的绘图模式。而在了解绘图模式之后,就需要了解路径与锚点之间的关系,因为在使用钢笔工具等矢量工具绘图时,大都会涉及它们。本任务主要介绍路径的绘制、编辑方法以及图形的绘制与应用技巧,路径与矢量工具在图片处理后期与图像合成中的使用是非常频繁的,同时也是 Photoshop 基础知识中的重点和难点。

【任务目标】

◆理解路径绘制方法及工具选项栏中各参数的意义。

◆掌握路径、形状的绘制方法及技巧。

【技能目标】

◆掌握钢笔工具的使用方法。

◆掌握路径、形状工具的使用方法。

【基本知识与技能】

1　路径基本概念

1.1　认识绘图模式

使用 Photoshop 中的钢笔工具和形状工具可以绘制出很多图形,包含形状图层、路径和填充像素 3 种,如图 3-5-1 所示。在绘图前,首先要在工具选项栏中选择一种绘图模式,然后才能进行绘制。

图 3-5-1

1.1.1 形状图层

在选项栏中单击“形状图层”按钮，可以在一个单独的图层中创建形状图层，如图3-5-2所示。形状图层包含填充区域和矢量蒙版两个部分，填充区域决定了矢量蒙版的颜色和不透明度等，而矢量蒙版则决定了填充区域的显示区域和隐藏区域。矢量蒙版其实就是路径，它保留在“路径”面板中，如图 3-5-3 所示。

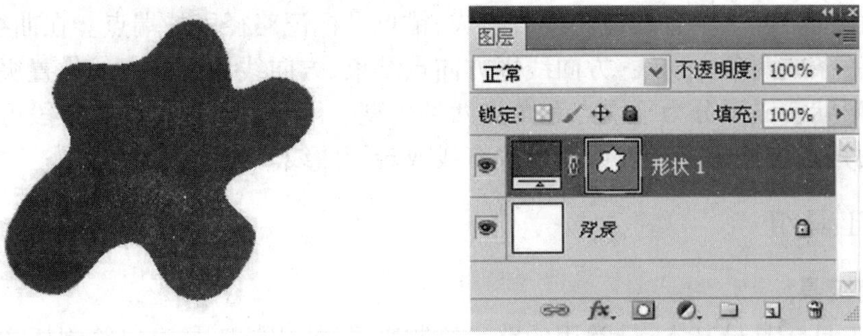

图 3-5-2

1.1.2 路径

在选项栏中单击“路径”按钮，可以创建工作路径。工作路径不会出现在“图层”面板中，只出现在“路径”面板中，如图 3-5-4 所示。

图 3-5-3

1.1.3 填充像素

在选项栏中单击“填充像素”按钮，可以在当前图像上创建出光栅化的图像。这种绘图模式不能创建矢量图像，因此在“路径”面板中也不会出现路径。

图 3-5-4

1.2 认识路径与锚点

1.2.1 路径

路径是一种轮廓，它主要有以下用途：

（1）可以使用路径作为矢量蒙版来隐藏图层区域。

（2）可以将路径转换为选区。

（3）可以将路径保存在“路径”面板中，以备随时调用。

（4）可以使用颜色填充或描边路径。

（5）将图像导出到页面排版或矢量编辑程序时，将已存储的路径指定为剪贴路径，可以使图像的一部分变得透明。

路径可以使用钢笔工具和形状工具来绘制,绘制的路径可以是闭合的,也可以是开放的。

☞技巧:路径不能被打印出来,因为它是矢量对象,不包含像素,只有在路径填充颜色时才能打印出来。

1.2.2 锚点

路径由一个或多个直线或曲线段组成,锚点是标记路径段的端点。在曲线段上,每个锚点显示一条或两条方向线,方向线以方向点结束,方向线和方向点的位置决定了曲线段的大小和形状。锚点分为平滑点和角点两种类型。由平滑点连接的路径段可以形成平滑的曲线,由角点连接的路径段可以形成直线或转折曲线。

2 钢笔工具组

2.1 钢笔工具

钢笔工具是最基本、最常用的路径绘制工具,使用该工具可以绘制任意形状的直线或曲线路径,其选项栏如图 3-5-5 所示。钢笔工具选项栏中有一个"橡皮带"选项,勾选该选项后,可以在绘制路径的同时观察路径的走向。

图 3-5-5

案例 1:使用钢笔工具绘制等腰梯形。

步骤:

(1)新建一个 500px × 500px 的文档,执行"识图/显示/网格"菜单命令,显示网格,如图 3-5-6 所示。

(2)选择钢笔工具,然后在选项栏中单击"路径"按钮,接着将光标放置在一个网格上,单击鼠标左键,确定路径的起点。

(3)将光标移动到下一个网格处,然后单击创建一个锚点,两个锚点会连成一条直线路径,如图 3-5-7 所示。

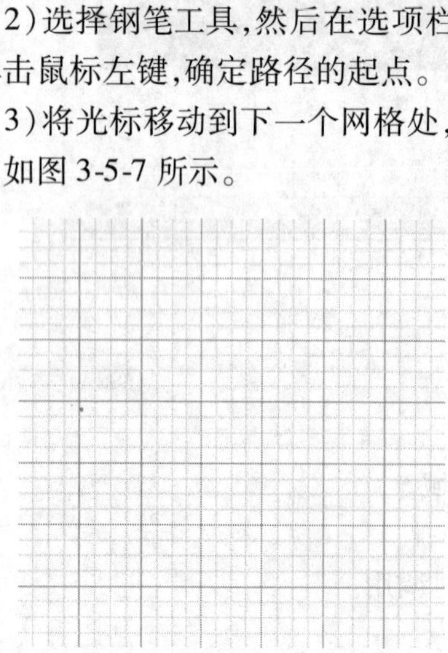

图 3-5-6

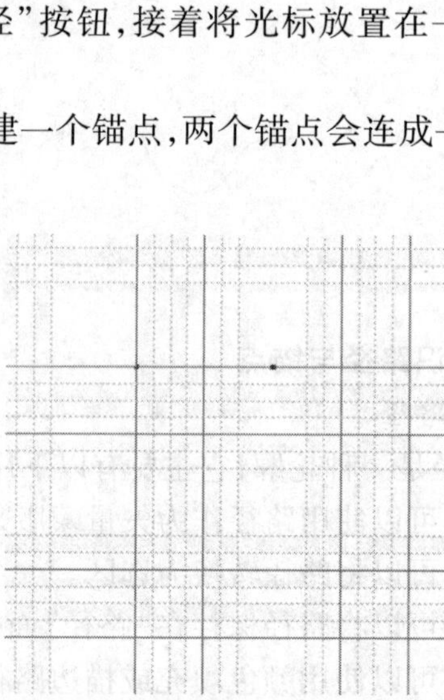

图 3-5-7

(4)在其他的网格上创建出锚点,如图 3-5-8 所示。

(5)将光标放置在起点上,当光标下方出现圆时,单击鼠标左键闭合路径,然后取消网格,绘制的等腰梯形如图 3-5-9 所示。

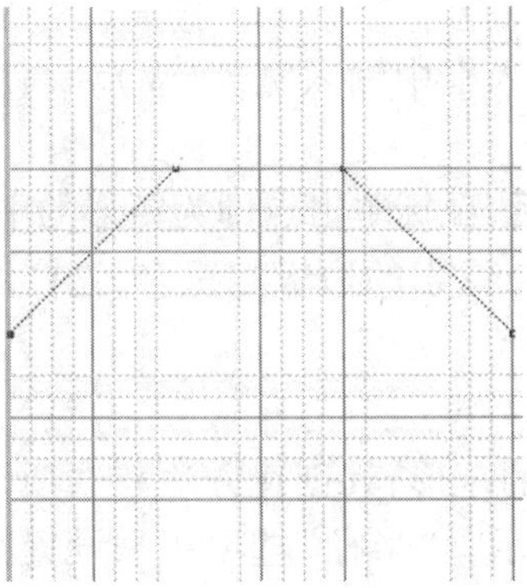

图 3-5-8

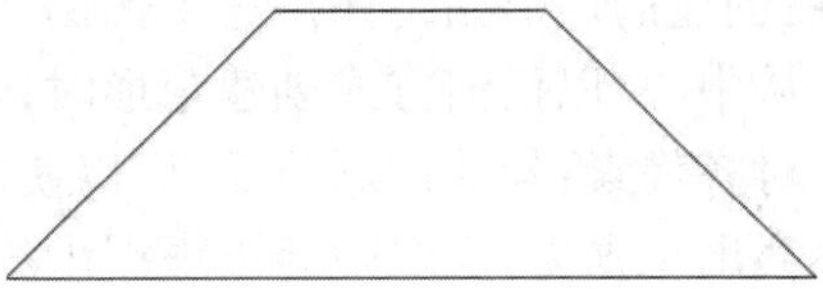

图 3-5-9

2.2 自由钢笔工具

使用自由钢笔工具可以绘制出比较随意的图形,就像用铅笔在纸上绘图一样,在绘图时将自动添加锚点,无需确定锚点的位置,完成路径后可进一步对其进行调整。

2.3 添加锚点工具

使用添加锚点工具可以在路径上添加锚点。将光标放在路径上,当光标变成钢笔下有加号时,在路径上单击即可添加一个锚点。

2.4 删除锚点工具

使用删除锚点工具可以删除路径上的锚点。将光标放在锚点上,当光标变成钢笔下有减号时,在路径上单击即可删除该锚点。

2.5 转换点工具

转换点工具主要用来转换锚点的类型。在平滑点上单击,可以将平滑点转换为角点;在角点上单击,可以将角点转换为平滑点。

3 形状工具组

3.1 矩形工具

使用矩形工具可以绘制出正方形和矩形,其使用方法与矩形选框工具类似,在绘制时,按住“Shift”键可以绘制出正方形,按住“Alt”键可以以鼠标单击点为中心绘制矩形,按住“Alt + Shift”组合键可以以鼠标单击点为中心绘制正方形。打开选项栏中左侧的倒三角图标,打开矩形工具的设置选项,如图 3-5-10所示。

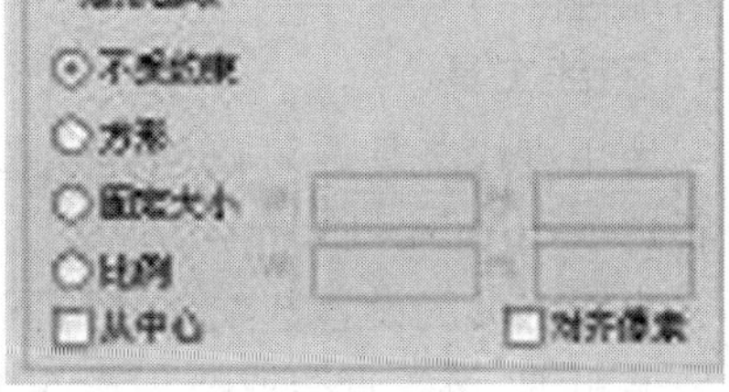

图 3-5-10

矩形工具的设置选项介绍如下:

- 不受约束:勾选该选项时,可以绘制出任意大小的矩形。

● 方形：勾选该选项后，可以绘制出任意大小的正方形。

● 固定大小：勾选该选项后，可以在其后面的数值输入框中输入宽度（W）和高度（H），然后在图像上单击即可创建出矩形。

● 比例：勾选该选项后，可以在其后面的数值输入框中输入宽度（W）和高度（H）比例，此后创建的矩形始终保持这个比例。

● 从中心：以任何方式创建矩形时，勾选该选项后，鼠标单击点即为矩形的中心。

● 对齐像素：勾选该选项后，可以使矩形的边缘与像素的边缘相重合，这样图形的边缘就不会出现锯齿，反之则会出现锯齿。

3.2　圆角矩形工具

使用圆角矩形工具可以创建出具有圆角效果的矩形，其创建方法与选项和矩形工具基本相同，但多了一个“半径”选项，如图 3-5-11 所示。“半径”选项用来设置圆角的半径（以“px”为单位），数值越大，圆角越大。

图 3-5-11

3.3　椭圆工具

使用椭圆工具可以创建出椭圆和圆，如果要创建椭圆，直接拖拽鼠标即可；如果要创建圆，可以按住“Shift”键或“Shift + Alt”组合键（以鼠标单击点为中心）进行创建。

3.4　多边形工具

使用多边形工具可以创建出正多边形（最少为 3 条边）和星形，其设置选项如图 3-5-12 所示。

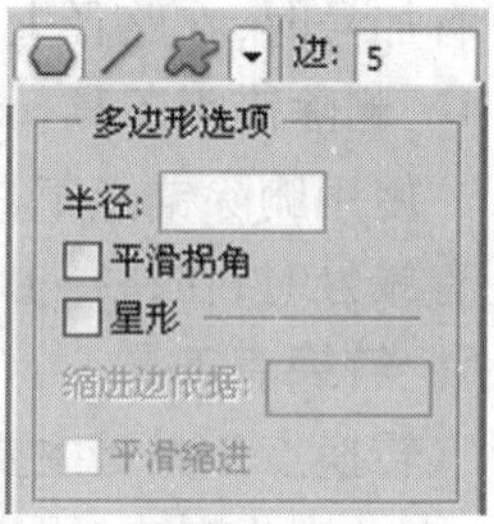

图 3-5-12

多边形工具的设置选项介绍如下：

● 边：设置多边形的边数，设置为 3 时，可以创建出正三角形；设置为 5 时，可以创建出正五边形。

● 半径：设置多边形或星形的半径，设置好半径后，在画面中拖拽鼠标即可创建相应的多边形或星形。

● 星形：勾选该选项后，可以创建星形。下面的“缩进边依据”选项主要用来设置星形边缘向中心缩进的百分比，数值越大，缩进量越大。

● 平滑缩进：勾选该选项后，可以使星形的每条边向中心平滑缩进。

3.5　直线工具

使用直线工具可以创建出直线和带有箭头的路径。其设置选项如图 3-5-13 所示。

图 3-5-13

直线工具的设置选项介绍如下：

● 粗细：设置直线或箭头线的粗细，单位为“像素”。

● 起点/终点：勾选“起点”选项，可以在直线的起点处添加箭头;勾选“终点”选项,可以在直线的终点处添加箭头;勾选“起点”和“终点”选项,则可以在两头都添加箭头。

● 宽度:用来设置箭头宽度与直线宽度的百分比,范围为 100% ~1000% 。

● 长度:用来设置箭头长度与直线宽度的百分比,范围为 10% ~5000% 。

● 凹度:用来设置箭头的凹陷程度,范围为 -50% ~50% 。值为 0% 时,箭头尾部平齐;值大于 0% 时,箭头尾部向内凹陷;值小于 0% 时,箭头尾部向外凸出。

3.6　自定义形状工具

使用自定义形状工具可以创建出非常多的形状,这些形状既可以是 Photoshop 的预设形状,也可以是我们自定义或加载的外部形状。

案例 2:使用圆角矩形工具制作风格相片。

步骤:

(1)打开素材文件,如图 3-5-14 所示。

(2)导入素材文件,如图 3-5-15 所示,然后调整好其大小和位置,如图 3-5-16 所示。

图 3-5-14

图 3-5-15

(3)选择圆角矩形工具,然后在选项栏上设置半径为 150px,接着在人像上创建一个如图 3-5-17 所示的圆角矩形。

图 3-5-16

图 3-5-17

(4)按“Ctrl + Enter”组合键载入路径选区,再按“Shift + Ctrl + I”组合键反选,用白色填充选区。然后用矩形选框工具框选出需要的部分,反选后选择选区,按“Delete”键删除反选区域,效果如图 3-5-18 所示。

(5)执行“图像/调整/曲线”菜单命令,打开“曲线”对话框,进行调整(输入:124,输出:161)。按“Ctrl + T”组合键进入自由变换状态,然后将人像逆时针旋转一定角度并缩放,效果如图 3-5-19 所示。

(6)导入素材文件,如图 3-5-20 所示,然后调整大小,采用同样方法为其制作一个灰色边框,将其放置在第一张人像下面,使画面更有层次感,如图 3-5-21 所示。

图 3-5-18

图 3-5-19

图 3-5-20

图 3-5-21

(7) 导入素材文件,如图 3-5-22 所示,将其打印出的照片去掉,用曲线将打印机调亮,将其放置在文件左侧,如图 3-5-23 所示。

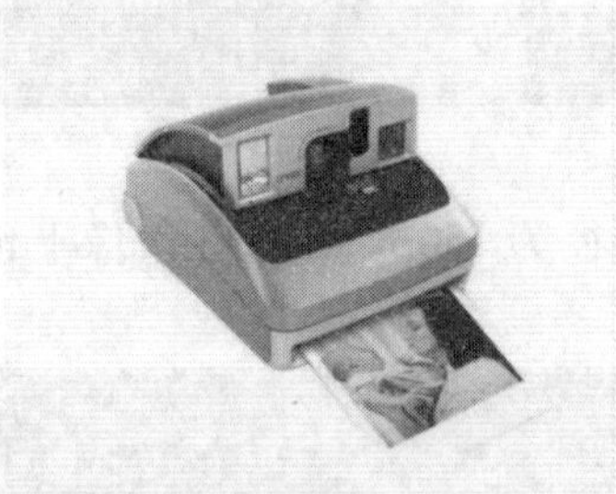

图 3-5-22

图 3-5-23

(8) 将第一张人像复制一份,执行“编辑/变换/透视”菜单命令,将人像调整成如图 3-5-24所示,使其像是刚从相机中拍摄出来的一样。

(9) 使用“横排文字”输入英文,导入素材文件,如图 3-5-25 所示,将其放置在相片上作为装饰。最终效果如图 3-5-26 所示。

图 3-5-24

图 3-5-25

图 3-5-26

4 路径的基本操作

使用钢笔工具绘制出路径后，还可以在原有路径的基础上继续进行绘制，同时也可以进行变换路径、定义为形状、描边路径等操作。

4.1 路径的运算

如果要使用钢笔工具或形状工具创建多个子路径，可以在工具选项栏中单击相应的运算按钮，以确定子路径的重叠区域产生的运算结果。图 3-5-27 所示为原有的桃心形状及即将要添加的箭头形状。

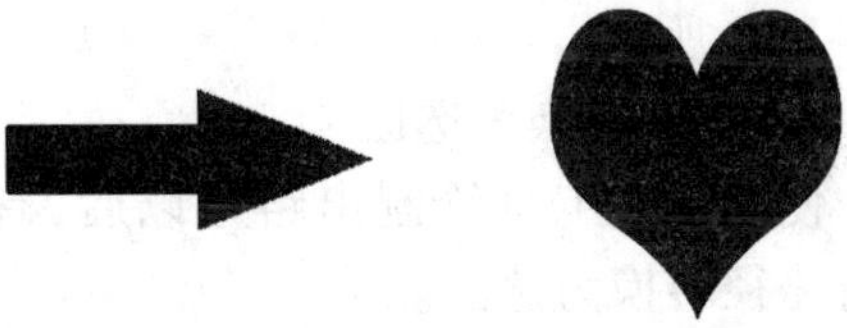

图 3-5-27

添加到形状：单击该按钮，新绘制的图形将添加到原有图形中，如图 3-5-28 所示。从形状中减去：单击该按钮，可以从原有图形中减去新绘制的图形，如图 3-5-29 所示。交叉形状选区：单击该按钮，可以得到新绘制的图形与原有图形的交叉区域，如图 3-5-30 所示。重叠形状区域除外：单击该按钮，可以得到新绘制的图形与原有图形重叠部分以外的区域，如图 3-5-31 所示。

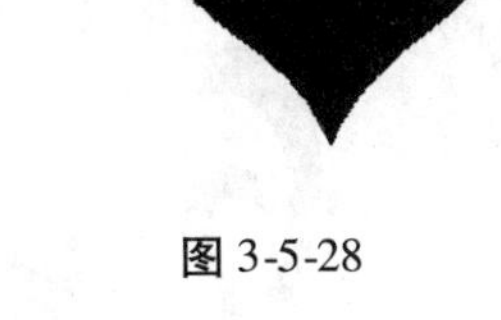

图 3-5-28

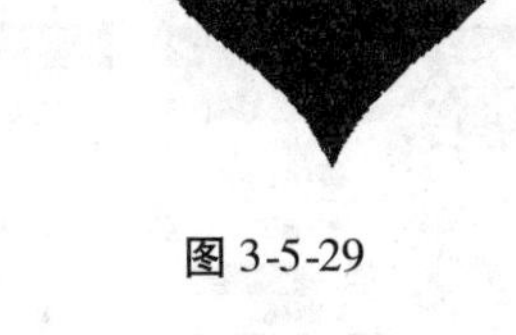

图 3-5-29

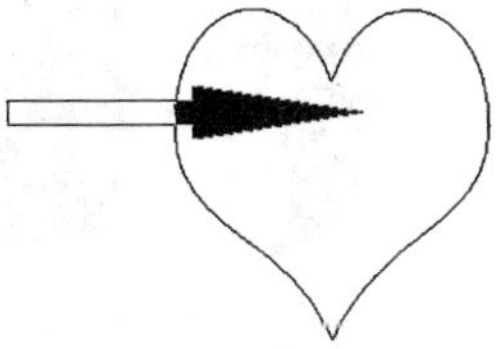

图 3-5-30

图 3-5-31

4.2　变换路径

变换路径与变换图像的方法完全相同，在“路径”面板中选择路径，然后执行“编辑/变换/路径”菜单下的命令即可对其进行相应的变换。

4.3　对齐与分布路径

选择路径选择工具，在其选项栏中有一排对齐按钮和分布按钮，如图 3-5-32 所示，这些按钮的使用方法和移动工具类似。

图 3-5-32

4.4　定义为形状

使用钢笔工具绘制出路径以后，执行“编辑/定义自定形状”菜单命令可以将其定义为形状，如图 3-5-33 所示。

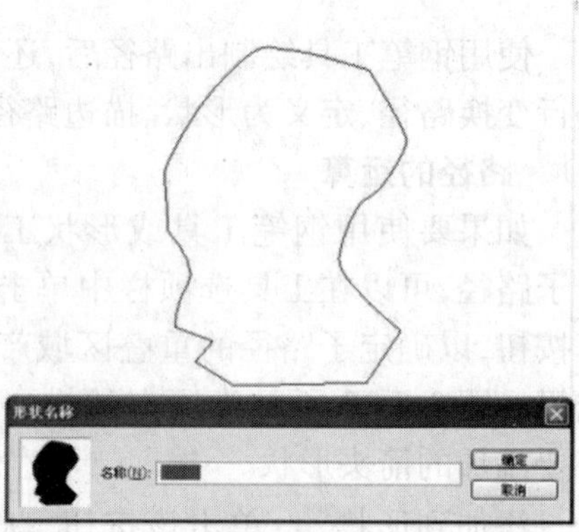

图 3-5-33

4.5　将路径转换为选区

使用钢笔工具绘制出路径以后，有 3 种方法可将路径转换为选区。

(1)直接按“Ctrl + Enter”组合键载入路径的选区。

(2)在路径上单击鼠标右键，然后在弹出的菜单中选择“建立选区”命令。

(3)按住“Ctrl”键在“路径”面板中单击路径的缩略图，或单击“将路径作为选区载入”按钮。

4.6　填充路径

使用钢笔工具绘制出路径后，在“路径”面板上单击鼠标右键，在弹出的菜单中选择“填充路径”命令，如图 3-5-34 所示，打开“填充路径”对话框，在该对话框中可以设置需要填充的内容，如图 3-5-35 所示。图 3-5-36 即为填充路径后的效果。

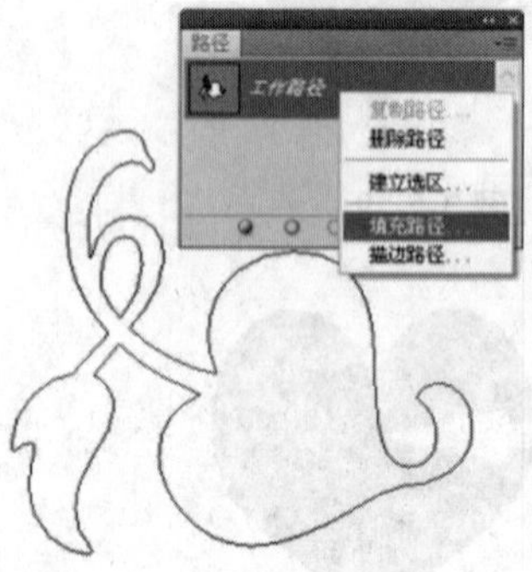

图 3-5-34

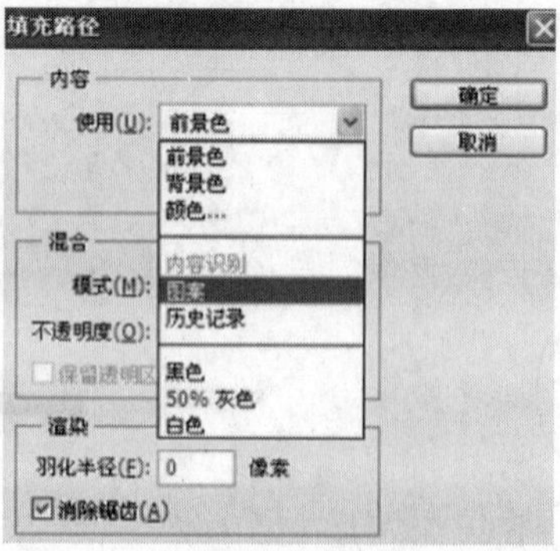

图 3-5-35

图 3-5-36

4.7　描边路径

描边路径是一个非常重要的功能，在描边之前需要先设置好描边工具的参数，比如铅笔、画笔、橡皮擦、仿制图章工具等。使用钢笔工具绘制出路径后，在“路径”面板上单击鼠标右键，在弹出的菜单中选择“描边路径”命令，打开“描边路径”对话框，在该对话框中选择可以描边的工具，如选择画笔工具。如图 3-5-37 所示是使用画笔工具描边路径的效果。

图 3-5-37

5　选择工具组

5.1　路径选择工具

使用路径选择工具可以选择单个的路径，也可以选择多个路径，同时它还可以用来组合、对齐和分布路径。其选项栏如图 3-5-38 所示。

图 3-5-38

路径选择工具选项栏介绍如下：

- 显示定界框：勾选该选项后，当用路径选择工具选择路径时，可以显示出路径的定界框。
- 添加到形状：选择两个或多个路径，然后单击该按钮，可以将当前路径添加到原有路径中，如图 3-5-39 所示。
- 从形状中减去：选择两个或多个路径，然后单击该按钮，可以从原有路径中减去当前路径，如图 3-5-40 所示。

图 3-5-39

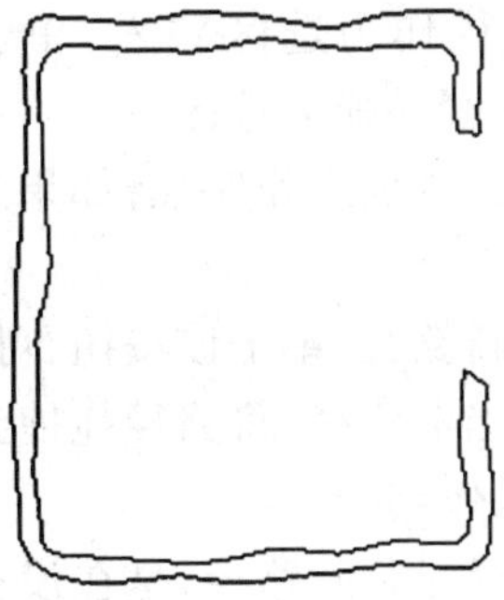

图 3-5-40

- 交叉形状选区：选择两个或多个路径，然后单击该按钮，可以得到当前路径与原有路径的交叉区域，如图 3-5-41 所示。
- 重叠形状区域除外：选择两个或多个路径，然后单击该按钮，可以得到当前路径与原有路径重叠部分以外的区域，如图 3-5-42 所示。

图 3-5-41

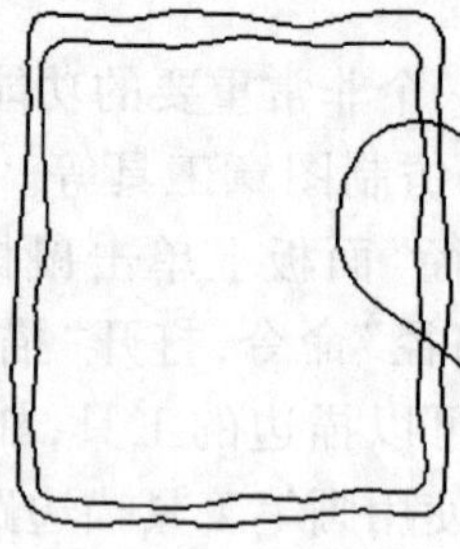

图 3-5-42

5.2　直接选择工具

直接选择工具主要用来选择路径上的单个或多个锚点,可以移动锚点,调整方向线。

6　“路径”面板

“路径”面板主要用来保存和管理路径,在面板中显示了保存的所有路径、工作路径和矢量蒙版的名称和缩略图。

6.1　“路径”面板

执行“窗口/路径”菜单命令,打开“路径”面板,如图 3-5-43 所示。

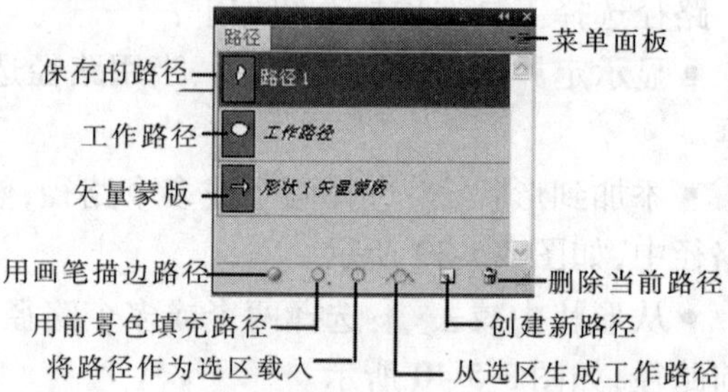

图 3-5-43

“路径”面板介绍如下:

- 用前景色填充路径:单击该按钮,可以用前景色填充路径区域。
- 用画笔描边路径:单击该按钮,可以用设置好的画笔工具对路径进行描边。
- 将路径作为选区载入:单击该按钮,可以将路径转换为选区。
- 从选区生成工作路径:如果当前文档中存在选区,单击该按钮,可以将选区转换为工作路径。
- 创建新路径:单击该按钮,可以创建一个新路径。
- 删除当前路径:将路径拖拽到该按钮上,可以将其删除。

6.2　认识工作路径

工作路径是临时路径,是在没有新建路径的情况下使用钢笔工具绘制的路径,一旦重新绘制了路径,原有路径将被当前路径代替。如果希望存储工作路径,可以双击其缩略图,打开“存储路径”对话框,将其保存起来。

6.3　新建路径

在“路径”面板下单击“创建新路径”按钮,可以创建一个新的路径层,此后使用钢笔等工具绘制的路径都将包含在该路径层中。

6.4　复制/粘贴路径

如果要复制路径,可以将其拖拽到“路径”面板下的“创建新路径”按钮上,复制出路径的副本。如果要将当前文档中的路径复制到其他文档中，可以执行“编辑/拷贝”菜单命令，然后切换到其他文档，接着执行“编辑/粘贴”菜单命令。

6.5　删除路径

如果要删除某个不需要的路径，可以将其拖拽到“路径”面板下的“删除当前路径”按钮上，或直接按“Delete”键将其删除。

【学习情景】

1　任务描述

本任务是制作路径文字效果，通过完成本任务可以更好地掌握路径工具的操作方法和技巧。

2　任务执行

（1）打开素材文件，如图 3-5-44 所示。

图 3-5-44

（2）在工具箱中选择横排文字工具，设置字体为华文行楷，字号为 60 点，字体颜色为黑色，在图像左下方输入文字“美丽人生”，效果如图 3-5-45 所示。

图 3-5-45

（3）在“图层”面板中，隐藏背景图层，如图 3-5-46 所示。

图 3-5-46

(4)执行“编辑/自定义画笔预设”命令,将“美丽人生”文字定义为一个画笔,在“图层”面板中取消背景图层的隐藏,隐藏文字图层。

(5)在“图层”面板中单击“新建图层”按钮,新建“图层 1”。

(6)选择钢笔工具,从上到下绘制一条路径,如图 3-5-47 所示。

图 3-5-47

(7)选择画笔工具,在画笔预设面板中选择刚刚定义的“美丽人生”画笔,在画笔面板中设置“形状动态”、“颜色动态”和“传递”中的“控制”选项均为“渐隐”,值均为 200,最后在“画笔笔尖形状”中勾选“间距”复选框并设定为 2%,如图 3-5-48 所示。

(8)设置前景色为黄色(RGB:232,172,22),背景色为浅蓝色(RGB:126,193,251)。

(9)在“图层”面板中选择隐藏文字图层,选择“图层 1”,并保持画笔工具的选择状态,在“路径”面板中,单击“用画笔描边路径”按钮,描边路径,效果如图 3-5-49所示。

(10)新建“图层 2”,设置前景色为浅黄色,重新修改路径,再次描边路径,将文字图层移动到最上方,最终效果如图 3-5-50 所示。

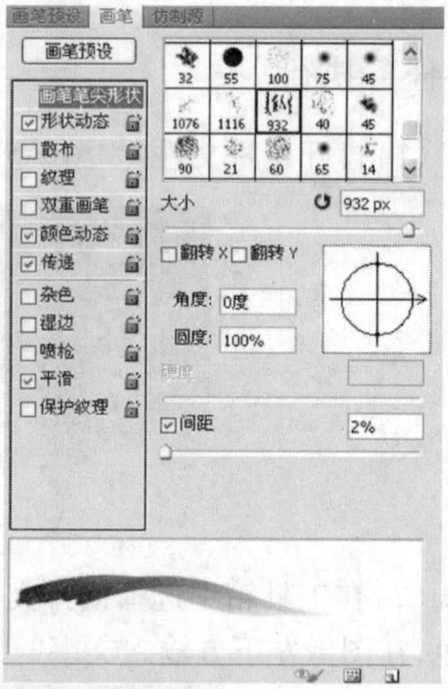

图 3-5-48

图 3-5-49

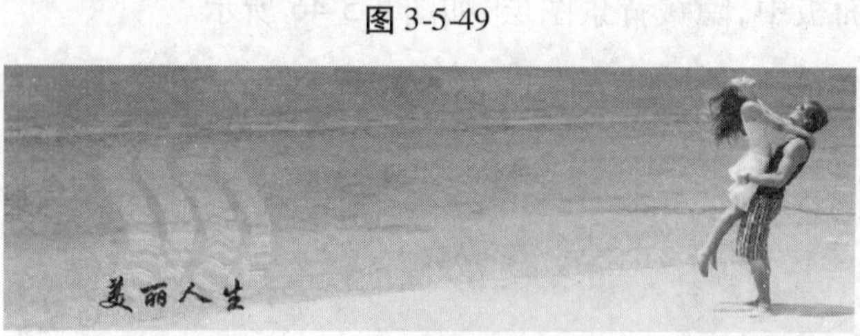

图 3-5-50

【任务小结】

通过本任务的完成,我们掌握了路径、描边路径、“路径”面板、图层和画笔等方面的命令,更好地掌握了绘画技巧。

【课后作业】

一、填空题

(1)在 Photoshop 的形状工具组中有________、________、________、________、________和____________工具。

(2)路径是通过钢笔或形状工具绘制的直线或曲线段,路径可以是____________,也可以是____________。

(3)在 Photoshop 中,钢笔工具组有_________、__________、__________、_________、________工具。

二、基础实训题

(1)掌握形状工具组中工具的基本操作和技巧。

(2)掌握“路径”面板的使用方法。

任务六　应用文字工具

【任务概述】

图形图像虽然从视觉上来说更直观些,但在很多设计中文字都是必不可少的。利用 Photoshop 可以很好地编辑、处理平面作品中的文字。本任务主要介绍 Photoshop 中文字与蒙版的应用技巧、文字的功能和特点,快速掌握点文字、段落文字的输入方法,变形文字的设置,路径文字的制作与技巧等。

【任务目标】

◆了解文字工具的作用。
◆掌握文字工具的使用方法。
◆掌握文字特效制作方法及相关技巧。

【技能目标】

◆掌握文本创建、编辑的操作和技巧。
◆掌握路径文字创建、编辑的操作和技巧。

【基本知识与技能】

1　创建文字工具

1.1　文字工具

Photoshop 提供了两种输入文字的工具,分别是横排文字工具和直排文字工具,下面以横排文字工具为例讲解文字工具的参数选项，其选项栏如图 3-6-1 所示。

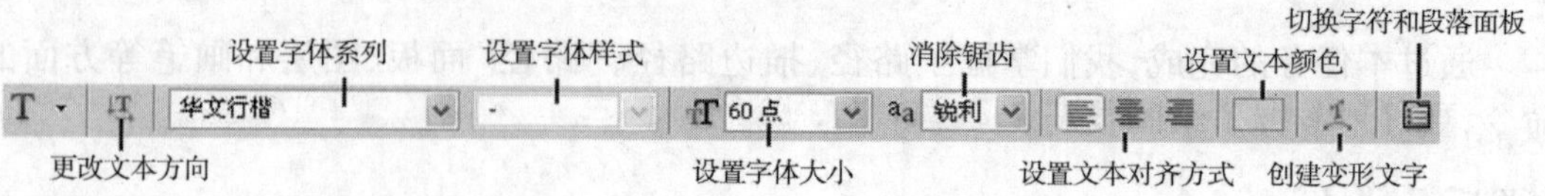

图 3-6-1

1.1.1 更改文本方向

如果当前是使用横排文字工具 T 输入的文字，如图 3-6-2 所示，在选项栏中单击"更改文本方向"按钮，可以将横排文字更改为直排文字，如图 3-6-3 所示。

图 3-6-2

图 3-6-3

1.1.2 设置字体系列

在文档中输入文字后，如果要更改字体系列，可以在文档中选择文本，然后在选项栏中单击"设置字体系列"下拉列表，选择需要的字体。

1.1.3 设置字体样式

输入好英文后，可以在选项栏中设置字体样式，包括 Regular（规则）、Italic（斜体）、Bold（粗体）和 Bold Italic（粗斜体）等。

1.1.4 设置字体大小

输入文字后，如果要更改字体的大小，可以直接在选项栏中输入数值，也可以在下拉列表中选择预设字体的大小。

1.1.5 消除锯齿

输入文字后，可以在选项栏中为文字指定一种消除锯齿的方式，选择"无"时，Photoshop不会消除锯齿；选择"锐利"时，文字的边缘最为锐利；选择"犀利"时，文字的边缘比较锐利；选择"浑厚"时，文字会变粗些；选择"平滑"时，文字的边缘会非常平滑。

1.1.6 设置文本对齐方式

在文字工具的选项栏中提供了 3 种设置文本段落对齐方式的按钮，分别为"左对齐"、"居中对齐"和"右对齐"，选择文本后，单击所需的对齐按钮，可以使文本按指定的方式对齐。

1.1.7 设置文本颜色

输入文本后，文本颜色默认为前景色。如果要修改文字颜色，可以先在文档中选择文本,然后在选项栏中单击颜色块,接着在弹出的“选择文本颜色”对话框中设置所需颜色。

1.2 文字蒙版工具

文字蒙版工具包括横排文字蒙版工具和直排文字蒙版工具两种。使用文字蒙版工具输入文字以后,文字将以选区的形式出现,在文字选区中,可以填充前景色、背景色以及渐变色等。

2 创建文字

2.1 点文字

点文字是一个水平或垂直的文本行,每行文字都是独立的,行的长度随着文字的输入不断增加,但是不会自动换行。要换行,必须使用“Enter”键。

2.2 段落文字

段落文字是在文本框中输入的文字,它具有自动换行、可调整文字区域大小等优势。段落文字主要应用在大量的文本中,如海报、画册等。

2.3 路径文字

路径文字是指在路径上创建的文字,文字会沿着路径排列。改变路径形状时,文字的排列方式也会随之发生改变。

案例1:创建路径文字。

步骤:

(1)打开素材文件,如图3-6-4所示。

(2)使用钢笔工具沿着箭头走向绘制一条如图3-6-5所示的路径。

图3-6-4

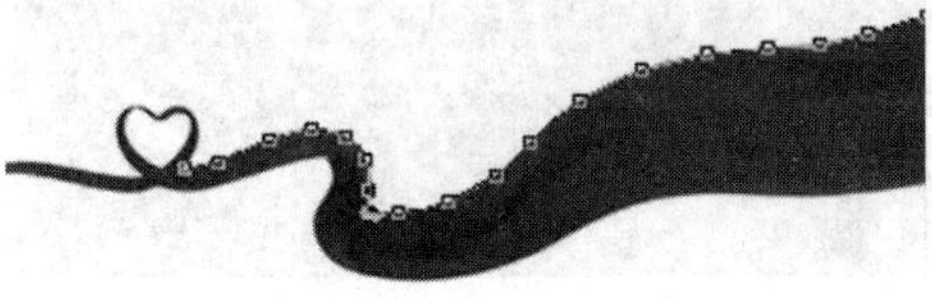

图3-6-5

(3)在横排文字工具的选项栏中单击“切换字符和段落面板”按钮,打开“字符”面板,然后设置字体为Georgia,字号为11点,行距为30点,接着设置字符样式为“仿斜体”,设置参数如图3-6-6所示。

图3-6-6

(4)将光标放置在路径的起始处,当光标下出现曲线时单击设置文字插入点,接着在路径上输入“Photoshop CS5”,可以看见文字会沿着路径排列,如图3-6-7所示。

(5)执行“图层/图层样式/渐变叠加”菜单命令,在弹出的“图层样式”对话框中选择适当渐变色,效果如图3-6-8所示。

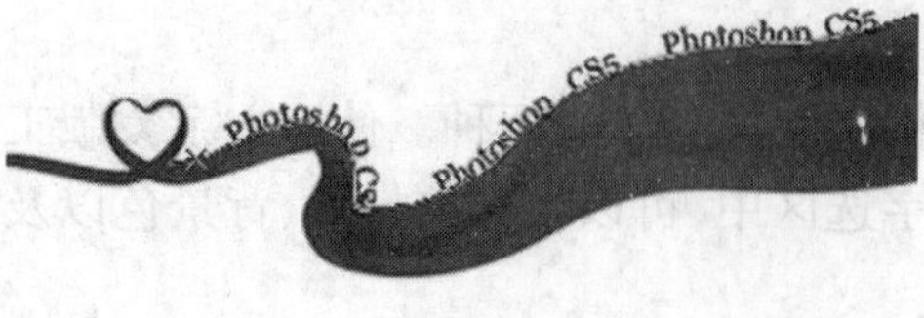

图 3-6-7

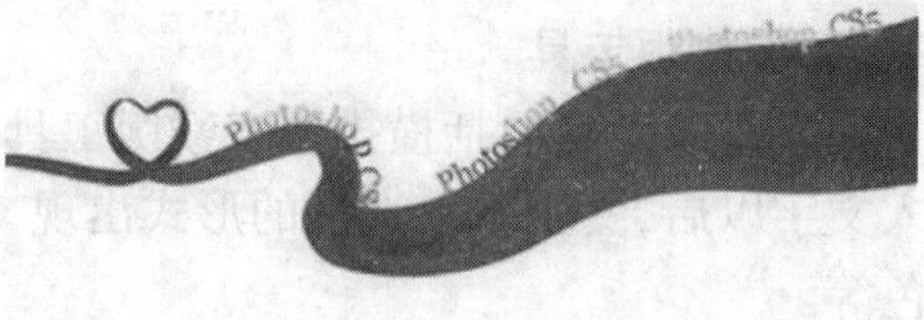

图 3-6-8

2.4　变形文字

输入文字后,在文字工具的选项栏中单击“创建变形文字”按钮,打开“变形文字”对话框,在该对话框中可以选择变形文字的方式,如图 3-6-9 所示。

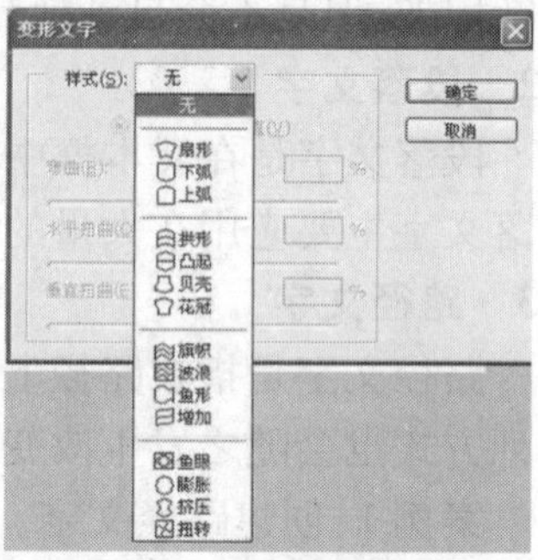

图 3-6-9

创建变形文字后,可以调整其他参数选项来调整变形效果。下面以“鱼形”样式为例来介绍变形文字的各项功能。

“变形文字”对话框介绍如下:

• 水平/垂直:选择“水平”选项时,文本扭曲的方向为水平方向,如图 3-6-10 所示;选择“垂直”选项时,文本扭曲的方向如图 3-6-11 所示。

• 弯曲:设置文本的弯曲程度,如图 3-6-12 所示。

• 水平扭曲:设置水平方向的透视扭曲变形程度。

• 垂直扭曲:设置垂直方向的透视扭曲变形程度。

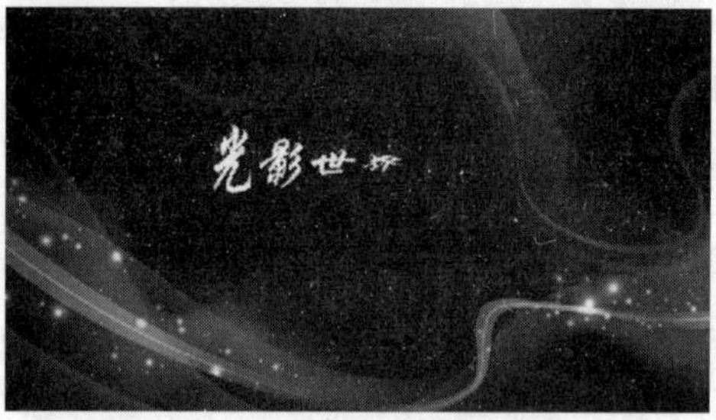

图 3-6-10

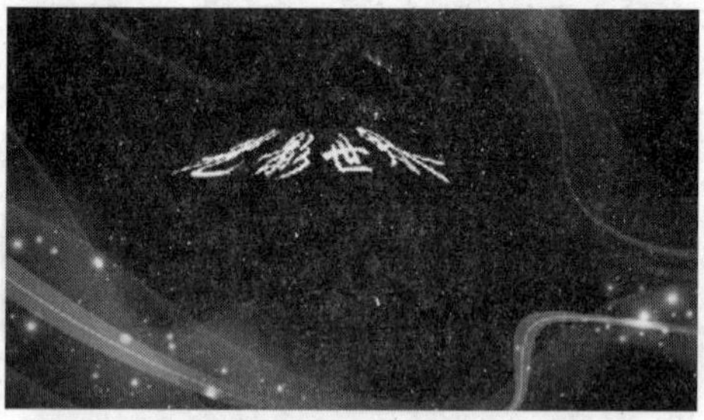

图 3-6-11

3　编辑文本

输入文字后,我们可以对文字属性进行修改,比如修改文字的大小写、颜色、行距等。另外,还可以检查和更正拼写、查找和替换文本、更改文字方向等。

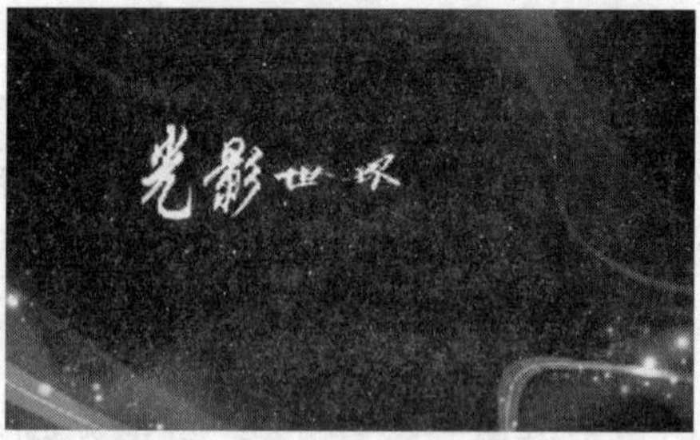

图 3-6-12

3.1　修改文字属性

使用文字工具输入文字后,在“图层”面板中双击文字图层,选择所有的文本,此时可以对文字的大小、大小写、颜色、行距、字距、水平/垂直等进行设置。

3.2　查找和替换文本

执行“编辑/查找和替换”菜单命令,打开“查找和替换文本”对话框,在该对话框中可以查找和替换指定的文字。

3.3　更改文字方向

如果当前选择的文字是横排文字，执行“图层/文字/垂直”菜单命令，可以将其更改为直排文字；如果当前选择的文字是直排文字，执行“图层/文字/水平”菜单命令，可以将其更改为横排文字。

3.4　转换点文本和段落文本

如果当前选择的是点文字，执行“图层/文字/转换为段落文字”菜单命令，可以将点文字转换为段落文字；如果当前选择的是段落文字，执行“图层/文字/转换为点文字”菜单命令，可以将段落文字转换为点文字。

3.5　编辑段落文本

创建段落文本后，可以根据实际需求来调整文本框的大小，文字会自动在调整后的文本框内重新排列。另外，通过文本框还可以旋转、缩放和斜切文字。

4　转换文字图层

在 Photoshop 中输入文字后，Photoshop 会自动生成与文字内容相同的文字图层。由于 Photoshop 对文字图层的编辑功能相对有限，因此在编辑和处理文字时，就需要将文字图层转换为普通图层，或将文字转换为形状、路径。

4.1　转换为普通图层

Photoshop 中的文字图层不能直接应用滤镜或进行扭曲、透视等操作，若要对文本应用这些变换，就需要将其转换为普通图层，使文字变成像素图像。

在“图层”面板中选择文字图层，然后在图层名称上单击鼠标右键，接着在弹出的菜单中选择“栅格化文字”命令，如图 3-6-13 所示，就可以将文字图层转换为普通图层，如图 3-6-14所示。

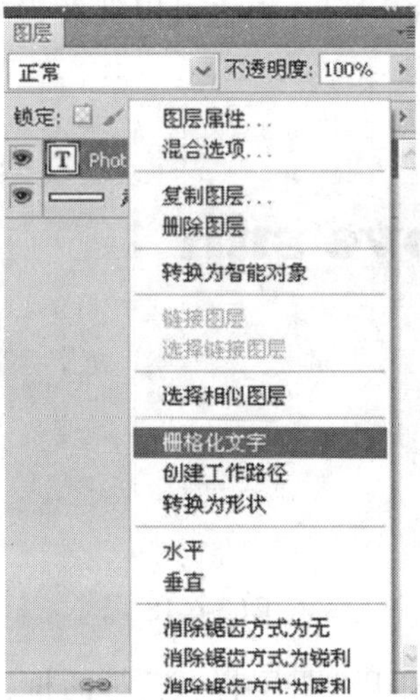

图 3-6-13

图 3-6-14

4.2　转换为形状

选择文字图层，然后在图层名称上单击鼠标右键，在弹出的菜单中选择“转换为形状”命令,如图 3-6-15 所示,可以将文字转换为带有矢量蒙版的形状图层,如图 3-6-16 所示,执行“转换为形状”命令后,不会保留文字图层。

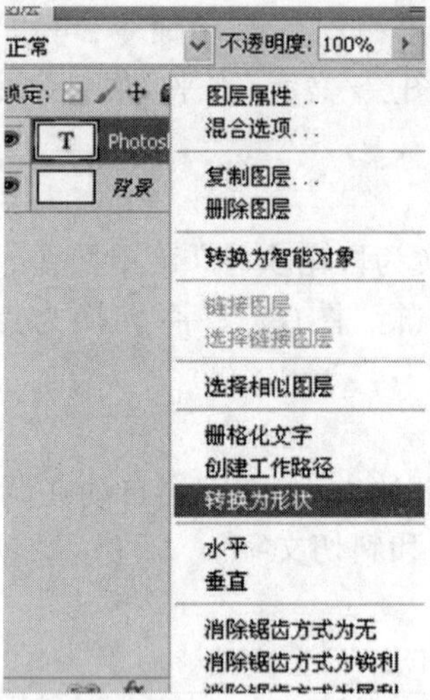

图 3-6-15

图 3-6-16

4.3 将文字创建为工作路径

在“图层”面板中选择一个文字图层,执行“图层/文字/创建工作路径”菜单命令,可以将文字的轮廓转换为工作路径。

案例 2:利用文字路径制作斑点文字。

步骤:

(1)打开素材文件,如图 3-6-17 所示。

(2)在横排文字工具选项栏中单击“切换字符和段落面板”按钮,打开“字符”面板,然后设置字体为“Cooper Black”,字号为 100 点,行距为 14 点,颜色可以任意设置,接着在操作区域中输入“Love sun”,如图 3-6-18 所示。

图 3-6-17

图 3-6-18

(3)执行“图层/图层样式/渐变叠加”菜单命令,打开“图层样式”对话框,设置不透明度为 100%,选择一种橙黄色预设渐变,效果如图 3-6-19 所示。

(4)在文字图层的名称上单击鼠标右键,然后在弹出的菜单中选择“创建工作路径”命令,效果如图 3-6-20 所示。

图 3-6-19

图 3-6-20

(5)选择画笔工具,在画笔面板中选择一种硬边画笔,设置大小为 10px,硬度为 100%,间距为 135%。

(6)设置前景色(RGB:66,46,33),新建一个"斑点"图层,接着用画笔描边为路径进行描边,效果如图 3-6-21 所示。

(7)在"路径"面板的空白处单击鼠标右键,取消对路径的选择,然后在"图层"面板中按住"Ctrl"键,同时单击文字图层的缩略图,载入选区,如图 3-6-22 所示。

图 3-6-21

图 3-6-22

(8)选择"斑点"图层,在"图层"面板下单击"添加图层蒙版"按钮,为斑点添加一个选区蒙版,效果如图 3-6-23 所示。

图 3-6-23

☞技巧:在保持选区的状态下直接为图层添加图层蒙版时,会自动保留选区内部的图像,而隐藏选区外部的图像。在图层蒙版中,白色区域代表显示出来的区域,黑色区域则代表隐藏的选区。

(9)新建一个"高光"图层,然后载入文字图层的选区,接着用白色填充选区,效果如图 3-6-24 所示。

(10)使用矩形选框工具框选出下半部分的区域,然后按"Delete"键将其删除,接着设置"高光"图层的不透明度为 70%,效果如图 3-6-25 所示。

图 3-6-24

图 3-6-25

(11)暂时隐藏背景图层,然后在最上方建立一个名为"倒影"的图层,接着按"Ctrl + Shift + Alt + E"组合键将可见图层盖印到"倒影"图层中,最后将其放置在背景图层之上。

(12)对"倒影"图层执行"垂直翻转"命令,适当缩放,效果如图 3-6-26 所示。

(13)在"图层"面板下方单击"添加图层蒙版"按钮,为"倒影"图层添加一个图层蒙版,然后按住"Shift"键,同时使用黑色画笔(柔边,并适当降低不透明度)在蒙版中从左向右绘制,接着设置"倒影"图层的不透明度为 40%,最终效果如图 3-6-27 所示。

图 3-6-26

图 3-6-27

【学习情景】

1　任务描述

通过名片的制作,更好地理解和掌握文字工具与图层的使用技巧。

2 任务执行

（1）新建名为“李强名片”的文档，设置大小为 92 mm × 56 mm，分辨率为 300px，颜色模式为 CMYK 颜色、8 位，背景白色。

（2）在菜单栏中单击“编辑/首选项”命令，打开“首选项”对话框，选择“单位与光标”选项，设置标尺单位为“毫米”。

（3）按“Ctrl + R”调出标尺，使用鼠标在文档四周拖出 4 条辅助线，辅助线距图像边缘距离为 3 mm，如图 3-6-28 所示，名片的文字、图像和标志等内容要位于辅助线之内。

图 3-6-28

（4）设置前景色为蓝色（CMYK：84，53，0，0），按“Shift + Ctrl + N”组合键新建“图层 1”。

（5）在工具箱中选择直线工具，设置如图 3-6-29 所示，按住“Shift”键，同时在画布垂直居中的位置拖动，绘制一条从左到右的横线。切换为选择工具，在“图层”面板中按住“Shift”键，同时分别单击背景图层和“图层 1”，选择两个图层，在菜单栏中单击“图层/对齐/垂直居中”命令，使直线位于画布中间，如图 3-6-30 所示。

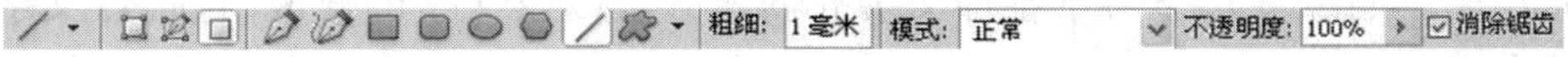

图 3-6-29

（6）在图层面板双击“图层 1”，打开“图层样式”对话框，勾选“投影”复选框，其他保持默认设置，单击“确定”按钮。

（7）在工具箱中选择横排文字工具，设置字体为仿宋，字号为 10 点，颜色为黑色（CMYK：75，68，67，90），在直线右上方输入“13888888888”和“总经理”，生成两个文字图层。

图 3-6-30

（8）选择横排文字工具，设置字体为华文行楷，字号为 18 点，字距为 150 点，颜色为蓝色（CMYK：100，98，25，24），输入“李强”并生成新的文字图层，效果如图 3-6-31 所示。

（9）选择横排文字工具，设置字体为隶书，字号为 14 点，字距为 100 点，垂直缩放 100%，颜色为黑色，输入“呼和浩特绿景园林有限公司”并生成新的图层，如图 3-6-32 所示。

图 3-6-31

图 3-6-32

(10)选择横排文字工具,设置字号为 10 点,其他可根据具体需要设置,效果如图 3-6-33所示。

(11)置入素材文件、名片标志,完成名片制作,效果如图 3-6-34 所示。

图 3-6-33

图 3-6-34

【任务小结】

在文字工具中,我们学习了各种文字的创建方法以及文字的修改,包括点文字、段落文字、路径文字、变形文字等。

【课后作业】

一、填空题

(1)Photoshop 的文字工具选项栏中,“消除锯齿”有 5 个选项,分别是______、______、______、______、______,设置这些选项可以通过部分的填充边缘像素来产生不同边缘的文字效果。

(2)Photoshop 中文字的基线偏移用于选中字符状态下设置基线值,当值为正数时向______偏移,当值为负数时向______偏移。

(3)Photoshop 中段落文字与点文字的区别是:段落文字在输入时会根据______的尺寸自行换行,且可以进行______的设置,点文字每字都可以是______的,行的长度随文字的长度进行______,不会______,要换行必须使用“______”键才可以。

二、基础实训题

(1)练习利用不封闭和封闭路径的路径工具输入文字。

(2)掌握横排文字和直排文字工具及选项栏的基本操作技巧。

任务七 应用图像色彩和色调工具

【任务概述】

图像色彩和色调的调整是处理图片的基础知识,同时也是能否处理好一张图片的关键环节。本任务主要学习 Photoshop 中常用的色彩、色调处理和调整工具,并能利用这些工具完成实训任务。

【任务目标】

◆了解色彩的相关知识。
◆掌握快速调整图像色彩和色调的命令。

【技能目标】

◆掌握图像色彩和色调的调整方法与技巧。
◆能够运用所学知识完成实训任务。

【基本知识与技能】

1 快速调整色彩和色调的命令

1.1 自动色调/自动对比度/自动颜色

“自动色调”、“自动对比度”和“自动颜色”命令没有对话框,可以根据图像的色调、对比度和颜色来进行快速调整,但只能进行简单调整,并且效果不是很明显。

1.2 亮度/对比度

使用“亮度/对比度”命令可以对图像的色调范围进行简单的调整。打开一张图像,执行“图像/调整/对比度”菜单命令,打开“亮度/对比度”对话框,将亮度滑块向右移动,会增加色调值并扩展高光范围,而向左滑动会减小色调值并扩展阴影范围;使用对比度滑块可以扩展或收缩图像中色调值的总体范围。

1.3 色彩平衡

使用“色彩平衡”命令可以更改图像的总体颜色的混合程度。执行“图像/调整/色彩平衡”菜单命令,其对话框如图 3-7-1 所示。

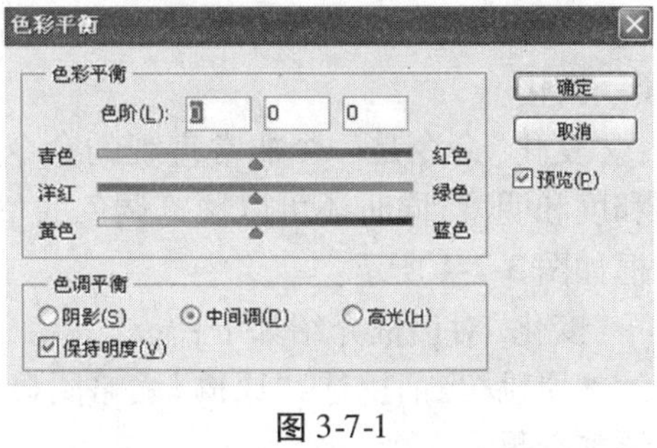

图 3-7-1

“色彩平衡”对话框介绍如下:

● 色彩平衡:用于调整“青色 - 红色”、“洋红 - 绿色”、“黄色 - 蓝色”在图像中所占的比例。

● 色调平衡:选择调整色彩平衡的方式,包含“阴影”、“中间调”、“高光”3 个选项。如果勾选“保持明度”选项,还可以保持图像的色调不变,以防止亮度随着颜色的改变而改变。

1.4 自然饱和度

使用“自然饱和度”命令可以快速调整图像的饱和度，并且可以在增加图像饱和度的同时有效地防止颜色过于饱和而出现溢色现象。执行“图像/调整/自然饱和度”菜单命令，打开“自然饱和度”对话框，如图 3-7-2 所示。

“自然饱和度”对话框介绍如下：

• 自然饱和度：向左拖拽滑块，可以降低颜色的饱和度；向右拖拽滑块，可以增加颜色的饱和度。

• 饱和度：向左拖拽滑块，可以降低所有颜色的饱和度；向右拖拽滑块，可以增加所有颜色的饱和度。

1.5 照片滤镜

使用“照片滤镜”命令可以模仿在相机镜头前面添加彩色滤镜的效果，以便调整通过镜头传输的色彩平衡、色温和胶片曝光。“照片滤镜”命令允许选取一种颜色将色相调整应用到图像中。执行“图像/调整/照片滤镜”菜单命令，打开“照片滤镜”对话框，如图 3-7-3 所示。

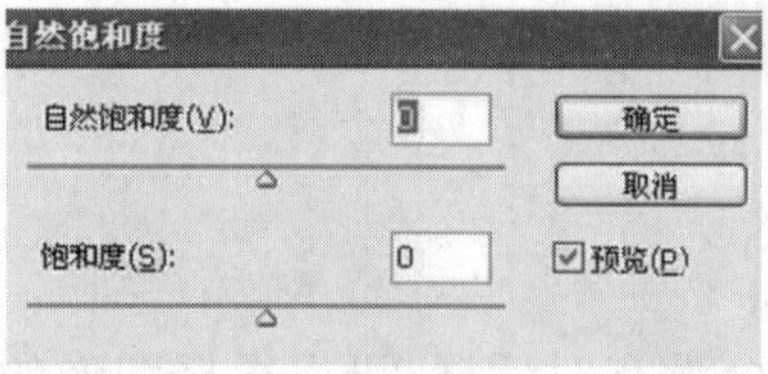

图 3-7-2

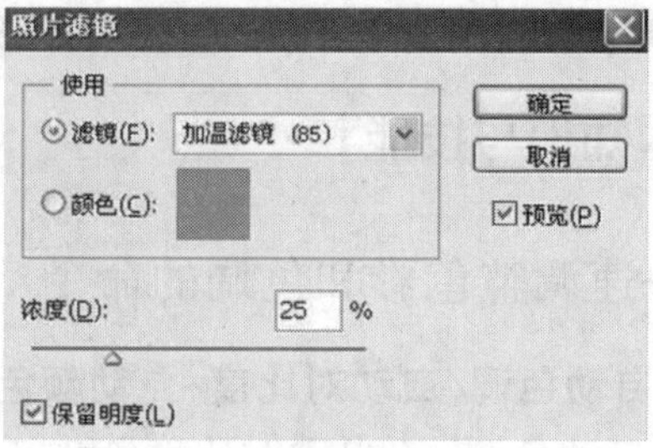

图 3-7-3

“照片滤镜”对话框介绍如下：

• 使用：在“滤镜”下拉列表中可以选择一种预设效果应用到图像中；如果要自己设置滤镜的颜色，可以勾选“颜色”选项，然后在后面重新设置颜色。

• 浓度：设置滤镜颜色应用到图像中的颜色百分比。数值越大，应用到图像中的颜色浓度就越高；数值越小，应用到图像中的颜色浓度就越低。

• 保留明度：勾选该选项后，可以保持图像的明度不变。

1.6 变化

“变化”命令是一个非常直观的命令，只需要单击它的缩略图即可调整图像的色彩、饱和度和明度，同时还可以预览调色的整个过程，执行“图像/调整/变化”菜单命令，其对话框如图 3-7-4 所示。

“变化”对话框介绍如下：

• 原稿/当前挑选：“原稿”缩略图显示的是原始图像；“当前挑选”缩略图显示的是图像调整结果。

• 阴影/中间调/高光：可以分别对图像的阴影、中间调和高光进行调节。

• 饱和度：专门用于调节图像的饱和度。

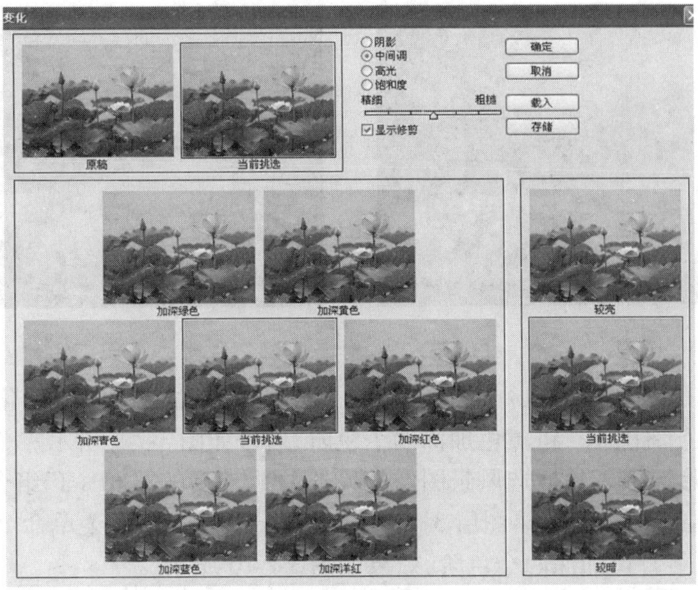

图 3-7-4

● 精细－粗糙:该选项用来控制每次进行调整的量。

● 显示修剪:勾选“显示修剪”选项,可以警告超出了饱和度范围的最高限度。

● 各种调整缩略图:单击相应的缩略图,可以进行相应的调整,比如单击“加深蓝色”缩略图,可以进行一次加深蓝色的调整。

☞技巧:在对话框中,如果对参数不满意,可以按住“Alt”键,此时“取消”按钮将变成“复位”按钮,单击该按钮可以将参数设置恢复到默认值。

案例 1:用变化制作四色风景图像。

步骤:

(1)新建一个大小为 1092px × 708px 的文档,用黑色填充背景图层,导入素材文件,如图 3-7-5 所示,效果如图 3-7-6 所示。

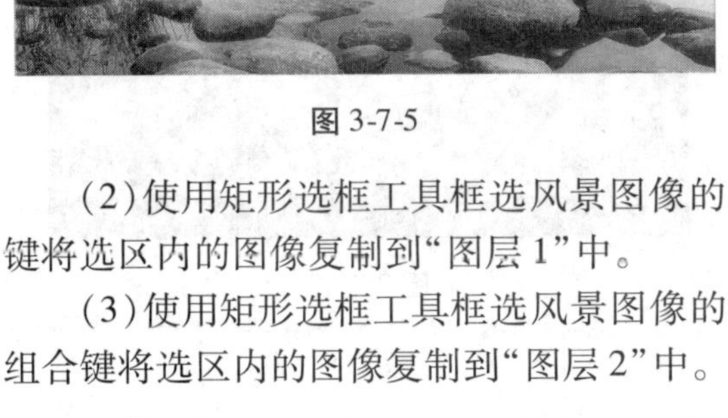

图 3-7-5

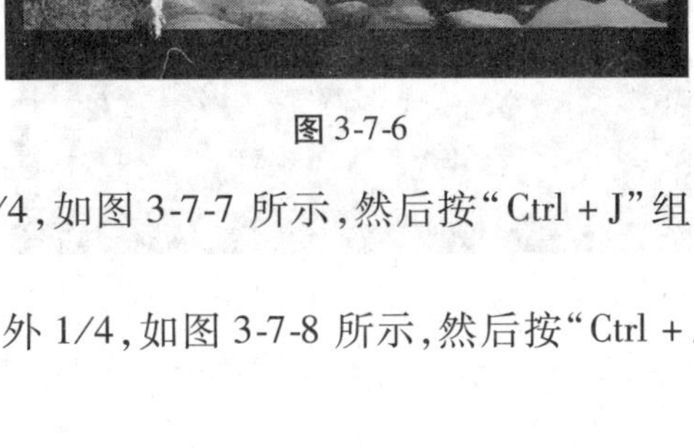

图 3-7-6

(2)使用矩形选框工具框选风景图像的 1/4,如图 3-7-7 所示,然后按“Ctrl + J”组合键将选区内的图像复制到“图层 1”中。

(3)使用矩形选框工具框选风景图像的另外 1/4,如图 3-7-8 所示,然后按“Ctrl + J”组合键将选区内的图像复制到“图层 2”中。

图 3-7-7

图 3-7-8

(4)选择“图层 2”,然后执行“图像/调整/变化”菜单命令,打开“变化”对话框,再单击两次“加深黄色”缩略图,将黄色加深两个色阶,效果如图 3-7-9 所示。

(5)使用矩形选框工具框选风景图像的另外 1/4,然后按“Ctrl + J”组合键将选区内的图像复制到“图层 3”中。选择“图层 3”,执行“图像/调整/变化”菜单命令,单击两次“加深青色”缩略图,将青色加深两个色阶,效果如图 3-7-10 所示。

图 3-7-9

图 3-7-10

(6)使用矩形选框工具框选风景图像的另外 1/4,然后按“Ctrl + J”组合键将选区内的图像复制到“图层 4”中。选择“图层 4”,执行“图像/调整/变化”菜单命令,单击两次“加深红色”缩略图,将红色加深两个色阶,效果如图 3-7-11 所示。

(7)使用横排文字工具在图像底部输入一些装饰性的文字,最终效果如图 3-7-12 所示。

图 3-7-11

图 3-7-12

1.7　去色

使用“去色”命令可以将图像中的颜色去掉，使其成为灰度图像。打开一张图像，执行“图像/调整/去色”菜单命令，或按“Shift + Ctrl + U”组合键，可以将其调整为灰度效果。

1.8　色调均化

使用“色调均化”命令可以重新分布图像中像素的亮度值，以使它们更均匀地呈现所有范围的亮度级(0 ~ 255)。在使用该命令时，图像中最亮的值将变成白色，最暗的值将变成黑色，中间值将分布在整个灰度范围内。打开一张图像，执行“图像/调整/色调均化”菜单命令，执行命令前后效果对比如图 3-7-13 所示。

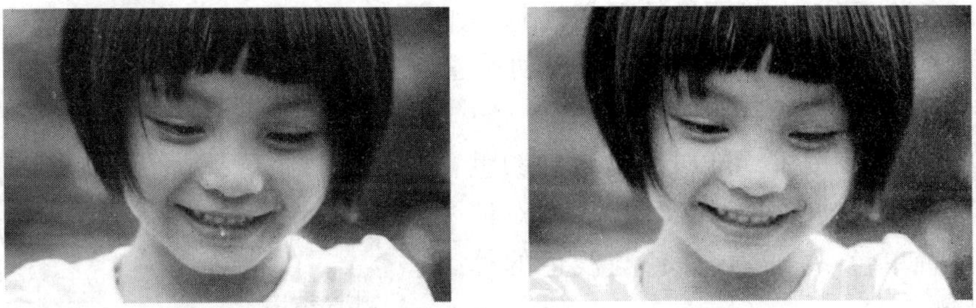

执行命令前　　执行命令后

图 3-7-13

2　调整色彩与色调的命令

2.1　色阶

“色阶”命令是一个非常强大的色彩和色调调整工具，它可以对图像的阴影、中间调和高光进行调整，从而校正图像的色彩平衡和色调范围。另外，“色阶”命令还可以分别对各个通道进行调整，以校正图像的色彩。执行“图像/调整/色阶”菜单命令，或按“Ctrl + L”组合键，打开“色阶”对话框，如图 3-7-14 所示。

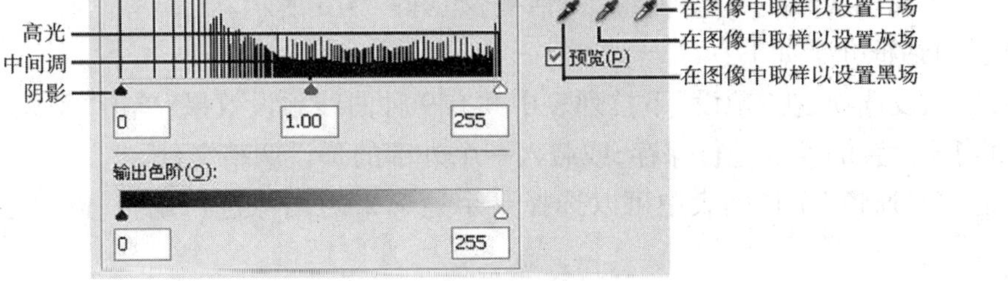

图 3-7-14

“色阶”对话框介绍如下：

• 预设/预设选项：单击“预设”下拉列表，可以选择一种预设的色阶调整选项来对图像进行调整；单击“预设选项”按钮，可以对当前设置的参数进行保存，或载入一个外部的预设调整文件。

• 通道：在“通道”下拉列表中选择一个通道来对图像进行调整，以校正图像的颜色。

• 输入色阶：可以通过拖拽滑块来调整图像的阴影、中间调和高光，同时也可以直接在对应的输入框中输入数值。将滑块向左拖拽，可以使图像变暗；将滑块向右拖拽，可以使图像变亮。

• 输出色阶：可以设置图像的亮度范围，从而降低对比度。

• 自动：单击该按钮，Photoshop 会自动调整图像的色阶，使图像的亮度分布更加均匀，从而达到图像校正的目的。

• 选项：单击该按钮，可以打开“自动颜色校正选项”对话框，如图 3-7-15 所示。在对话框中可以设置单色、每通道、深色与浅色的算法。

• 在图像中取样以设置黑场：使用该吸管在图像中单击取样，可以将单击点处的像素调整为黑色，同时图像中比该单击点暗的像素也会变成黑色。

• 在图像中取样以设置灰场：使用该吸管在图像中单击取样，可以用单击点处的像素的亮度来调整其他中间调的平均亮度。

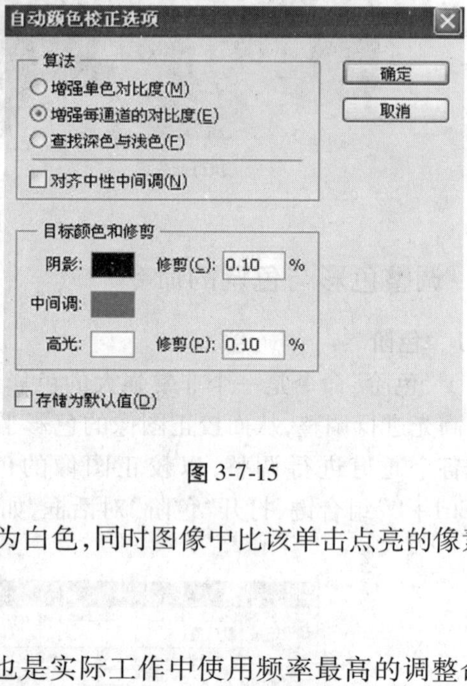

图 3-7-15

• 在图像中取样以设置白场：使用该吸管在图像中单击取样，可以将单击点处的像素调整为白色，同时图像中比该单击点亮的像素也会变成白色。

2.2　曲线

“曲线”命令是最重要、最强大的调整命令，也是实际工作中使用频率最高的调整命令之一。它具备“亮度/对比度”、“阈值”和“色阶”等命令的功能，通过调整曲线的形状，可以对图像的色调进行非常精确的调整。打开一张图像，执行“图像/调整/曲线”菜单命令，或按“Ctrl + M”组合键，打开“曲线”对话框，如图 3-7-16 所示。

“曲线”对话框介绍如下：

• 预设/预设选项：在“预设”下拉列表中共有 9 种曲线预设效果，单击“预设选项”按钮，可以对当前设置的参数进行保存，或载入一个外部的预设调整文件。

• 通道：在“通道”下拉列表中可以选择一个通道来对图像进行调整，以校正图像的颜色。

• 编辑点以修改曲线：使用该工具在曲线上单击，可以添加新的控制点，通过拖拽控制点可以改变曲线的形状，从而达到调整图像的目的，如图 3-7-17 所示。

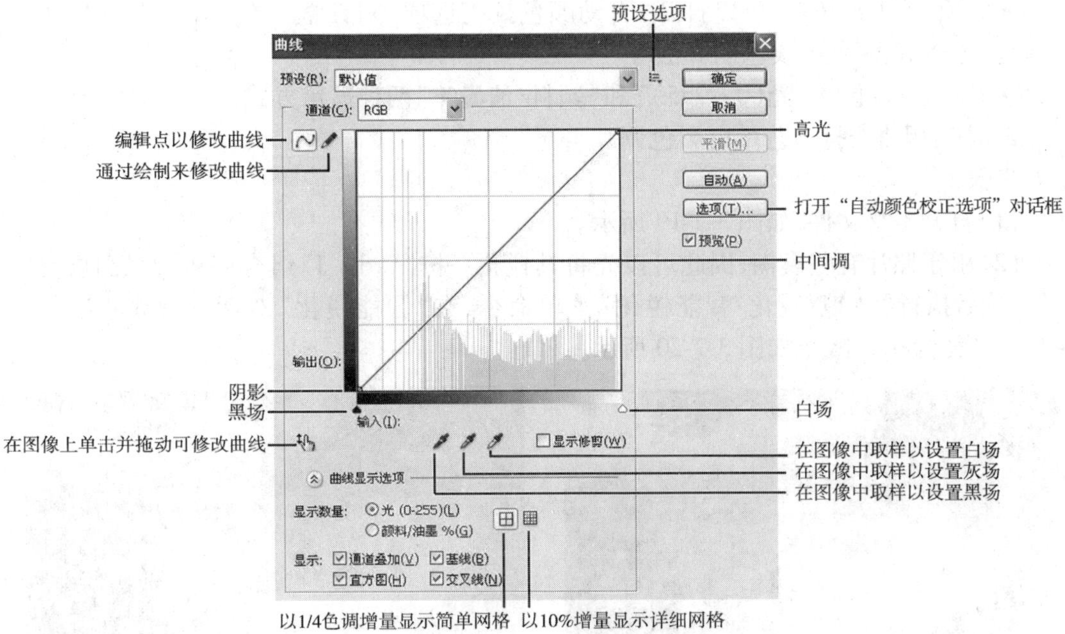

图 3-7-16

• 通过绘制来修改曲线:使用该工具可以以手绘的方式自由绘制曲线,绘制好曲线以后单击“编辑点以修改曲线”按钮,可以显示出曲线上的控制点,如图 3-7-18 所示。

图 3-7-17

图 3-7-18

• 平滑:单击“通过绘制来修改曲线”按钮绘制出曲线后,单击“平滑”按钮,可以对曲线进行平滑处理。

• 在图像上单击并拖动可修改曲线:选择该工具以后,将光标放置在图像上,曲线会出现一个圆圈,表示光标处的色调在曲线上的位置,在图像上单击鼠标左键可以添加控制点以调整图像的色调。

• 输入/输出:“输入”即“输入色阶”,显示的是调整前的像素值;“输出”即“输出色阶”,显示的是调整后的像素值。

• 自动:单击该按钮,可以对图像应用“自动色调、“自动对比度”或“自动颜色”校正。

● 选项:单击该按钮,可以打开"自动颜色校正选项"对话框。在该对话框中可以设置单色、每通道、深色与浅色的算法等。

● 显示数量:包含"光(0 - 255)"和"颜料/油墨%"两种显示方式。

案例 2:用曲线打造艺术电影色调。

步骤:

(1)打开素材文件,如图 3-7-19 所示。

(2)由于照片有些模糊,因此可以先将其锐化。按"Ctrl + J"组合键将背景图层复制一层,然后执行"滤镜/锐化/智能锐化"菜单命令,在"智能锐化"对话框中设置数量为 144%,半径为 4px,效果如图 3-7-20 所示。

图 3-7-19

图 3-7-20

(3)按"Ctrl + M"组合键打开"曲线"对话框,调整好曲线的形状,提亮图像,设置如图 3-7-21所示,效果如图 3-7-22 所示。

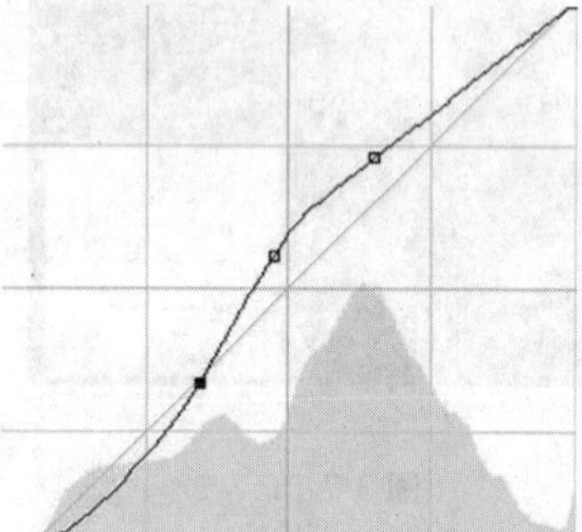

图 3-7-21

图 3-7-22

(4)在"曲线"对话框中选择"红"通道,调成如图 3-7-23 所示,选择"绿"通道,调成如图 3-7-24 所示,选择"蓝"通道,调成如图 3-7-25 所示,图像效果如图 3-7-26 所示。

(5)下面制作暗角效果,使用套索工具勾选如图 3-7-27 所示的选区,按"Shift + Ctrl + I"组合键反选,按"Shift + F6"组合键打开"羽化选区"对话框,设置羽化半径为 80px,保持选区状态,打开"曲线"对话框,将曲线调节成如图 3-7-28 所示,效果如图 3-7-29 所示。

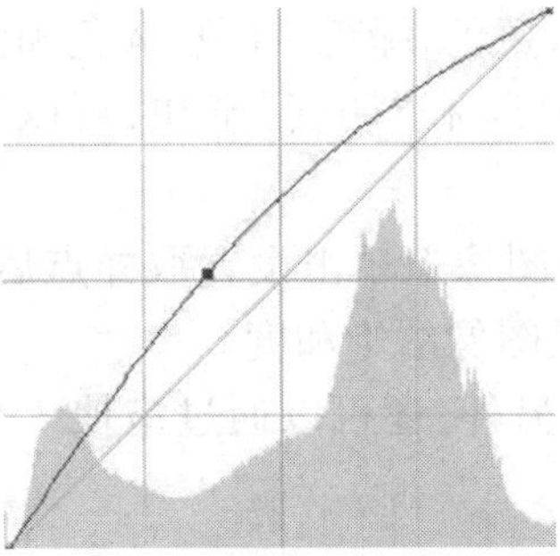

图 3-7-23

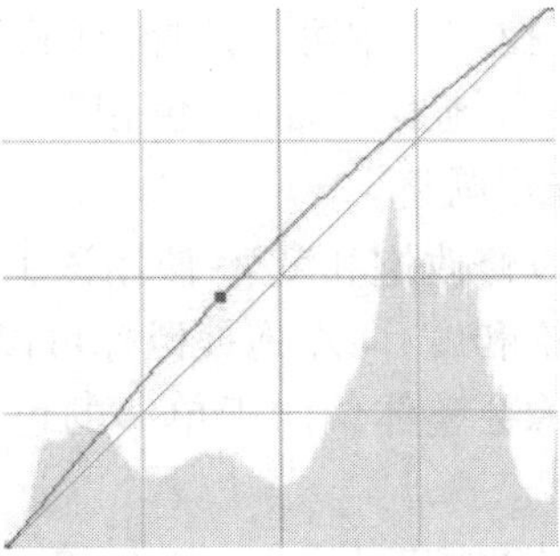

图 3-7-24

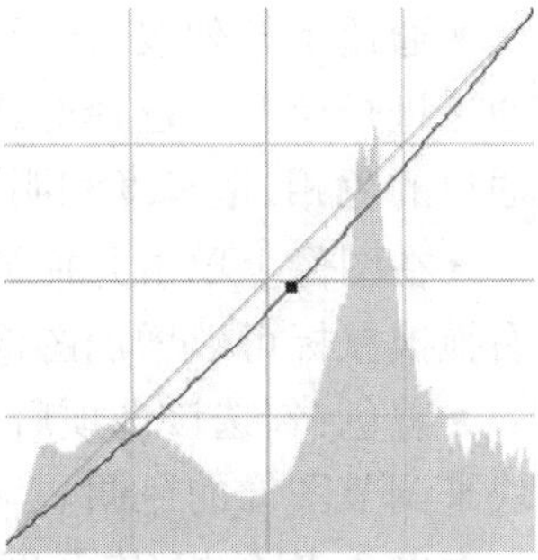

图 3-7-25

图 3-7-26

图 3-7-27

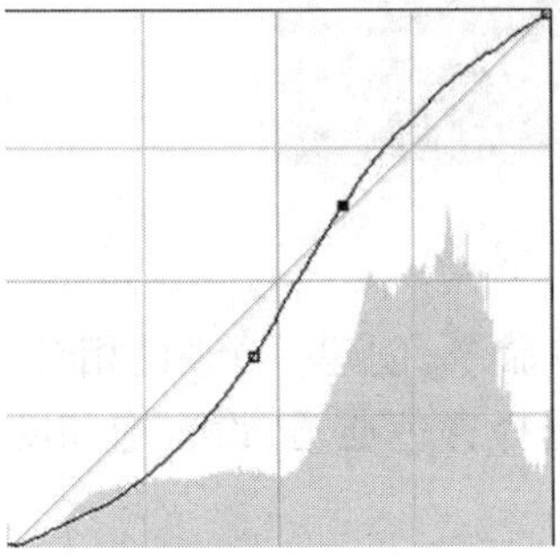

图 3-7-28

图 3-7-29

2.3　色相/饱和度

使用“色相/饱和度”命令可以调整整个图像或选区内图像的色相、饱和度和明度，同时也可以对单个通道进行调整，该命令是实际工作中使用频率最高的调整命令之一。“色相/饱和度”对话框如图 3-7-30 所示。

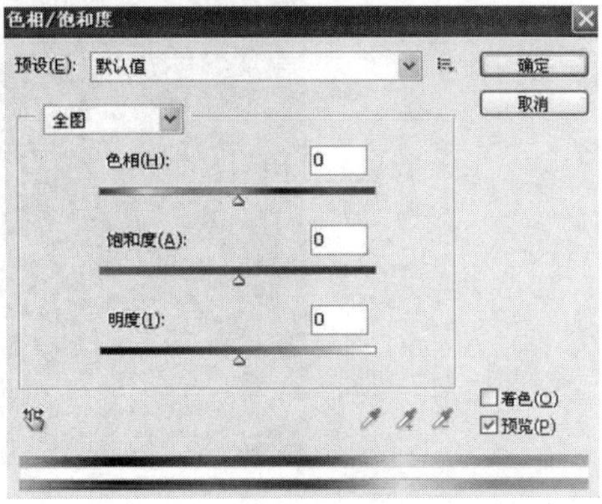

图 3-7-30

“色相/饱和度”对话框介绍如下：

● 预设/预设选项：在“预设”下拉列表中提供了 8 种色相/饱和度预设，单击“预设选项”按钮，可以对当前设置的参数进行保存，或载入一个外部的预设调整文件。

• 通道下拉列表:在通道下拉列表中可以选择全图、红色、黄色、绿色、青色、蓝色和洋红通道进行调整。选择好通道后,拖拽下面的"色相"、"饱和度"和"明度"滑块,可以对该通道的色相、饱和度和明度进行调整。

• 在图像上单击并拖拽可以修改饱和度:使用该工具在图像上单击设置取样点后,向右拖拽鼠标可以增加图像的饱和度,向左拖拽鼠标可以降低图像的饱和度。

• 着色:勾选该选项后,图像会整体偏向于单一的色调。另外,还可以通过拖拽 3 个滑块来调节图像的色调。

案例 3:用色相/饱和度调制碧海蓝天。

步骤:

(1)打开素材文件,如图 3-7-31 所示。

图 3-7-31

(2)执行"图层/新建调整图层/色相/饱和度"菜单命令,创建一个"色相/饱和度"图层,然后选择红色通道,设置饱和度为 12,明度为 30;选择青色通道,设置饱和度为 51;选择蓝色通道,设置饱和度为 39,效果如图 3-7-32 所示。

图 3-7-32

(3)创建一个"曲线"调整图层,然后在"调整"面板中调节好曲线的形状,如图 3-7-33

所示。接着用黑色画笔工具(柔边)在调整图层的蒙版中涂抹人像区域,如图 3-7-34 所示,只对背景进行调整,最终效果如图 3-7-35 所示。

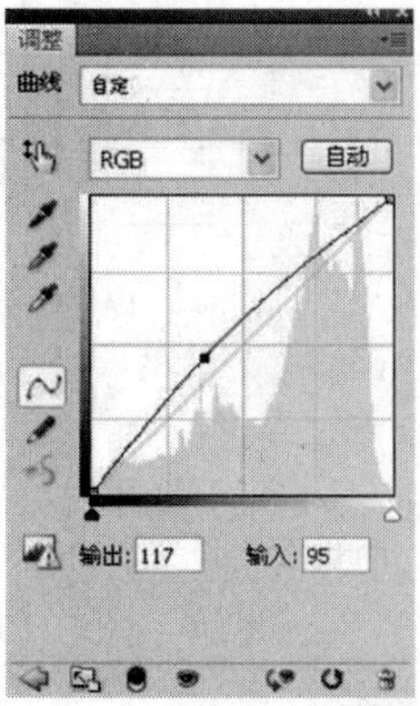

图 3-7-33

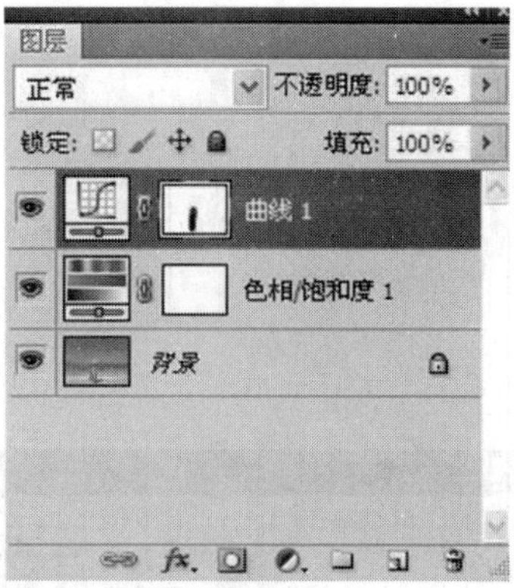

图 3-7-34

图 3-7-35

2.4　阴影/高光

“阴影/高光”命令可以基于阴影/高光中的局部相邻像素来校正每个像素,在调整阴影区域时,对高光区域的影响很小;在调整高光区域时,对阴影区域的影响很小。“阴影/高光”对话框如图 3-7-36 所示。

勾选显示更多选项,可以显示“阴影/高光”的完整选项,如图 3-7-37 所示。

3　匹配/替换/混合颜色的命令

3.1　通道混合器

使用“通道混合器”命令可以对图像的某一个通道的颜色进行调整,以创建出各种不同色调的图像,同时也可以创建高品质的灰度图像。“通道混合器”对话框如图 3-7-38 所示。

“通道混合器”对话框介绍如下:

- 预设/预设选项:在“预设”下拉列表中提供了 6 种制作黑白图像的预设效果;单击“预设选项”按钮,可以显示对当前设置的参数进行保存,或载入一个外部的预设调整文件。

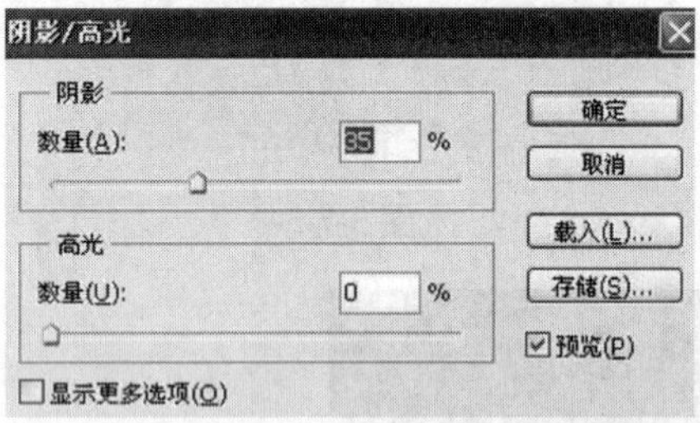

图 3-7-36

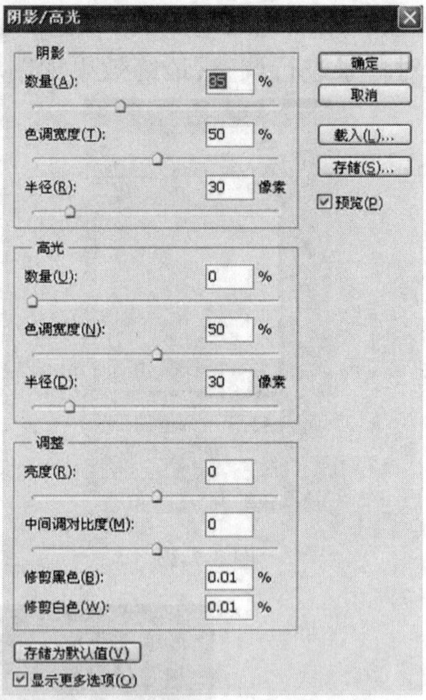

图 3-7-37

• 输出通道:在下拉列表中可以选择一种通道来对图像的色调进行调整。

• 源通道:用来设置源通道在输出通道中所占的百分比。将一个源通道滑块向左拖拽,可以减小该通道在输出通道中所占的百分比,向右拖拽,则可以增加百分比。

• 总计:显示源通道的计数值。如果计数值大于 100%,则可能丢失一些阴影和高光细节。

• 常数:用来设置输出通道的灰度值,若为负值可以在通道中增加黑色,若为正值可以在通道中增加白色。

• 单色:勾选该选项后,图像将变成黑白效果。

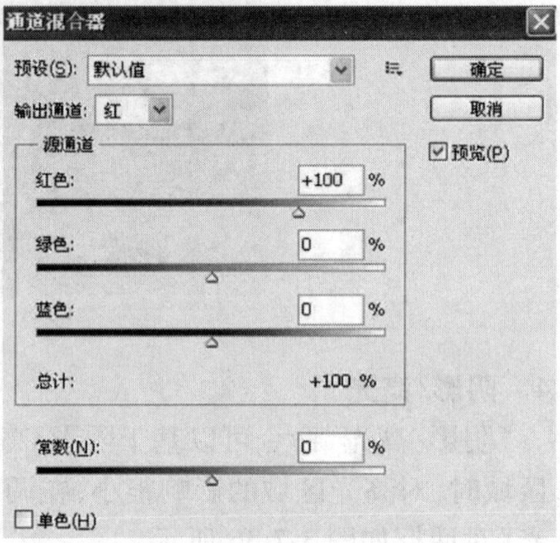

图 3-7-38

案例 4:用通道混合器打造复古色调。

步骤:

(1)打开素材文件,如图 3-7-39 所示。

(2)按"Ctrl + J"组合键将背景图层复制一层,然后按"Ctrl + U"组合键打开"色相/饱和度"对话框,接着设置饱和度为 −80,效果如图 3-7-40 所示。

(3)执行"图像/调整/对比度"菜单命令,在弹出的"亮度/对比度"对话框中设置亮度为 17,对比度为 27,效果如图 3-7-41 所示。

(4)执行"图像/模式/CMYK 颜色"菜单命令,然后在弹出的对话框中单击"不拼合"按钮,将图像转换为 CMYK 颜色模式。

图 3-7-39

图 3-7-40

(5)执行“图层/新建调整图层/通道混合器”菜单命令,创建一个“通道混合器”调整图层,然后在“调整”面板中设置输出通道为黄色通道,接着设置青色为 24%,洋红为 89%,黄色为 62%,黑色为 -81%,效果如图 3-7-42 所示。

图 3-7-41

图 3-7-42

(6)设置输出通道为洋红通道,然后设置青色为 18%,洋红为 100%,效果如图 3-7-43 所示。

(7)执行“图像/模式/RGB 颜色”菜单命令,然后在弹出的对话框中单击“拼合”按钮,将颜色模式切换回 RGB 颜色模式,同时所有图层都将被拼合到背景图层中,接着执行“滤镜/锐化/USM 锐化”菜单命令,在弹出的“USM 锐化”对话框中设置数量为 55%。最终效果如图 3-7-44 所示。

图 3-7-43

图 3-7-44

3.2 可选颜色

使用“可选颜色”命令可以在图像中的每个主要颜色中更改印刷色的数量，也可以有选择地修改任何主要颜色中的印刷色数量，并且不会影响其他主要颜色。“可选颜色”对话框如图 3-7-45 所示。

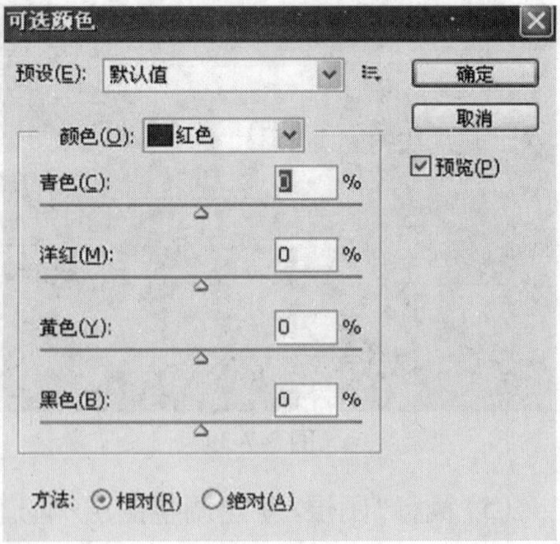

图 3-7-45

“可选颜色”对话框介绍如下：

- 颜色：在下拉列表中选择要修改的颜色，然后对下面的颜色进行调整，可以调整该颜色中青色、洋红、黄色和黑色所占的百分比。
- 方法：选择“相对”方式，可以根据颜色总量的百分比来修改青色、洋红、黄色和黑色的数量；选择“绝对”方式，可以采用绝对值来调整颜色。

3.3 匹配颜色

使用“匹配颜色”命令可以将一个图像（源图像）的颜色与另一个图像（目标图像）的颜色匹配起来，也可以匹配同一个图像中不同图层之间的颜色。

案例 5：用匹配颜色制作夕阳色调。

步骤：

（1）打开素材文件，如图 3-7-46 所示。

图 3-7-46

（2）打开素材文件，如图 3-7-47 所示。

（3）选择背景图层，然后执行“图像/调整/匹配颜色”菜单命令，设置目标为“3-7-46.jpg”，源为“3-7-47. jpg”，最后设置明亮度为 90，颜色强度为 60，渐隐为 19，如图 3-7-48 所示，效果如图 3-7-49 所示。

3.4 替换颜色

使用“替换颜色”命令可以将选定的颜色替换为其他颜色，颜色的替换是通过更改选定颜色的色相、饱和度和明度来实现的。

图 3-7-47

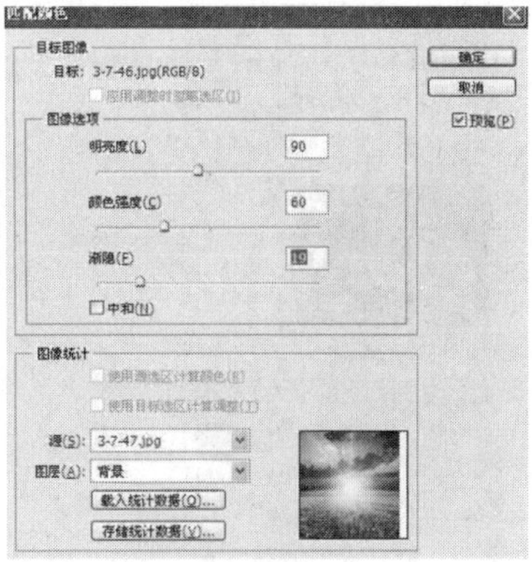

图 3-7-48

图 3-7-49

案例 6:利用替换颜色将黄色花调整为红色花。

步骤:

(1)打开素材文件,如图 3-7-50 所示。

(2)执行“图像/调整/替换颜色”菜单命令,打开“替换颜色”对话框,接着使用吸管工具在黄色花上单击,最后设置颜色容差为 184,色相为 -52,饱和度为 87,明度为 -18,如图 3-7-51 所示,所得效果如图 3-7-52 所示。

图 3-7-50

(3)因为有一部分颜色还没有被替换掉,所以还要将这部分颜色替换掉。单击“添加到取样”按钮,在未被替换的黄花上单击,此时这些黄色将自动被替换成红色,如图 3-7-53 所示。

(4)创建一个“色相/饱和度”调整图层,然后在“调整”面板中选择黄色通道,设置如图 3-7-54 所示,效果如图 3-7-55 所示。

图 3-7-51

图 3-7-52

图 3-7-53

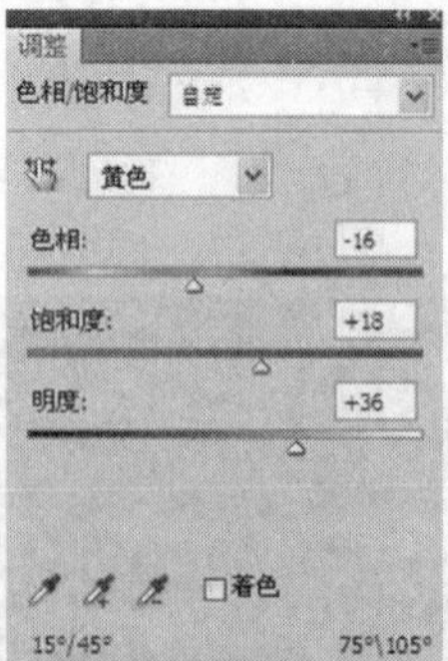

图 3-7-54

图 3-7-55

(5)创建一个“亮度/对比度”调整图层,然后在“调整”面板中设置亮度和对比度,如图 3-7-56 所示,效果如图 3-7-57 所示。

(6)制作暗角效果,继续创建一个“亮度/对比度”调整图层,然后在“调整”面板中设置亮度为 -93,对比度为 53,如图 3-7-58 所示。接着选择调整图层的蒙版,使用黑色画笔工具在蒙版的中间区域涂抹,只保留对 4 个角的调整,“图层”面板如图 3-7-59 所示,最终效果如图 3-7-60 所示。

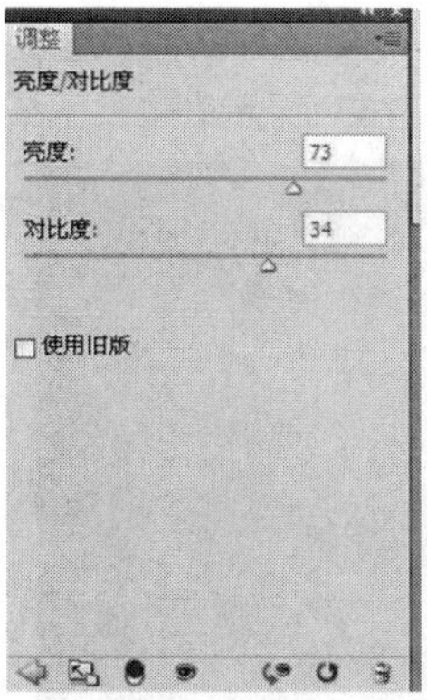

图 3-7-56

图 3-7-57

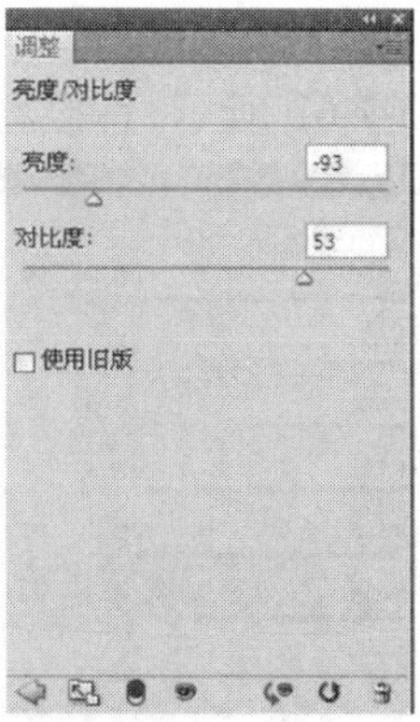

图 3-7-58

图 3-59

图 3-7-60

4 特殊色调调整命令

4.1 黑白

“黑白”命令用于把彩色图像转换为黑白图像,同时可以控制每一种色调的量。另外,“黑白”命令还可以为黑白图像着色,以创建单色图像。

案例 7:用黑白调出浪漫老照片。

步骤:

(1)打开素材文件,如图 3-7-61 所示。

图 3-7-61

(2)执行"图像/调整/黑白"菜单命令,打开"黑白"对话框,然后勾选"色调"选项,如图 3-7-62 所示,直接将图像转换为浅黄色的单色图像,效果如图 3-7-63 所示。

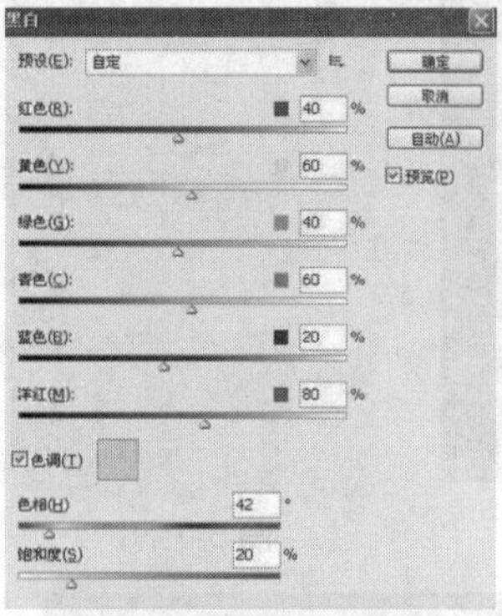

图 3-7-62

图 3-7-63

(3)执行"滤镜/杂色/添加杂色"菜单命令,然后在弹出的"添加杂色"对话框中设置数量为 5%,分布为平均分布,效果如图 3-7-64 所示。

图 3-7-64

(4)按"Ctrl + J"组合键将背景图层复制一层,然后执行"编辑/描边"菜单命令,打开"描边"对话框,接着设置宽度为 10px,颜色为浅黄色(RGB:238,230,217),位置为内部,然后用横排文字工具输入文字,最终效果如图 3-7-65 所示。

图 3-7-65

4.2 反相

使用“反相”命令可以将图像中的某种颜色转换为它的补色，即将原来的黑色变为白色，将原来的白色变为黑色，从而创建出负片的效果。打开一张图像，如图 3-7-66 所示，执行“图层/调整/反相”菜单命令，或按“Ctrl + I”组合键，即可得到反相效果，如图 3-7-67 所示。

图 3-7-66

图 3-7-67

4.3 阈值

使用“阈值”命令可以删除图像中的色彩信息，将其转换为只有黑、白两种颜色的图像。打开一张图像，如图 3-7-68 所示，然后执行“图像/调整/阈值”菜单命令，打开“阈值”对话框，输入“阈值色阶”数值或拖拽直方图下的滑块可以指定一个色阶作为阈值，比阈值亮的像素将转换为白色，比阈值暗的像素将转换为黑色，如图 3-7-69 所示。

图 3-7-68

图 3-7-69

4.4 色调分离

使用“色调分离”命令可以指定图像中每个通道的色调级数目或亮度值，然后将像素映射到最接近的匹配级别。打开一张图像，如图 3-7-70 所示，执行“图像/调整/色调分离”菜单命令，打开“色调分离”对话框，设置的色阶越小，分离的色调越多；设置的色阶越大，保留的图像细节越多，如图 3-7-71 所示。

图 3-7-70

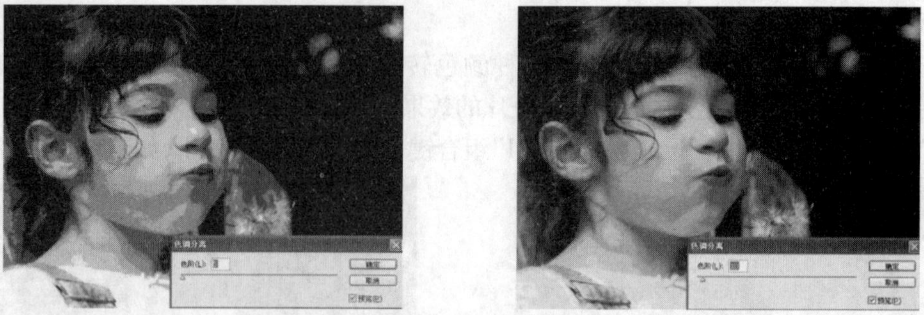

图 3-7-71

4.5　渐变映射

使用“渐变映射”命令可将渐变色映射到图像上。在映射过程中，先将图像转换为灰度图像，然后将相等的图像灰度范围映射到指定的渐变填充色。打开一张图像，如图 3-7-72所示，执行“图像/调整/渐变映射”菜单命令，打开“渐变映射”对话框，如图 3-7-73 所示。

图 3-7-72

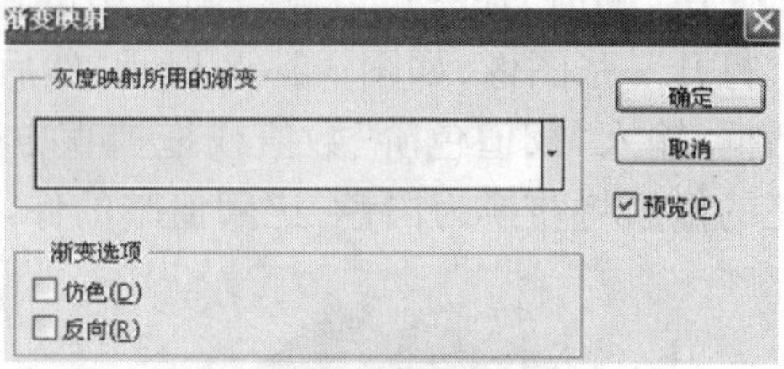

图 3-7-73

“渐变映射”对话框介绍如下：

• 灰度映射所用的渐变：单击渐变条，打开“渐变编辑器”对话框，如图 3-7-74 所示，在该对话框中可以选择或重新编辑一种渐变应用到图像上，如图 3-7-75 所示。

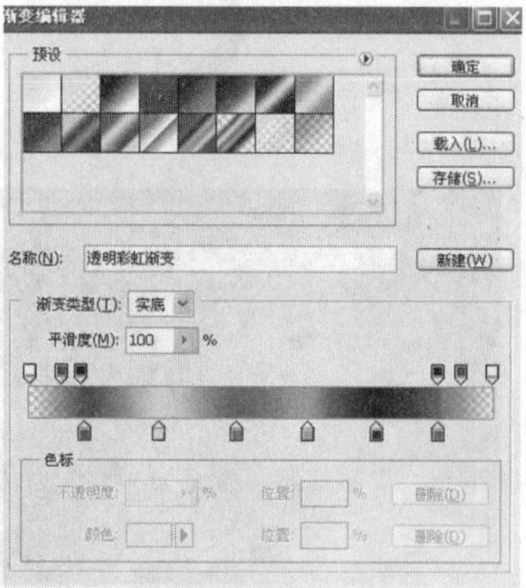

图 3-7-74

图 3-7-75

● 仿色：勾选该选项后，Photoshop 会添加一些随机的杂色来平滑渐变效果。

● 反向：勾选该选项后，可以反转渐变的填充方向。

【学习情景】

1　任务描述

本任务利用 Photoshop 对照片进行润色处理，使照片具有阳光明媚的效果，通过本任务可以更好地掌握调整色彩和色调的方法。

2　任务执行

（1）打开素材文件，如图 3-7-76 所示。

（2）按“Ctrl + J”复制背景图层，执行“滤镜/模糊/高斯模糊”菜单命令，打开“高斯模糊”对话框，设置半径为 3px，效果如图 3-7-77 所示。

图 3-7-76

图 3-7-77

（3）在“图层”面板中设置“图层 1”的模式为“柔光”，执行“图像/调整/曲线”菜单命令，打开“曲线”对话框，选择红色通道，在曲线上单击鼠标增加两个调色点：左侧调色点（输出 115，输入 76），右侧调色点（输出 173，输入 165），如图 3-7-78 所示。效果如图 3-7-79 所示。

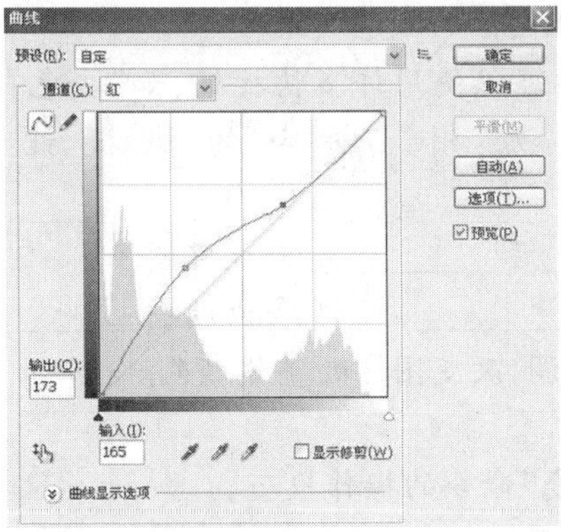

图 3-7-78

图 3-7-79

(4)执行“图像/调整/曲线”菜单命令，打开“曲线”对话框，选择 RGB 通道，在曲线上单击鼠标增加一个调色点（输出 140，输入 93），效果如图 3-7-80 所示。

(5)选择横排文字工具，输入“Photoshop CS5 摄影”，设置字体和合适大小，最终效果如图 3-7-81 所示。

图 3-7-80

图 3-7-81

【任务小结】

通过本任务的学习，我们对图像的调色有了一个整体的了解，建立了一个整体的知识体系，对各个调色命令的具体使用方法和作用有了完整的认识。

【课后作业】

一、填空题

(1)工具箱中的吸管工具可以直接在当前文档中选择相应的颜色作为前景色或背景色。选择吸管工具后，直接在图像上单击即可选取单击处的颜色为__________，按住______键，在图像上单击即可选取单击处的颜色为背景色。

(2)Photoshop 中的“去色”命令可以将图像中__________和__________降到最低，将__________图像转换为__________图像，但图像的颜色模式__________。

(3)Photoshop 中图像调整除使用菜单命令外，还可以使用许多快捷键，如“去色”命令的快捷键是“__________________”，“反相”命令的快捷键是“__________________”。

(4)“替换颜色”命令通过__________、__________和__________来调整图像。

(5)利用“色彩平衡”命令可以调整图像的__________，可以单独调整__________、__________和__________，从而调整图像的色彩和色调，改变图像的整体颜色。

二、基础实训题

(1)掌握“自动色调”、“自动颜色”和“自动对比度”命令的操作技巧。

(2)掌握“反相”、“变化”和“黑白”命令的基本操作。

(3)收集自己或同学的生活照，利用 Photoshop 对照片进行润色和调整，制作时尚效果照片。

任务八 应用滤镜工具

【任务概述】

应用 Photoshop 中的滤镜,可以制作出视觉效果丰富的图像。在 Photoshop CS5 中提供了多种滤镜,利用这些滤镜可以实现一些特殊的艺术效果。通过使用滤镜,可以修饰照片,可以为图像添加艺术效果、扭曲、光照等。本任务主要学习 Photoshop 中各种滤镜的应用方法与技巧,并能够运用滤镜工具完成相应的图像处理任务。

【任务目标】

◆了解滤镜的基本知识。
◆认识 Photoshop 滤镜库。
◆了解常用滤镜的应用。

【技能目标】

◆掌握滤镜应用的方法与技巧。
◆能够运用所学知识完成实训任务。

【基本知识与技能】

使用滤镜的注意事项:

(1)滤镜不能应用于位图模式或索引颜色的图像,且有些滤镜只对 RGB 图像起作用。

(2)滤镜通常作用于选定的图层、选区或通道,若使滤镜应用于整个图像,则不需要选择图层或区域。

(3)可以将所有滤镜应用于 8 位图像,但对于 16 位和 32 位的图像,部分滤镜不可以使用。

(4)部分滤镜在应用时会占很多内存,所以应用滤镜对计算机的软硬件要求较高,如果可用于处理滤镜效果的内存不够,系统会提示错误消息。

1 滤镜库

滤镜库是多个滤镜组合在一起的组合面板,通过滤镜库可以实现应用多个滤镜、打开或关闭滤镜的效果、复位滤镜的选项以及更改应用滤镜顺序等的操作。若预览效果满意,则可以将它应用于图像。

1.1 “滤镜库”对话框

打开图像后,在菜单栏中单击“滤镜/滤镜库”命令,即可打开“滤镜库”对话框,如图 3-8-1所示。对话框的左侧为预览窗口,可以随时预览滤镜应用效果;中间是滤镜组列表,每个滤镜组中包含多个滤镜;右侧为参数设置和滤镜层控制区域。

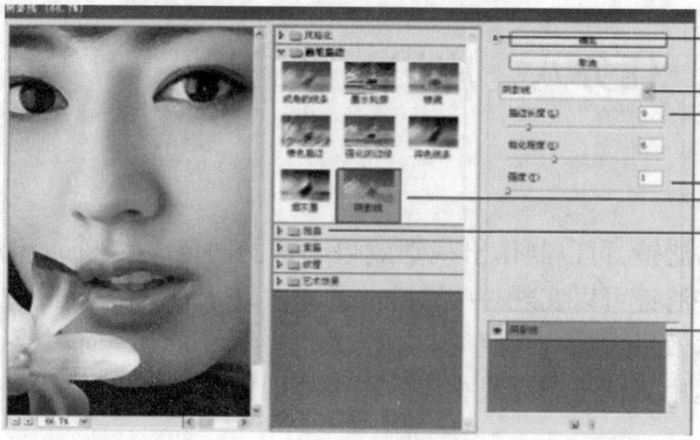

图 3-8-1

1.2　常用滤镜组

下面以如图 3-8-2 所示的原始图像为例进行介绍。

1.2.1　风格化滤镜组

风格化滤镜组中只有一个"照亮边缘"滤镜,用于标示图像颜色的边缘,并向其添加类似于霓虹灯的光亮效果。如图 3-8-3 所示为应用了"照亮边缘"滤镜的效果。

图 3-8-2

图 3-8-3

1.2.2　画笔描边滤镜组

画笔描边滤镜组包含 8 种滤镜,效果如图 3-8-4 所示。

- "成角的线条"滤镜可以使用对角描边重新绘制图像,用一个方向向上的线条绘制亮部区域。
- "墨水轮廓"滤镜可以应用钢笔画的风格,用线条在原始细节上绘制图像。
- "喷溅"滤镜可以用来模拟喷枪,使图像产生墨水喷溅的艺术效果。
- "喷色描边"滤镜可以使用图像中的主要是成角的、喷溅的颜色线条重新绘制图像,以生成飞溅效果。
- "强化的边缘"滤镜可以强化图像的边缘。
- "深色线条"滤镜可以用短而绷紧的深色线条绘制暗区,用长而白的线条绘制亮区。
- "烟灰墨"滤镜的应用效果像是用蘸满油墨的画笔在宣传纸上绘画,可以使用非常黑的油墨来创建柔和的模糊边缘。
- "阴影线"滤镜可以保留原始图像的细节和特征,同时使用模拟的铅笔阴影线在图

图 3-8-4

像中添加纹理,并使彩色区域的边缘变粗糙。

1.2.3　扭曲滤镜组

扭曲滤镜组包含 3 种滤镜,效果如图 3-8-5 所示。

- “玻璃”滤镜可以使图像产生像是透过不同类型的玻璃进行观看的效果。
- “海洋波纹”滤镜可以将随机分隔的波纹添加到图像表面,使图像看上去像是在水中一样。
- “扩散亮光”滤镜可以向图像中添加白色杂色,并从图像中心向外渐隐高光,使图像产生一种光芒漫射的效果。

1.2.4　素描滤镜组

素描滤镜组包含 14 种滤镜,效果如图 3-8-6 所示。

- “半调图案”滤镜可以产生网点、圆形或线条效果。
- “便条纸”滤镜可以创建类似于手工制作的纸张效果。
- “粉笔和炭笔”滤镜可以制作粉笔和炭笔效果,其中粉笔使用前景色绘制,炭笔使

玻璃

海洋波纹

扩散亮光

图 3-8-5

用背景色绘制。

- “铬黄渐变”滤镜可以用来制作具有擦亮效果的铬黄金属表面。
- “绘画笔”滤镜可以使用细线条的油墨描边以捕捉原始图像中的细节。
- “基底凸现”滤镜可以通过变换图像,使其呈现浮雕的雕刻状和突出光照下变化各异的表面,其中图像的暗部区域呈现为前景色,而浅色区域呈现为背景色。
- “石膏效果”滤镜可以模拟出类似石膏的效果。
- “水彩画纸”滤镜可以利用有污点的画笔在潮湿的纤维纸上绘画,使颜色产生流动效果并相互混合。
- “撕边”滤镜可以重建图像,使之呈现为粗糙、撕边的纸状组成,再使用前景色和背景色为图像着色。
- “炭笔”滤镜可以产生色调分离的涂抹效果,其中图像中的主要边缘以粗线条进行绘制,而中间色调则用对角描边进行素描。另外,炭笔采用前景色,背景色采用纸张颜色。
- “炭精笔”滤镜可以在图像上模拟出浓黑和纯白的炭精笔纹理,在暗部区域使用前景色,在亮部区域使用背景色。
- “图章”滤镜可以简化图像,常用于模拟橡皮或木质图章效果(该滤镜用于黑白图像时效果最佳)。
- “网状”滤镜可以用于模拟胶片乳胶的可控收缩和扭曲来创建图像,使图像在阴影区域呈现为块状,在高光区域呈现为颗粒状。
- “影印”滤镜可以模拟影印图像效果。

半调图案

便条纸

粉笔和炭笔

图 3-8-6

铬黄渐变

绘画笔

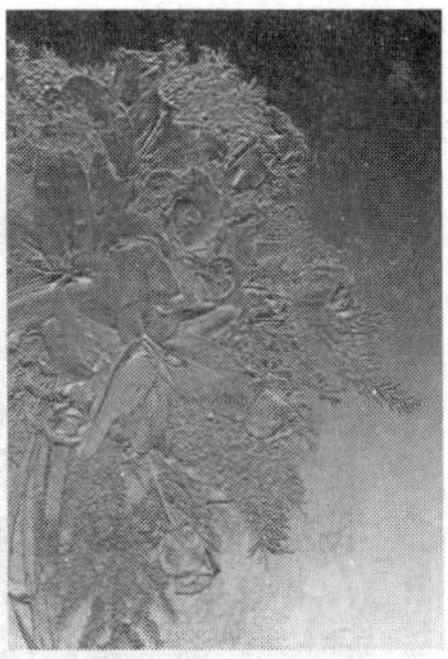

基底凸现

石膏效果

水彩画纸

撕边

炭笔

炭精笔

图章

网状

影印

续图 3-8-6

1.2.5　纹理滤镜组

纹理滤镜组共有 6 种滤镜，效果如图 3-8-7 所示。

龟裂缝

颗粒

马赛克拼图

拼缀图

染色玻璃

纹理化

图 3-8-7

- “龟裂缝”滤镜可以将图像应用在一个高凸现的石膏表面上，以沿着图像等高线生成精细的网状裂缝。
- “颗粒”滤镜可以模拟多种颗粒纹理效果。
- “马赛克拼图”滤镜可以将图像用马赛克碎片拼贴起来。
- “拼缀图”滤镜可以将图像分解为用图像中该区域的主色填充的正方形。
- “染色玻璃”滤镜可以将图像重新绘制成用前景色勾勒的单色相邻单元格色块。
- “纹理化”滤镜可以将选定纹理或外部纹理应用于图像。

1.2.6　艺术效果滤镜组

艺术效果滤镜组共有 15 种滤镜，这些滤镜主要用于为美术或商业项目制作绘画效果或艺术效果，效果如图 3-8-8 所示。

- “壁画”滤镜可以使用一种粗糙的绘画风格来重绘图像。
- “彩色铅笔”滤镜可以使用彩色铅笔在纯色背景上绘制图像，并且可以保留图像的重要边缘。
- “粗糙蜡笔”滤镜可以在带纹理的背景上应用粉笔描边。在亮部区域，粉笔效果比较厚，几乎观察不到纹理；在深色区域，粉笔效果比较薄，而纹理效果非常明显。

壁画

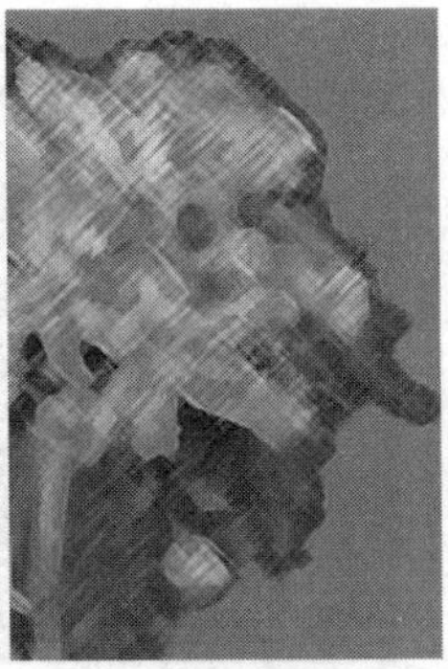
彩色铅笔

粗糙蜡笔

底纹效果

调色刀

干画笔

海报边缘

海绵

绘画涂抹

胶片颗粒

木刻

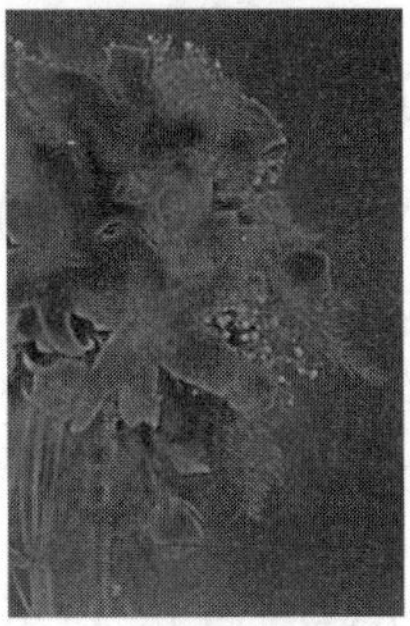
霓虹灯光

图 3-8-8

水彩

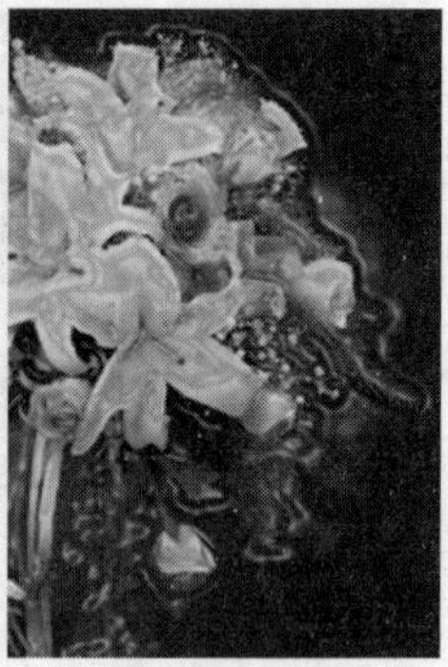
塑料包装

涂抹棒

续图 3-8-8

●“底纹效果”滤镜可以在带纹理的背景上绘制底纹图像。

●“调色刀”滤镜可以减少图像中的细节,以生成淡淡的描绘效果。

●“干画笔”滤镜可以使用干燥的画笔来绘制图像的边缘。

●“海报边缘”滤镜可以减少图像中的颜色数量,并查找图像的边缘,在边缘上绘制黑色线条。

●“海绵”滤镜使用颜色对比度比较强烈、纹理较重的区域绘制图像,以模拟海绵效果。

●“绘画涂抹”滤镜可以使用6种不同类型的画笔来进行绘画。

●“胶片颗粒”滤镜可以将平滑图案应用于阴影和中间色调上。

●“木刻”滤镜可以将高对比度的图像处理成剪影效果,将彩色图像处理成由多层彩纸组成的效果。

●“霓虹灯光”滤镜可以将霓虹灯光效果添加到图像中,该滤镜可以柔化图像外观并为图像着色。

●“水彩”滤镜可以用水彩风格绘制图像,当边缘有明显的色调变化时,该滤镜会使颜色更加饱满。

●“塑料包装”滤镜可以在图像上涂上一层光亮的塑料,以表现图像表面的细节。

●“涂抹棒”滤镜可以使用较短的对角描边涂抹暗部区域,以柔化图像。

2　渐隐滤镜

“渐隐”命令可以更改任何滤镜、绘画工具、橡皮擦工具或颜色调整的不透明度和混合模式。

案例1:渐隐滤镜的发光效果。

步骤:

(1)打开素材文件,如图3-8-9所示。

(2)按“Ctrl + J”组合键复制一个“背景副本”图层,然后执行“滤镜/风格化/照亮边缘”菜单命令,接着在弹出的“照亮边缘”对话框中设置边缘宽度为3,照亮边缘为20,平滑度为13,效果如图3-8-10所示。

图 3-8-9

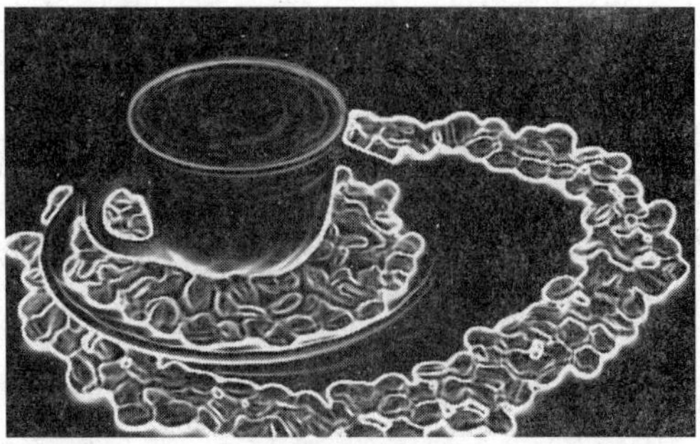

图 3-8-10

(3)执行“编辑/渐隐照亮边缘”菜单命令，然后在弹出的“渐隐”对话框中设置模式为“滤色”，如图 3-8-11 所示，效果如图 3-8-12 所示。

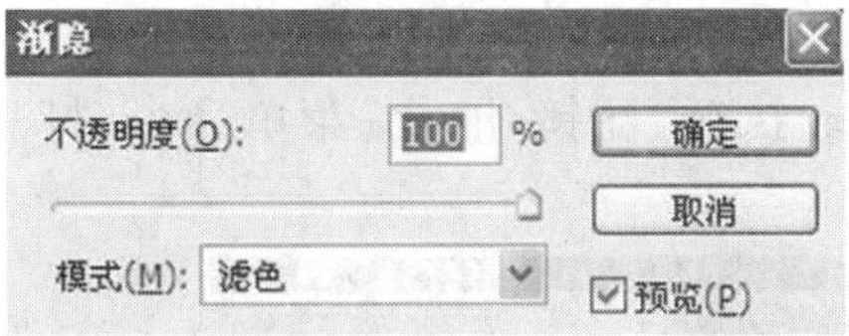

图 3-8-11

图 3-8-12

提示：“渐隐”命令必须在进行了编辑操作之后立即执行，如果这中间又进行了其他操作，则该命令会发生相应变化。

(4)打开素材文件，如图 3-8-13 所示，然后将其拖拽到图 3-8-12 中，效果如图 3-8-14 所示，新生成“图层 1”。

图 3-8-13

图 3-8-14

(5)设置“图层 1”的混合模式为“变亮”并设置透明度，效果如图 3-8-15 所示。

(6)选用柔边画笔，设置前景色为黑色，降低不透明度与流量，在图片底部涂抹，制作底部的暗调效果，最终效果如图 3-8-16 所示。

图 3-8-15

图 3-8-16

3　特殊滤镜

3.1　液化

“液化”滤镜是修饰图像和创建艺术效果的强大工具，其使用方法比较简单，但功能相当强大，可以创建推、拉、旋转、扭曲和收缩等变形效果，常用来修改图像的任何区域（“液化”滤镜只能应用于 8 位通道或 16 位通道）。执行“滤镜/液化”菜单命令，打开“液化”对话框，如图 3-8-17 所示。

图 3-8-17

使用“液化”对话框中的变形工具在图像上单击并拖拽鼠标即可进行变形操作，变形集中在画笔的中心。在“工具选项”选项组下，可以设置当前使用的工具的各种属性。“重建选项”选项组下的参数主要用来设置重建方式，以及如何撤销所执行的操作。如果图像中包含选区或蒙版，可以通过“蒙版选项”选项组来设置蒙版的保留方式。“视图选项”选项组主要用来显示或隐藏图像、网格和背景。另外，还可以设置网格大小和颜色、蒙版颜色、背景模式和不透明度。

3.2　镜头校正

“镜头校正”滤镜可以修复常见的镜头瑕疵，如桶形失真、枕形失真、晕影和色差等，也可以使用该滤镜来旋转图像，或修复由于相机在垂直或水平方向上倾斜而导致的图像透视错误现象（该滤镜只能应用于 8 位通道或 16 位通道）。执行“滤镜/镜头校正”菜单命令，打开“镜头校正”对话框，如图 3-8-18 所示。

图 3-8-18

“镜头校正”对话框介绍如下：

- 移去扭曲工具：可以校正镜头桶形失真或枕形失真等。
- 拉直工具：可以绘制一条直线，以将该图像拉直到横轴或纵轴。
- 移动网格工具：可以移动网格，以将其与图像对齐。
- 抓手工具/缩放工具：这两个工具的使用方法与工具箱中相应的工具完全相同。

3.3　消失点

“消失点”滤镜可以在包含透视平面（如建筑物的侧面、墙壁、地面或任何矩形对象）的图像中进行透视校正操作。在修饰、仿制、复制、粘贴或移去图像内容时，Photoshop 可以准确确定这些操作方向。执行“滤镜/消失点”菜单命令，打开“消失点”对话框，如图 3-8-19所示。

“消失点”对话框介绍如下：

- 编辑平面工具：用于选择、编辑、平移平面的节点以及调整平面的大小。
- 创建平面工具：用于定义透视平面的 4 个角节点。创建好 4 个角节点后，可以使用该工具对节点进行移动、缩放等操作。另外，如果节点的位置不正确，可以按“Backspace”键删除该节点。
- 选框工具：使用该工具可以在创建好的透视平面上绘制选区，以选中平面上的某个区域。建立选区后，将光标放置在选区内，按住“Alt”键拖拽选区，可以复制图像。如果按

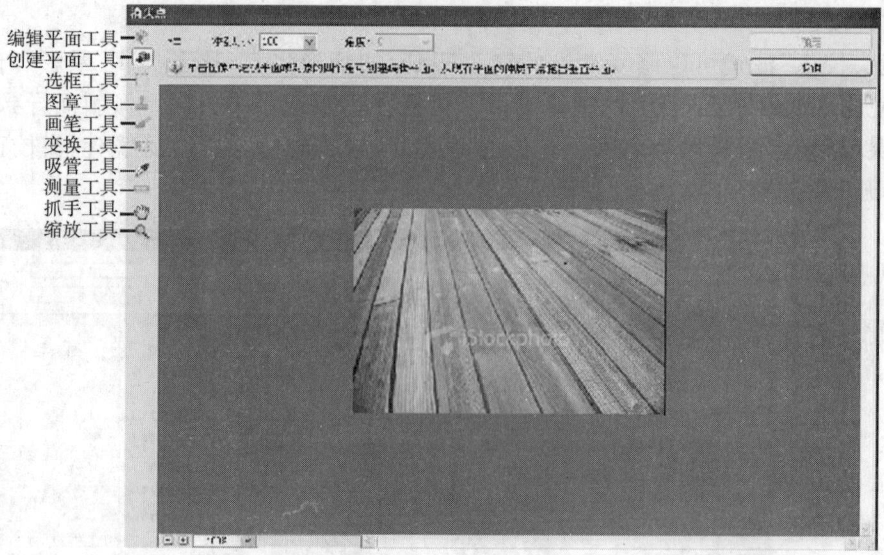

图 3-8-19

住“Ctrl”键拖拽选区，则可以用源图像填充该区域。

● 图章工具：使用该工具时，按住“Alt”键在透视平面内单击，可以设置取样点，然后在其他区域拖拽鼠标即可进行仿制操作。

● 画笔工具：主要用来在透视平面上绘制选定的颜色。

● 变换工具：主要用来变换选区，其作用相当于“编辑/自由变化”菜单命令。

● 吸管工具：在图像上拾取颜色，以用作画笔工具的绘画颜色。

● 测量工具：在透视平面中测量项目的距离和角度。

● 抓手工具：在预览窗口中移动图像。

● 缩放工具：在预览窗口中放大或缩小图像的视图。

抓手工具和缩放工具的使用方法与工具箱中相应的工具完全相同。

4　风格化滤镜组

4.1　查找边缘

“查找边缘”滤镜可以自动查找图像像素对比度变化强烈的边界，将高反差区变亮，将低反差区变暗，而其他区域则介于两者之间，同时硬边会变成线条，柔边会变粗，从而形成一个清晰的轮廓。如图 3-8-20 所示为执行“滤镜/风格化/查找边缘”菜单命令的前后对比效果。

4.2　等高线

“等高线”滤镜用于查找主要亮度区域，并为每个颜色通道设了主要亮度区域。如图 3-8-21所示为应用该滤镜的前后对比效果。

“等高线”对话框（见图 3-8-22）介绍如下：

● 色阶：用来设置区分图像边缘亮度的级别。

● 边缘：用来设置处理图像边缘的位置，以及等高线的生成方法。选择“较低”选项

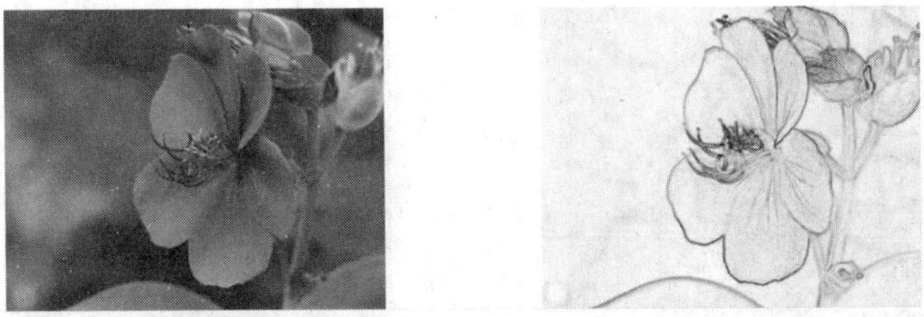

图 3-8-20

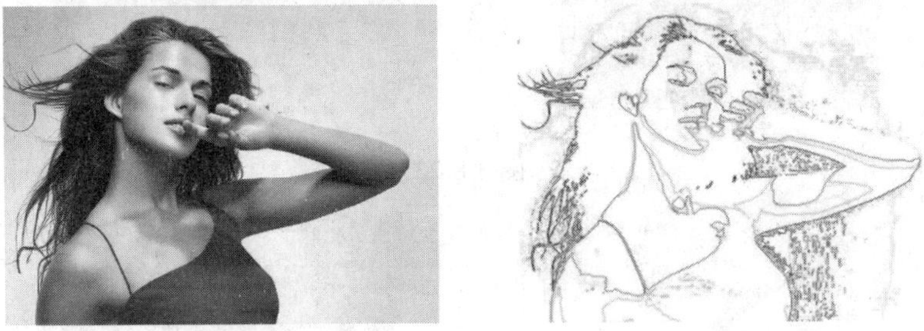

图 3-8-21

时，可以在基准亮度等级以下的轮廓上生成等高线；选择“较高”选项时，可以在基准亮度等级以上的轮廓上生成等高线。

4.3　风

“风”滤镜用于在图像中放置一些细小的水平线条来模拟风吹的效果。如图 3-8-23 所示为应用该滤镜的前后对比效果。

☞技巧：“风”滤镜只能制作出水平方向上的风吹效果，即风只能向左或向右吹，若要在垂直方向上制作风吹效果，就需要先旋转画布，然后执行“风”滤镜，最后将画布旋转到原始位置。

4.4　浮雕效果

“浮雕效果”滤镜可以通过勾勒图像、选区的轮廓或降低周围颜色值来生成凹陷或凸起的浮雕效果。如图 3-8-24 所示为应用该滤镜的前后对比效果。

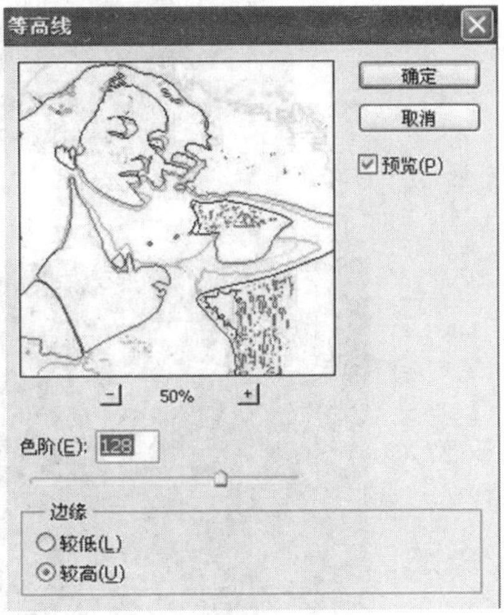

图 3-8-22

4.5　扩散

“扩散”滤镜可以使图像中相邻像素按指定的方式移动，让图像扩散，形成一种类似于透过磨砂玻璃观察物体时的分离模糊效果。如图 3-8-25 所示为应用该滤镜的前后对比效果。

4.6　拼贴

“拼贴”滤镜可以将图像分解为一系列块状，使其偏离原来的位置，以产生不规则拼砖的效果。如图 3-8-26 所示为应用该滤镜的前后对比效果。

4.7　曝光过度

“曝光过度”滤镜可以混合负片和正片的图像，形成类似于显影过程中将摄影照片短

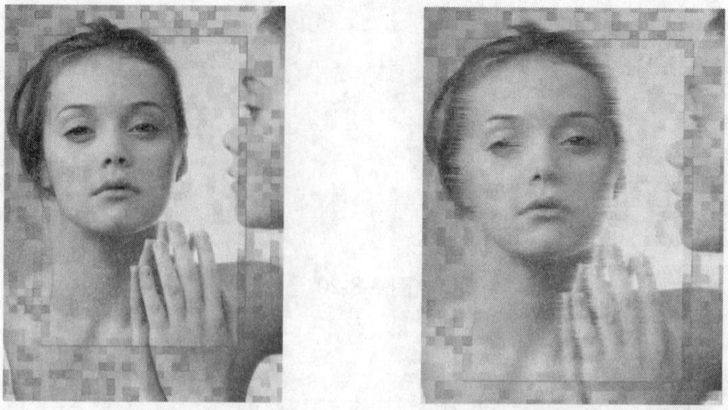

图 3-8-23

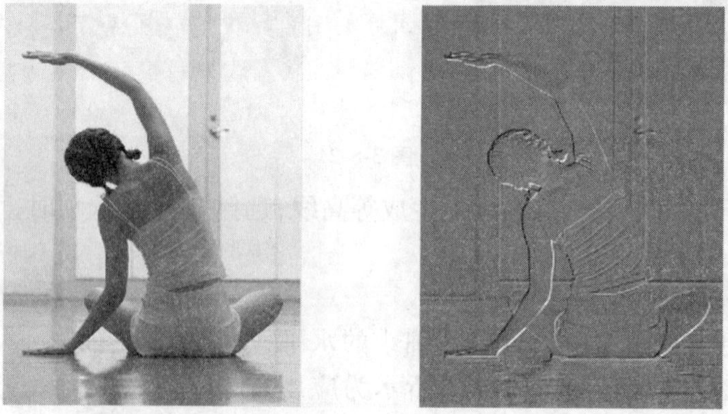

图 3-8-24

图 3-8-25

暂曝光的效果。如图 3-8-27 所示为应用该滤镜的前后对比效果。

4.8　凸出

“凸出”滤镜可以将图像分解成一系列大小相同且随机重叠放置的立方体或锥体，以生成特殊的 3D 效果。如图 3-8-28 所示为应用该滤镜的前后对比效果。

案例 2：利用“查找边缘”滤镜制作速写效果。

步骤：

图 3-8-26

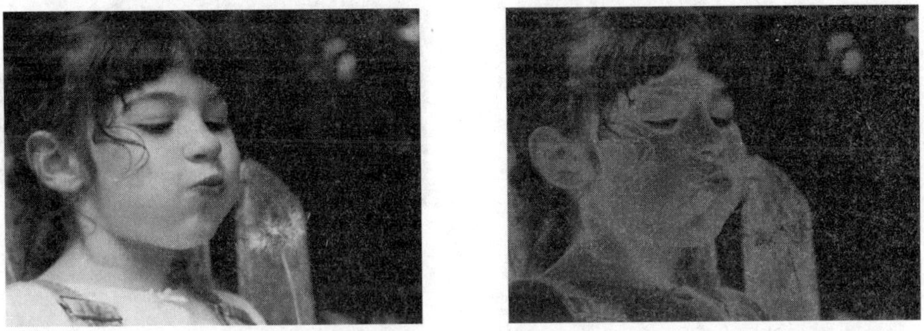

图 3-8-27

图 3-8-28

(1)打开素材文件,如图 3-8-29 所示。

(2)按“Ctrl + J”组合键复制一个“图层 1”,执行“色相/饱和度”命令,设置饱和度为-100,然后执行“滤镜/风格化/查找边缘”菜单命令,效果如图 3-8-30 所示。

(3)按“Ctrl + J”组合键复制一个“图层 1 副本”图层,然后设置该图层混合模式为“正片叠底”,效果如图 3-8-31 所示。

图 3-8-29

图 3-8-30

图 3-8-31

5　模糊滤镜组

5.1　表面模糊

"表面模糊"滤镜可以在保留边缘的同时模糊图像，可以用该滤镜创建特殊效果并消除杂色或粒度。

5.2　动感模糊

"动感模糊"滤镜可以沿指定的角度（-360～360 度），以指定的距离（1～998px）进行模糊，所产生的效果类似于在固定的曝光时间拍摄一个高速运动的对象。如图 3-8-32 所示为应用该滤镜的前后对比效果。

5.3　方框模糊

"方框模糊"滤镜可以基于相邻像素的平均颜色值来模糊图像，生成的模糊效果类似于方块模糊。如图 3-8-33 所示为应用该滤镜的前后对比效果。

5.4　高斯模糊

"高斯模糊"滤镜可以向图像中添加低频细节，使图像产生一种朦胧效果。如图 3-8-34所示为应用该滤镜的前后对比效果。

5.5　进一步模糊

"进一步模糊"滤镜可以平衡已定义的线条和遮蔽区域的清晰边缘旁边的像素，使变化显得柔和。如图 3-8-35 所示为应用该滤镜的前后对比效果。

图 3-8-32

图 3-8-33

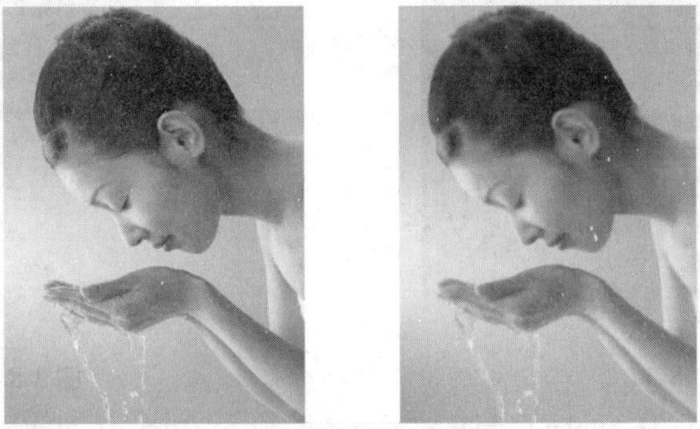

图 3-8-34

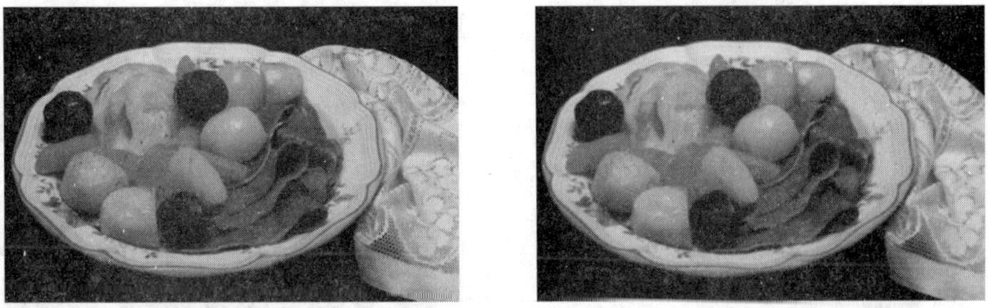

图 3-8-35

5.6 径向模糊

“径向模糊”滤镜用于模拟缩放或旋转相机时所产生的模糊，产生一种柔和的模糊效果。如图 3-8-36 所示为应用该滤镜的前后对比效果。

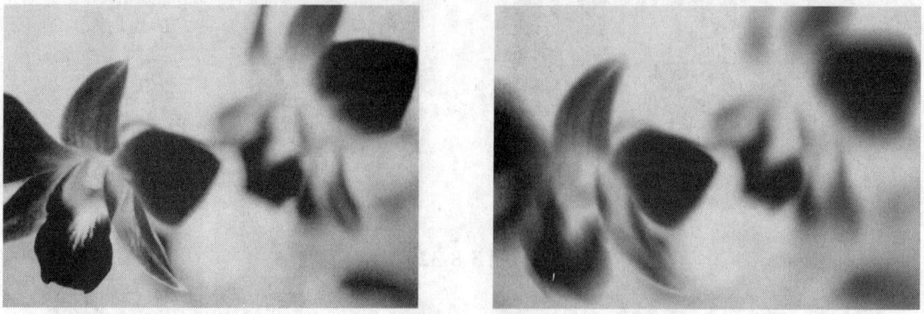

图 3-8-36

5.7 镜头模糊

“镜头模糊”滤镜可以向图像中添加模糊，模糊效果取决于模糊的“源”设置。如果图像中存在 Alpha 通道或图层蒙版，则可以为图像中的特定对象创建景深效果，使这个对象在焦点内，从而使另外的区域变得模糊。如图 3-8-37 所示为原始图像，图像中存在的通道如图 3-8-38 所示。

图 3-8-37

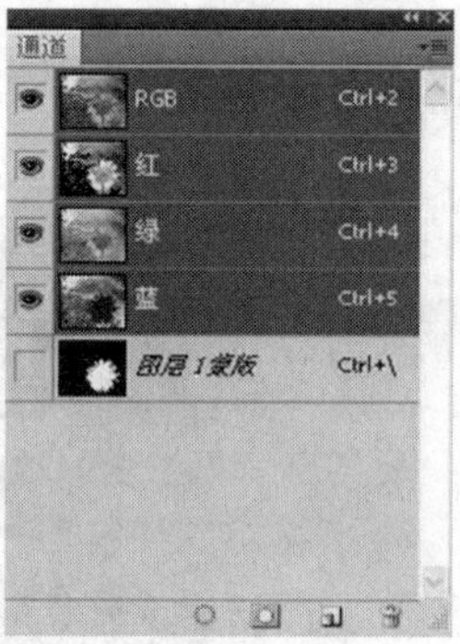

图 3-8-38

应用“镜头模糊”滤镜，设置如图 3-8-39 所示，效果如图 3-8-40 所示。

图 3-8-39

图 3-8-40

5.8 模糊

“模糊”滤镜用于消除图像中有显著颜色变化的地方的杂色,它可以通过平衡已定义的线条和遮蔽区域的清晰边缘旁边的像素来使图像变得柔和。

5.9 平均

“平均”滤镜可以查找图像或选区的平均颜色,再用颜色填充图像或选区,以创建平滑的外观效果。如图 3-8-41 所示为应用该滤镜的前后对比效果。

图 3-8-41

5.10 特殊模糊

“特殊模糊”滤镜可以精确地模糊图像。如图 3-8-42 所示为应用该滤镜的前后对比效果。

图 3-8-42

5.11 形状模糊

“形状模糊”滤镜可以用设置的形状来创建特殊的模糊效果。如图 3-8-43 所示为应用该滤镜的前后对比效果。

案例 3:利用“动感模糊”滤镜制作运动效果。

步骤:

(1)打开素材文件,如图 3-8-44 所示。

(2)按“Ctrl + J”组合键复制一个“图层 1”,然后执行“滤镜/模糊/动感模糊”菜单命令,在弹出的“动感模糊”对话框中设置角度为 -7 度,距离为 150px,效果如图 3-8-45 所示。

图 3-8-43

图 3-8-44

图 3-8-45

(3)执行“窗口/历史记录”菜单命令,打开“历史记录”面板,标记“动感模糊”步骤,接着选择“复制图层”步骤,如图 3-8-46 所示。

(4)选择历史记录画笔工具,然后在选项栏中选择一种柔边画笔,并设置大小为165px,接着在图像的汽车区域涂抹,绘制出动感模糊的效果,再进行细节处理,效果如图 3-8-47所示。

图 3-8-46

图 3-8-47

案例 4:利用“径向模糊”滤镜制作放射文字。

步骤:

（1）打开素材文件，如图 3-8-48 所示。

（2）使用横排文字工具在图像中输入“STAR&MOON”，选择一种较粗的字体，效果如图 3-8-49 所示。

（3）按“Ctrl + J”组合键复制一个“STAR&MOON 副本 1”图层，然后将该图层栅格化。执行“滤镜/模糊/径向模糊”菜单命令，在打开的“径向模糊”对话框中设置数量为 100，模糊方法为“缩放”，品质为“草图”，接着调整好模糊的中心，效果如图 3-8-50 所示。

（4）按若干次“Ctrl + F”组合键重复应用“径向模糊”滤镜，直到达到如图 3-8-51 所示的模糊效果。

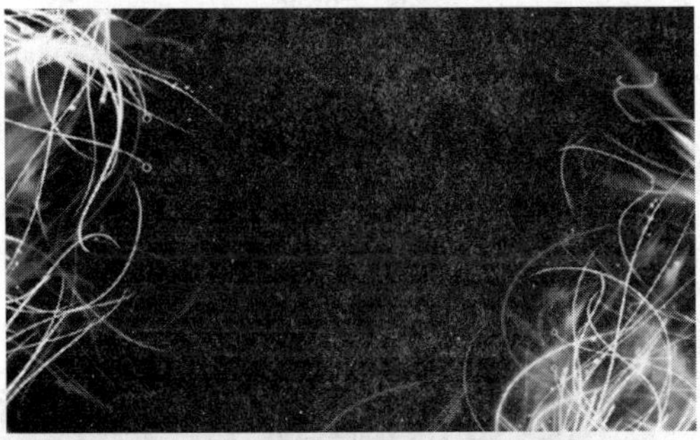

图 3-8-48

图 3-8-49

图 3-8-50

图 3-8-51

（5）按“Ctrl + Alt + F”组合键打开“径向模糊”对话框，然后设置品质为“最好”，效果如图 3-8-52 所示。

图 3-8-52

（6）按“Ctrl + J”组合键复制一个“STAR&MOON 副本 2”图层，并设置该图层的不透明度为 30%，再按“Ctrl + E”组合键向下合并一个图层，接着将合并后的图层命名为“放射”图层，然后将该图层放置在“STAR&MOON”文字图层的下一层，效果如图 3-8-53 所示。

（7）选择“放射”图层，创建“渐变”调整图层，选择“铬黄渐变”，设置角度为 0，然后按“Ctrl + Alt + G”组合键将填充图层设置为“放射”图层的剪贴蒙版，效果如图 3-8-54 所示。

图 3-8-53

图 3-8-54

(8)用相同的方法为“STAR&MOON”图层也添加一个渐变填充图层,并将填充图层设置为“STAR&MOON”图层的剪贴蒙版,此时“图层”面板如图 3-8-55 所示,最终效果如图 3-8-56 所示。

图 3-8-55

图 3-8-56

6　像素化滤镜组

6.1　彩块化

“彩块化”滤镜可以将纯色或相近色的像素结成相近颜色的像素块,常用来制作手绘图像、抽象派绘画等艺术效果。如图 3-8-57 所示为应用该滤镜的前后对比效果。

图 3-8-57

6.2 彩色半调

“彩色半调”滤镜可以模拟在图像的每个通道上使用放大的半调网屏的效果。如图 3-8-58所示为应用该滤镜的前后对比效果。

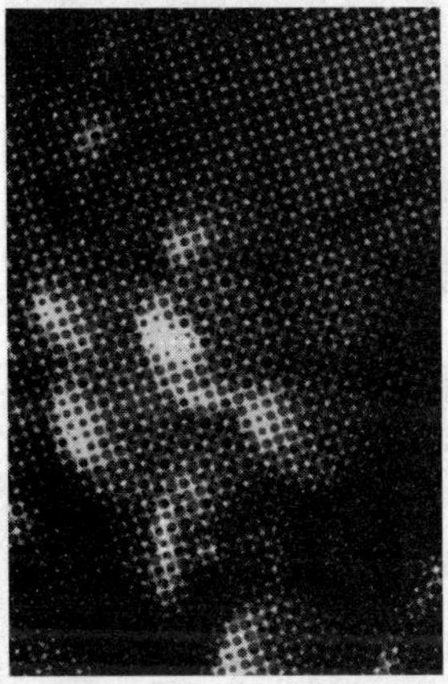

图 3-8-58

6.3 点状化

“点状化”滤镜可以将图像中的颜色分解成随机分布的网点,并使用背景色作为网点之间的画布区域。如图 3-8-59 所示为应用该滤镜的前后对比效果。

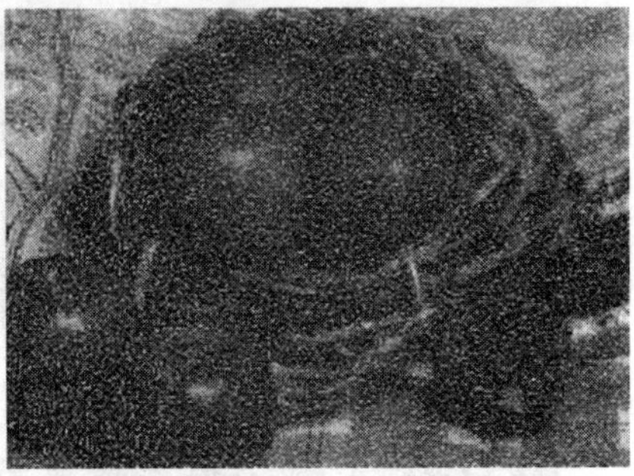

图 3-8-59

6.4 晶格化

“晶格化”滤镜可以使图像中颜色相近的像素结块形成多边形纯色。如图 3-8-60 所示为应用该滤镜的前后对比效果。

6.5 马赛克

“马赛克”滤镜可以使像素结为方形色块,创建出类似于马赛克的效果。如图 3-8-61 所示为应用该滤镜的前后对比效果。

6.6 碎片

“碎片”滤镜可以将图像中的像素复制 4 次,然后将复制的像素平均分布,并使其相互偏移。如图 3-8-62 所示为应用该滤镜的前后对比效果。

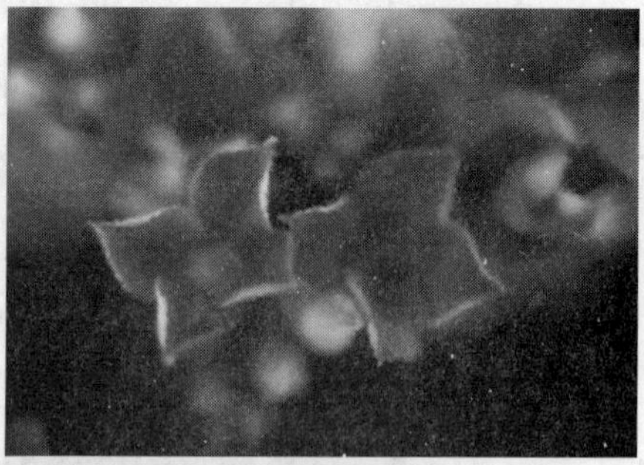

图 3-8-60

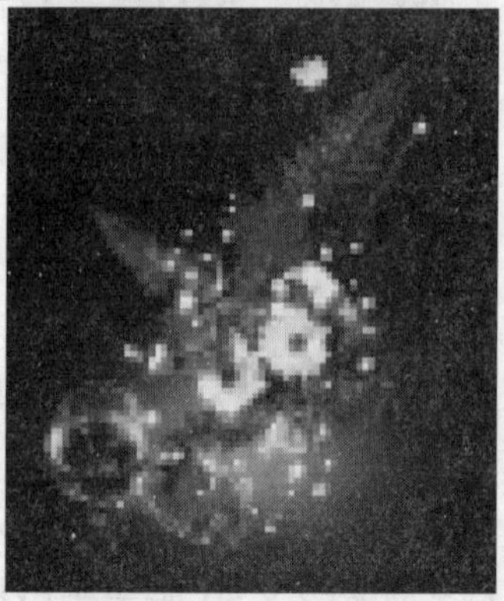

图 3-8-61

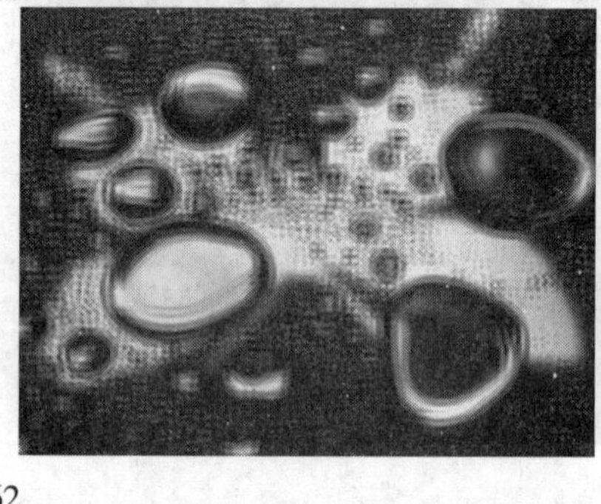

图 3-8-62

6.7　铜板雕刻

“铜板雕刻”滤镜可以将图像转换为黑白区域的随机图案或彩色图像中完全饱和颜色的随机图案。如图 3-8-63 所示为应用该滤镜的前后对比效果。

7　渲染滤镜组

7.1　分层云彩

“分层云彩”滤镜可以将云彩数据与现有的像素以“差值”方式进行混合。首次应用该滤镜时,图像的某部分会被反相成云彩图案。如图 3-8-64 所示,多次应用该滤镜,就会创建出与大理石类似的絮状纹理。

图 3-8-63

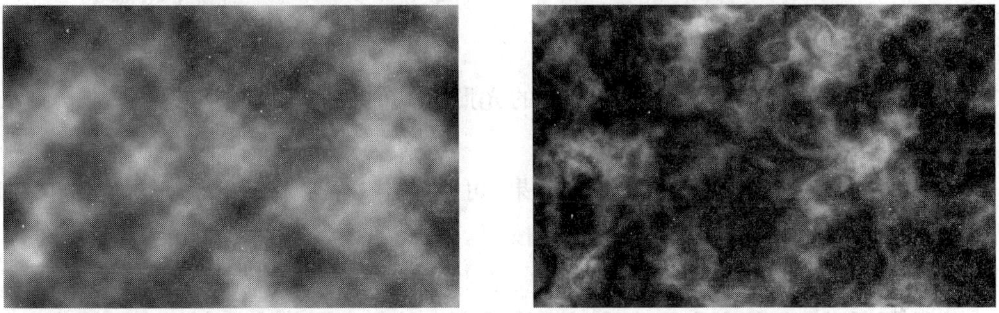

首次应用后　　多次应用后

图 3-8-64

7.2　光照效果

“光照效果”滤镜的功能相当强大,其作用类似于三维软件中的灯光。该滤镜包含 17 种光照样式、3 种光照类型和 4 组光照选项。如图 3-8-65 所示为原始图像及“光照效果”对话框。

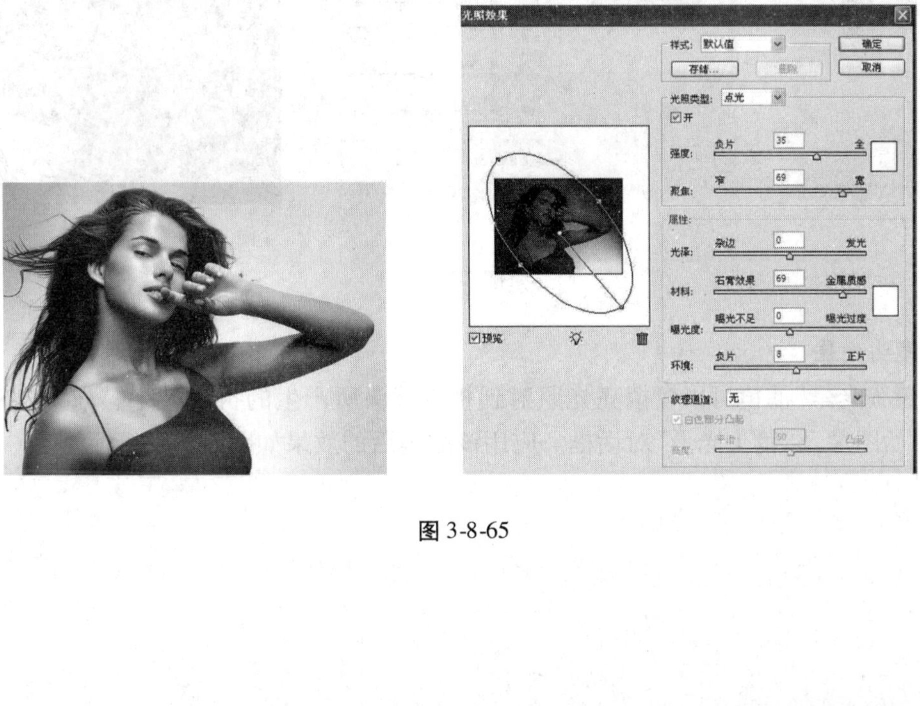

图 3-8-65

7.2.1　预览框

在“光照效果”对话框左侧的预览框中可以预览光照效果，调节光照范围，添加或删除灯光。

● 预览：勾选该选项后，在预览框中可以观察光照效果；如果关闭该选项，将显示原始图像。

● 添加灯光：将该图标拖拽到预览框中，可以添加一盏灯光，并且可以调节灯光的光照范围和位置。

● 删除灯光：将添加的灯光拖拽到该图标上，可以将其删除。

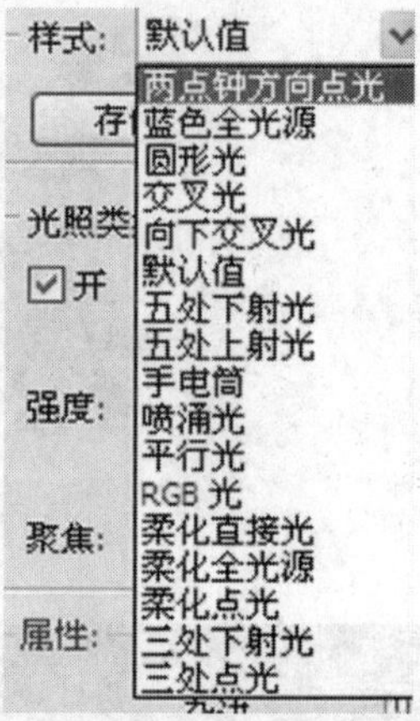

图 3-8-66

7.2.2　设置光照样式

在“样式”下拉列表中可以选择预设的光照样式，共有 17 种样式，如图 3-8-66 所示。

提示：如果需要存储自定义光照效果，可以单击“存储”按钮，将其保存起来；如果要删除保存的光照效果，可以单击“删除”按钮。

7.2.3　设置纹理通道

在“纹理通道”选项组下，可以通过一个通道中的灰度图像来控制灯光在图像上的反射方式，以生成 3D 效果，如图 3-8-67 所示。

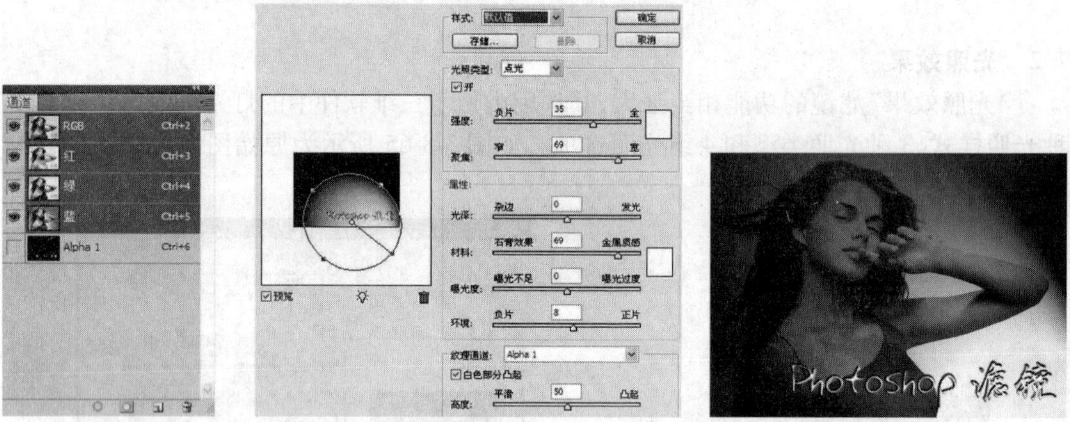

图 3-8-67

7.3　镜头光晕

“镜头光晕”滤镜可以模拟亮光照射到相机镜头所产生的折射效果。如图 3-8-68 所示为原始图像及“镜头光晕”对话框。应用该滤镜后的效果如图 3-8-69 所示。

图 3-8-68

图 3-8-69

7.4 纤维

"纤维"滤镜可以根据前景色和背景色来创建类似编织的纤维效果。如图 3-8-70 所示为应用"纤维"滤镜后的效果及其对话框。

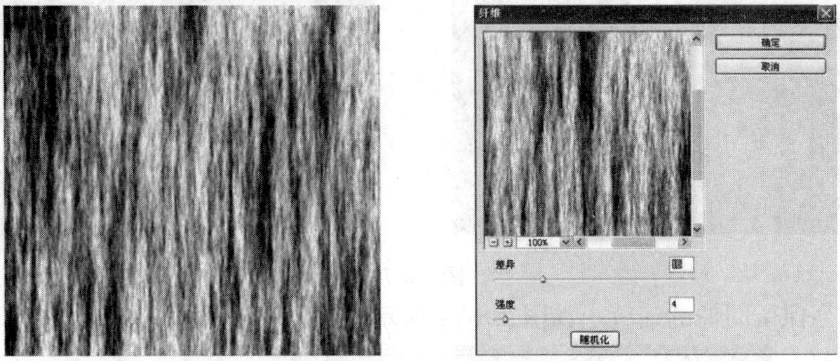

图 3-8-70

7.5 云彩

"云彩"滤镜可以根据前景色和背景色随机生成云彩图案。如图 3-8-71 所示为应用"云彩"滤镜后的效果。

图 3-8-71

8 杂色滤镜组

8.1 减少杂色

"减少杂色"滤镜可以基于影响整个图像或各个通道的参数设置来保留边缘并减少图像中的杂色。如图 3-8-72所示为应用"减少杂色"滤镜的前后对比效果。

8.2 蒙尘与划痕

"蒙尘与划痕"滤镜可以通过修改具有差异化的像素来减少杂色,有效地去除图像中的杂点和划痕。如图 3-8-73 所示为应用"蒙尘与划痕"滤镜的前后对比效果。

8.3 祛斑

"祛斑"滤镜可以检测图像的边缘(发生显著颜色变化的区域),并模糊边缘外的所有

图 3-8-72

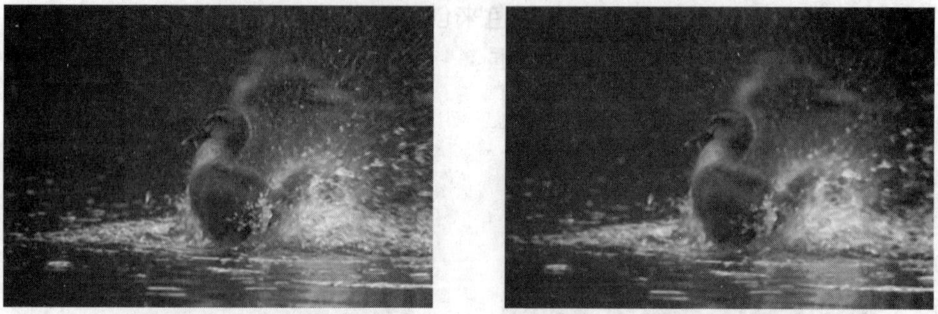

图 3-8-73

区域，同时会保留图像的细节。如图 3-8-74 所示为应用该滤镜的前后对比效果。

图 3-8-74

8.4　添加杂色

“添加杂色”滤镜可以在图像中随机添加像素，也可以用来修缮图像中经过重大编辑的区域。如图 3-8-75 所示为应用该滤镜的前后对比效果。

8.5　中间值

“中间值”滤镜可以混合选区中像素的亮度来减少图像的杂色。该滤镜会搜索像素选区的半径范围以查找亮度相近的像素，并且会去掉与相邻像素差异太大的像素，然后用搜索到的像素的中间亮度值来替换中心像素。如图 3-8-76 所示为应用该滤镜的前后对比效果。

图 3-8-75

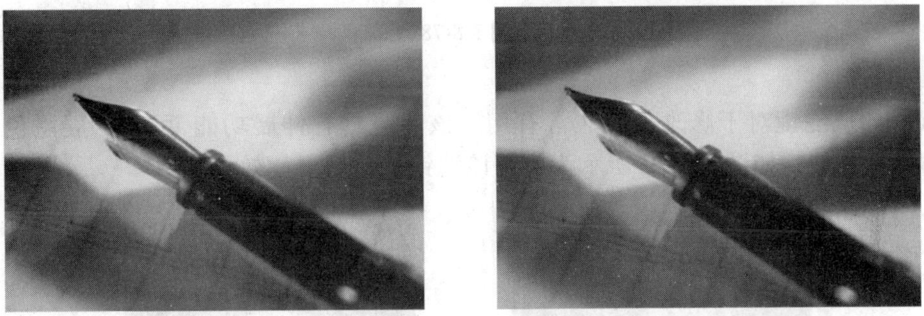

图 3-8-76

9 其他滤镜组

9.1 高反差保留

"高反差保留"滤镜可以在具有强烈颜色变化的地方按指定的半径来保留边缘细节，并且不显示图像的其余部分。如图 3-8-77 所示为应用该滤镜的前后对比效果。

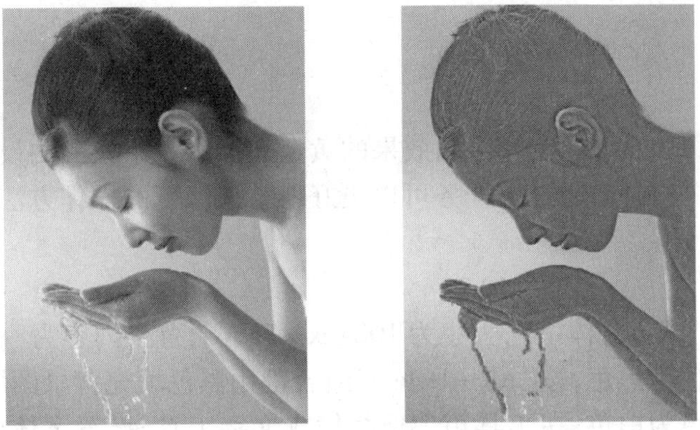

图 3-8-77

9.2 最大值

"最大值"滤镜对于修改蒙版非常有用，该滤镜可以在指定的半径范围内，用周围像素的最高亮度值替换当前像素的亮度值。“最大值”滤镜具有阻塞功能，可以展开白色区域，而阻塞黑色区域。如图 3-8-78 所示为应用该滤镜的前后对比效果。

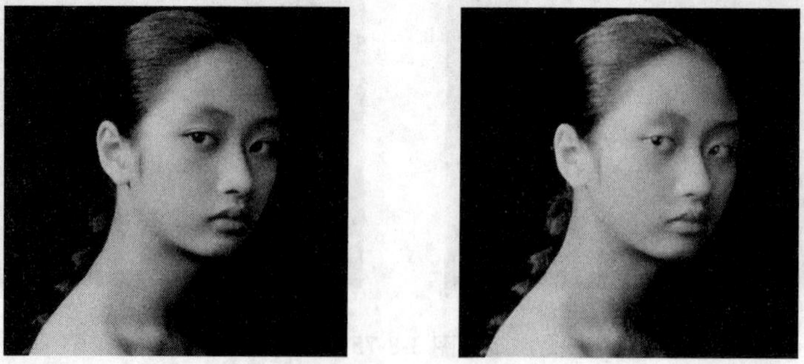

图 3-8-78

9.3 **最小值**

“最小值”滤镜对于修改蒙版非常有用。该滤镜具有伸展功能，可以扩展黑色区域，而收缩白色区域。如图 3-8-79 所示为应用该滤镜的前后对比效果。

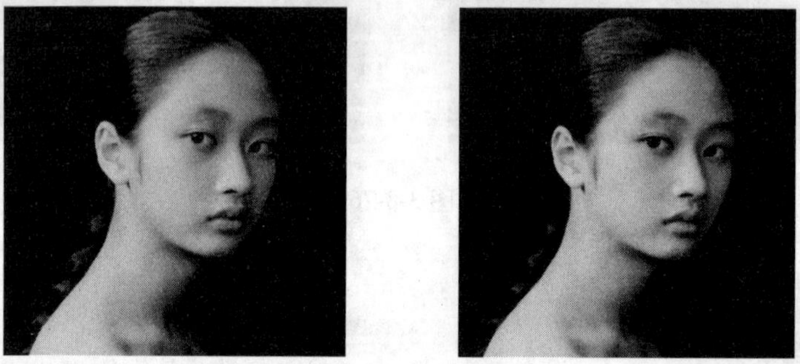

图 3-8-79

【学习情景】

1 任务描述

本任务是利用 Photoshop 制作金属效果的黄金立体字。本任务的设计方法适合海报、产品宣传等的设计与制作，通过本任务可以更好地掌握滤镜的操作方法和技巧。

2 任务执行

(1)新建文档“黄金立体字”，大小为 1024px × 768px，背景内容为“白色”。

(2)设置前景色为黑色，按“Alt + Delete”组合键用黑色填充背景图层。

(3)设置前景色为白色，在工具箱中选择横排文字工具，设置字体(选择一种较粗字体)，字号设为 72 点，输入文字“PS”，效果如图 3-8-80 所示。

(4)在菜单栏中选择“编辑/自由变换”命令，按住“Alt + Shift”组合键将文字等比例放大到合适位置，然后按“Enter”键确认。

(5)在菜单栏中单击“图层/栅格化/文字”命令，将文字栅格化。按住“Ctrl”键，同时在“图层”面板中单击“PS”图层，载入“PS”的选区，如图 3-8-81 所示。

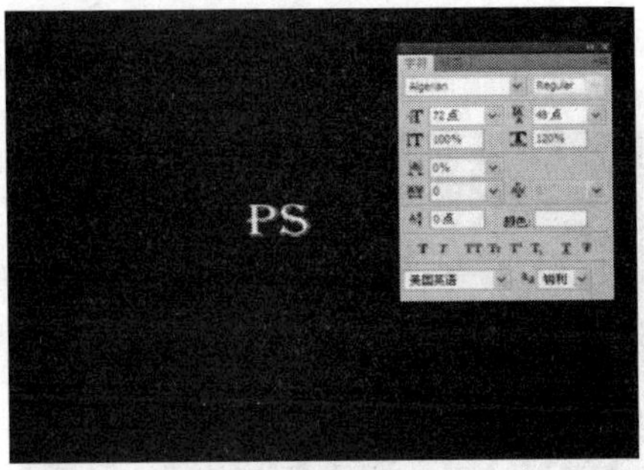

图 3-8-80

图 3-8-81

(6)在菜单栏中单击“窗口/通道”命令，打开“通道”面板，新建通道图层“Alpha1”，在菜单栏中单击“编辑/填充”命令，为其填充白色。“通道”面板如图 3-8-82 所示。

(7)保持“通道”面板中“Alpha1”的选中状态，执行“滤镜/模糊/高斯模糊”命令，打开“高斯模糊”对话框，设置半径为 3。

(8)按住快捷键“Ctrl + D”取消选区，打开“图层”面板，执行“滤镜/渲染/光照效果”命令，设置强度颜色为白色，着色颜色为白色，纹理通道选择“Alpha1”，如图 3-8-83 所示。效果如图 3-8-84 所示。

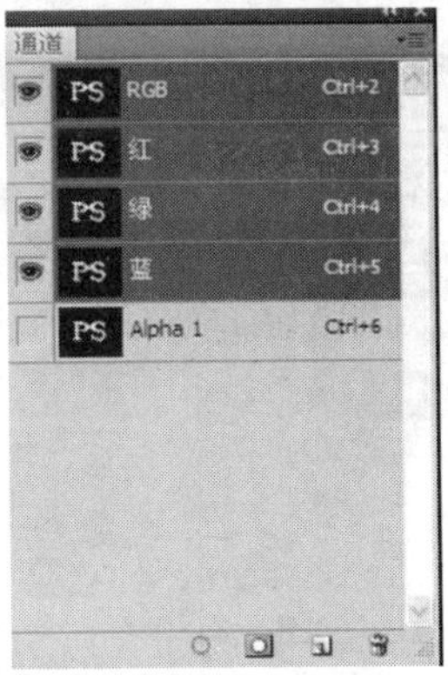

图 3-8-82

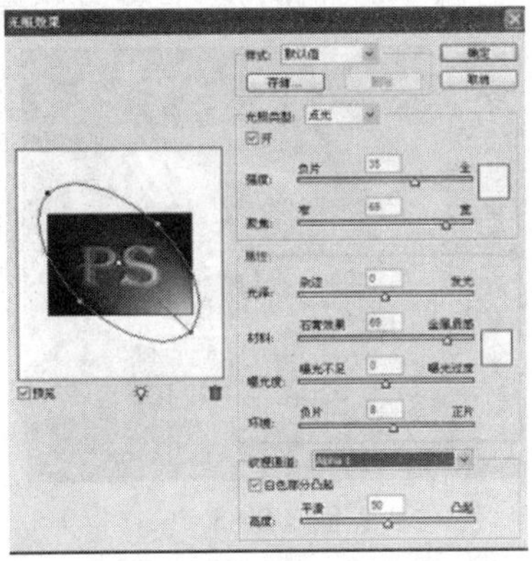

图 3-8-83

(9)执行“编辑/变换/透视”命令，拖动控制点变形文字，如图 3-8-85 所示。

图 3-8-84

图 3-8-85

(10)执行“图像/调整/曲线”命令，打开“曲线”对话框，用鼠标在曲线上单击，添加几个曲线点，设置如图 3-8-86 所示。调整后的效果如图 3-8-87 所示。

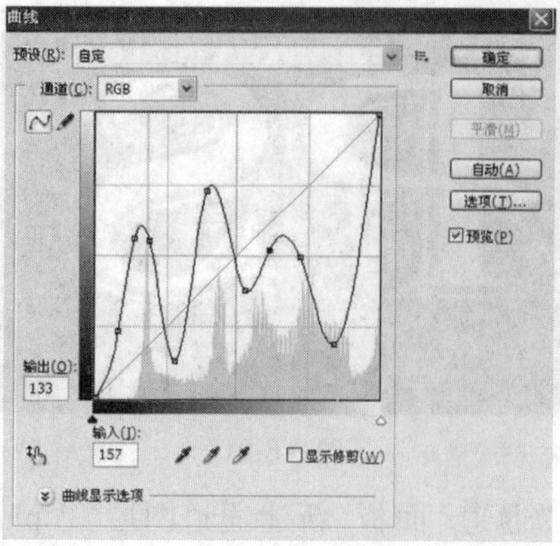

图 3-8-86

图 3-8-87

(11)在工具箱中选择移动工具，按“Alt + ←”键，将带有金属质感的图层复制并移动，效果如图 3-8-88 所示。重复此操作 25 次左右，然后将所有“PS”图层选中，按快捷键“Ctrl + E”合并所有选中图层。

(12)在“图层”面板上单击“创建色彩平衡调整图层”，“图层”面板如图 3-8-89 所示，“高光”、“中间调”、“阴影”各参数设置如图 3-8-90 所示。

图 3-8-88

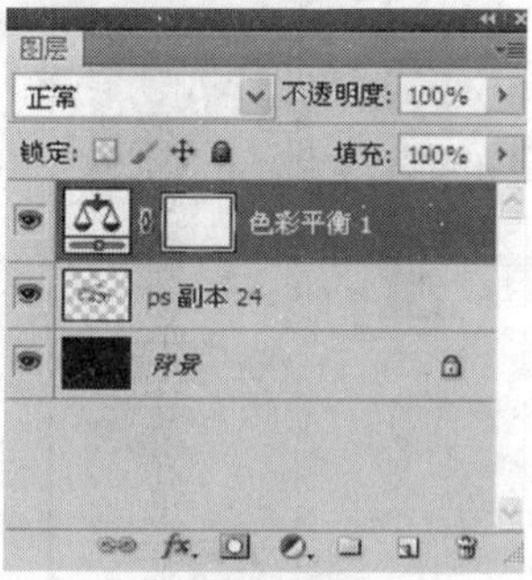

图 3-8-89

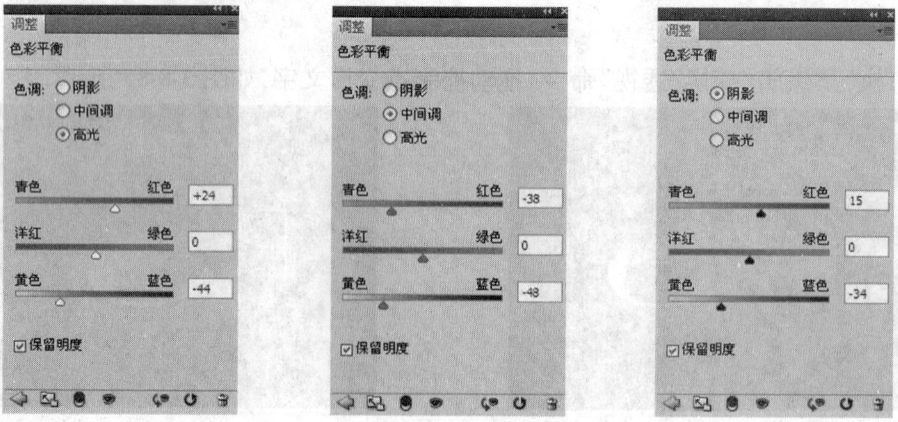

图 3-8-90

(13)最终效果如图 3-8-91 所示。

图 3-8-91

【任务小结】

通过本任务练习了“高斯模糊”滤镜、“光照效果”滤镜等滤镜工具的操作,很好地加强了对 Photoshop 技巧的理解。

【课后作业】

一、填空题

(1)滤镜不能应用于________或________的图像,有些滤镜只对________图像起作用。

(2)重复刚使用过的滤镜命令的快捷键是“____________”。

(3)滤镜库是多个滤镜组合在一起的组合面板,滤镜库提供的滤镜组有__________、__________、__________、__________、__________和__________。

(4)Photoshop 滤镜菜单中的风格化滤镜有________、________、________、________、________、________、________和________等滤镜。

二、基础实训题

(1)掌握滤镜库的基本操作。

(2)掌握常用滤镜的基本操作和技巧。

(3)自选两种滤镜为图像添加特殊效果。

项目四　绘制园林平面效果图素材

【项目概述】

园林中供休息、装饰、照明、展示和为园林管理及方便游人之用的小型建筑设施称为园林小品。园林小品一般没有内部空间，体量小巧，造型别致。园林小品既能美化环境，丰富园趣，为游人提供文化休息和公共活动的方便，又能使游人从中获得美的感受和良好的教益。

园林铺装是指用各种材料进行的地面铺砌装饰，其中包括园路、广场、活动场地、建筑地坪等。园林铺装不仅具有组织交通和引导游览的功能，还为人们提供了良好的休息、活动场地，同时还直接创造出优美的地面景观，给人以美的享受，增强了园林艺术效果。

任务一　绘制四角凉亭

【学习情景】

1　任务描述

本任务为绘制四角凉亭平面图，通过定义图案、复制图层、灵活使用选取工具、填充选区、调节色相/饱和度等来绘制，使读者掌握四角凉亭平面图的绘制过程。绘制的四角凉亭平面效果图如图 4-1-1 所示。

2　任务执行

（1）运行 Photoshop 软件，按“Ctrl + O”快捷键，打开素材文件中的木纹. jpg 文件，如图 4-1-2所示。

图 4-1-1　四角凉亭平面效果图

图 4-1-2　打开后的素材文件

(2)双击背景图层，把背景图层转换为“图层 0”，如图 4-1-3 所示。

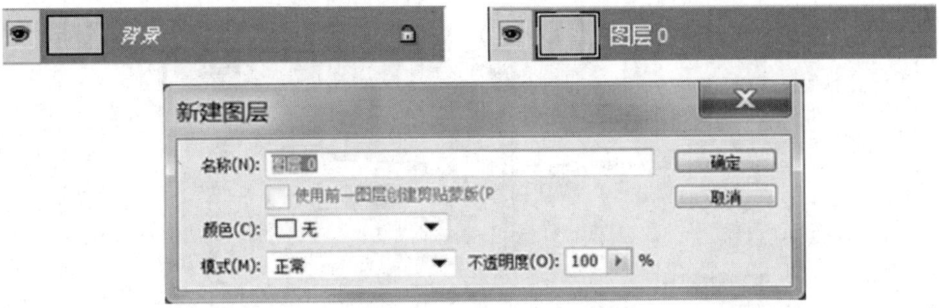

图 4-1-3　图层的转换

提示：要想得到透明背景，必须转换背景图层为普通图层。

(3)按“Ctrl + A”快捷键，对转换后的图层进行全选，执行“编辑/定义图案”命令，把木纹素材定义为图案，如图 4-1-4 所示。

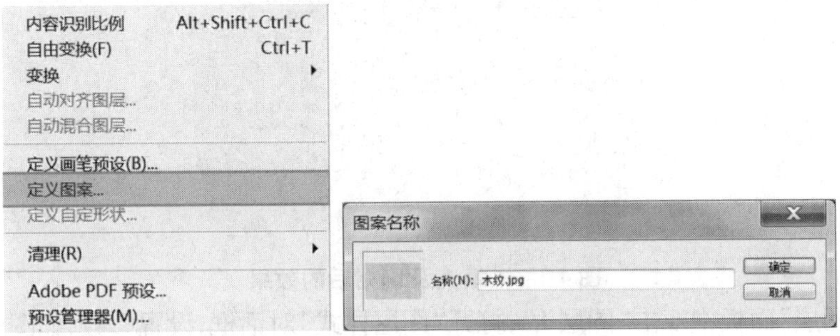

图 4-1-4　定义图案

(4)按“Ctrl + N”快捷键，新建画布，参数设置如图 4-1-5 所示。

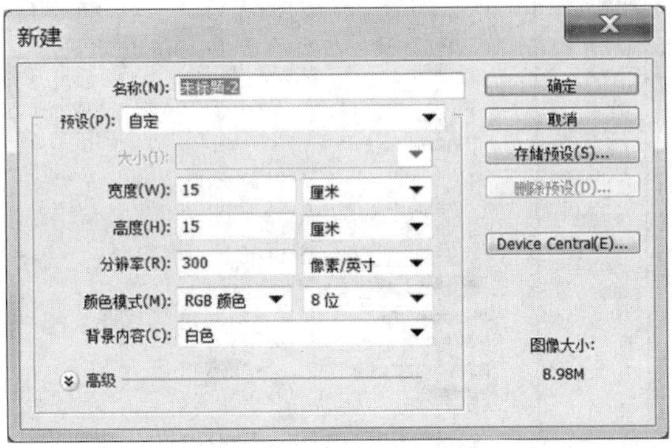

图 4-1-5　画布参数设置

(5)点击工具栏中的“矩形选框工具”按钮，在参数栏设置参数，如图 4-1-6 所示。

图 4-1-6　矩形选框工具参数设置

(6)新建“图层 1”，确认“图层 1”处于选中状态，在画布上绘制矩形选区并调整位置，执行“编辑/填充”命令，弹出“填充”对话框，选择定义的木纹材质，对选区进行填充，如图 4-1-7所示。

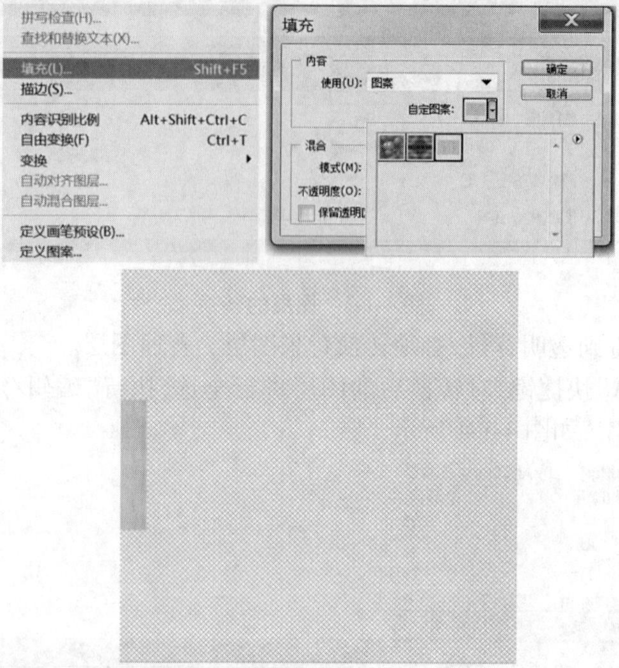

图 4-1-7　填充及填充后的效果

（7）在“图层”面板中双击“图层 1”，打开“图层样式”对话框，设置参数，如图 4-1-8 所示。

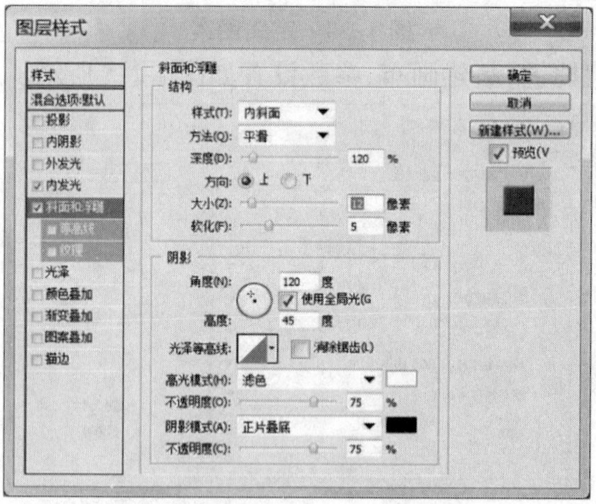

图 4-1-8　图层样式参数设置

（8）按“Ctrl + J”快捷键，快速复制“图层 1”，对所复制的图层进行调整，形成拼接木纹，如图 4-1-9 所示。

（9）把拼接好的木纹定义为图案，以备后用。

（10）按“Ctrl + N”快捷键，新建画布，参数如图 4-1-10 所示。

（11）点击工具栏中的“矩形选框工具”按钮，在参数栏设置参数，如图 4-1-11 所示。

图 4-1-9　拼接木纹

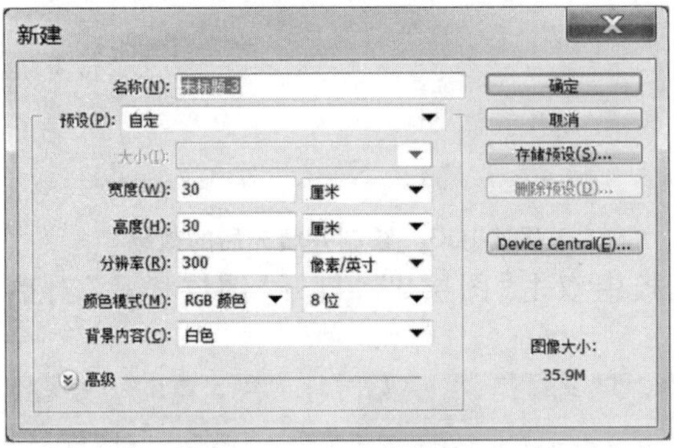

图 4-1-10　新建画布

图 4-1-11　矩形选框参数设置

(12)新建“图层 1”,利用矩形选框工具在“图层 1”中绘制选区,并填充木纹图案,如图 4-1-12 所示。

图 4-1-12　绘制并填充图案后的选区

(13)按“Ctrl + D”快捷键,取消选区,新建“图层 2”,确保“图层 2”处于选中状态,点击工具栏中的“多边形套索工具”按钮,在“图层 2”中绘制选区并填充前面定义的拼接木纹图案,如图 4-1-13 所示。

图 4-1-13　绘制并填充后的效果

(14)在“图层”面板中双击“图层 1”,打开“图层样式”对话框,设置参数,效果如图 4-1-14 所示。

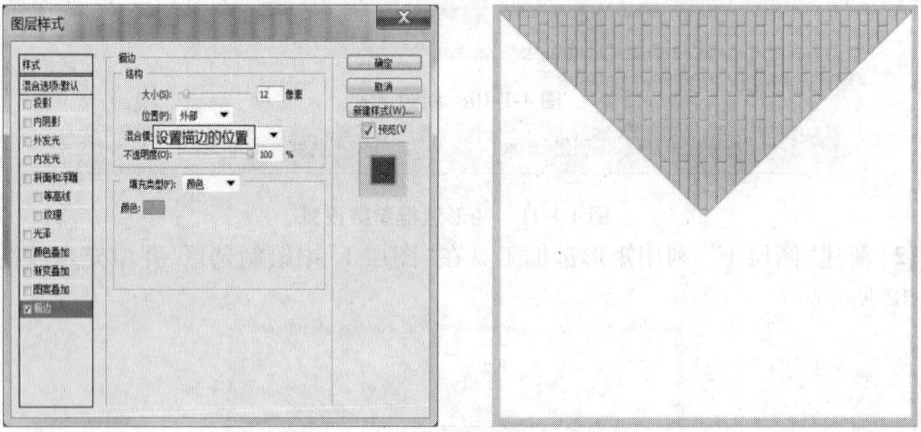

图 4-1-14　图层样式设置及效果

(15)按“Ctrl + J”快捷键,复制“图层 2”,单击鼠标右键,选择“垂直翻转”,将复制的图层进行垂直翻转,并调整位置。按“Ctrl + U”快捷键,调出“色相/饱和度”对话框,调整参数,效果如图 4-1-15 所示。

(16)同上述方法一样,绘制左右两边,效果如图 4-1-16 所示。

(17)执行“文件/存储为”命令,将图片分别存储为四角木亭. jpeg 和四角木亭. psd 文件。

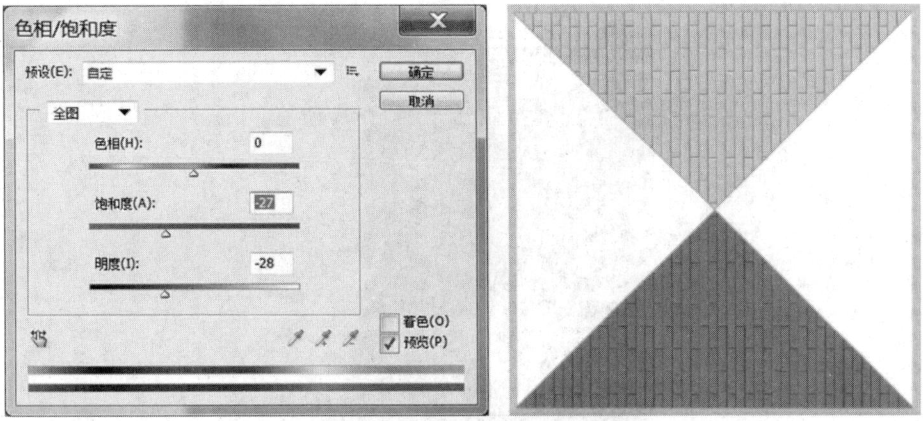

图 4-1-15　调整参数及调整后的效果

图 4-1-16　最终效果

任务二　绘制花架

【学习情景】

1　任务描述

本任务为绘制花架平面图，通过使用滤镜工具、设置图层样式、拷贝图层样式、粘贴图层样式等来绘制，使读者掌握花架平面图的绘制过程。绘制的花架平面效果图如图 4-2-1 所示。

2　任务执行

（1）运行 Photoshop 软件，按“Ctrl + N”快捷键，新建文件，参数设置如图 4-2-2 所示。设置前景色（RGB：99，59，24），按“Alt + Delete”快捷键，填充前景色，如图 4-2-3 所示。

图 4-2-1　花架平面效果图

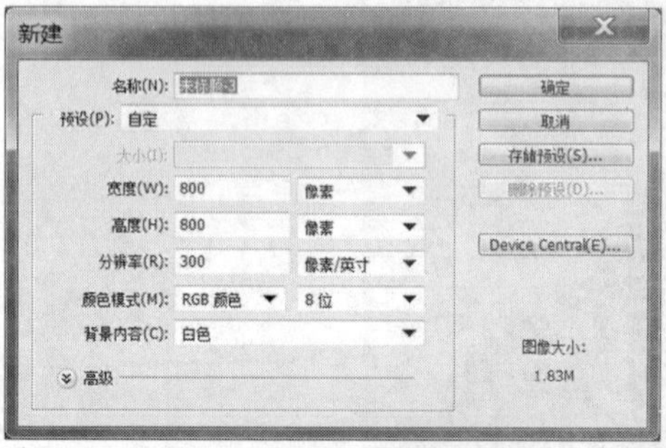

图 4-2-2　新建文件参数设置

图 4-2-3　填充前景色后的效果

(2)执行“滤镜/杂色/添加杂色”命令,参数设置如图 4-2-4 所示,单击“确定”按钮,效果如图 4-2-5 所示。

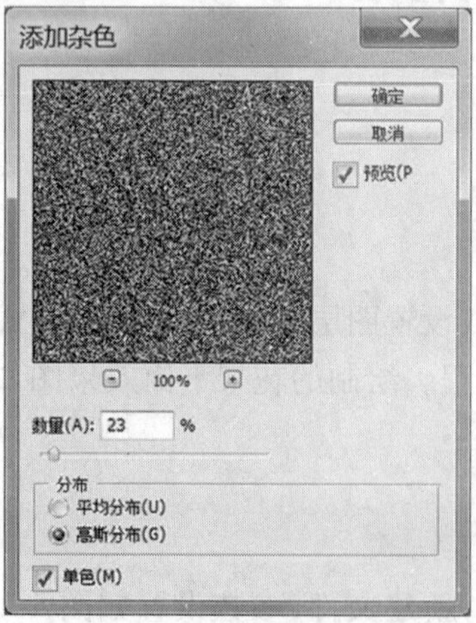

图 4-2-4　添加杂色参数设置

图 4-2-5　添加杂色后的效果

(3)执行“滤镜/扭曲/玻璃”命令,参数设置如图 4-2-6 所示,单击“确定”按钮,效果如图 4-2-7 所示。

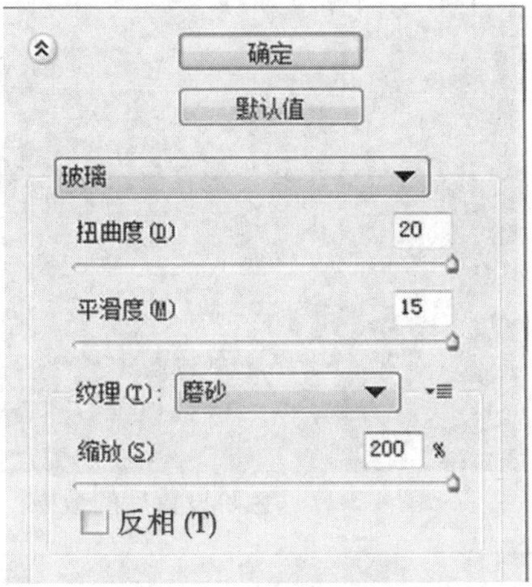

图 4-2-6　玻璃参数设置

图 4-2-7　添加玻璃后的效果

(4)执行“滤镜/模糊/动感模糊”命令,参数设置如图 4-2-8 所示,单击“确定”按钮,效果如图 4-2-9 所示。

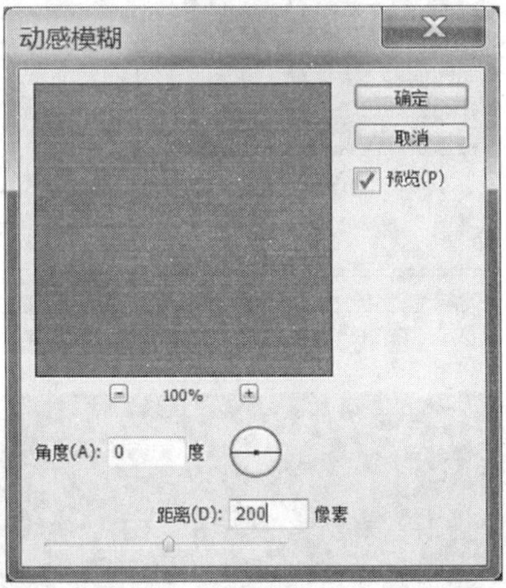

图 4-2-8　动感模糊参数设置

图 4-2-9　添加动感模糊后的效果

(5)按“Ctrl + L”快捷键,打开“色阶”对话框,参数设置如图 4-2-10 所示,单击“确定”按钮,效果如图 4-2-11 所示。

(6)按“Ctrl + J”快捷键,复制图层,在复制后的图层上绘制一个矩形选区,如图 4-2-12所示。执行“滤镜/扭曲/旋转扭曲”命令,参数设置如图 4-2-13 所示,单击“确定”按钮,效果如图 4-2-14 所示。再连续执行两次“旋转扭曲”命令,效果如图 4-2-15 所示。

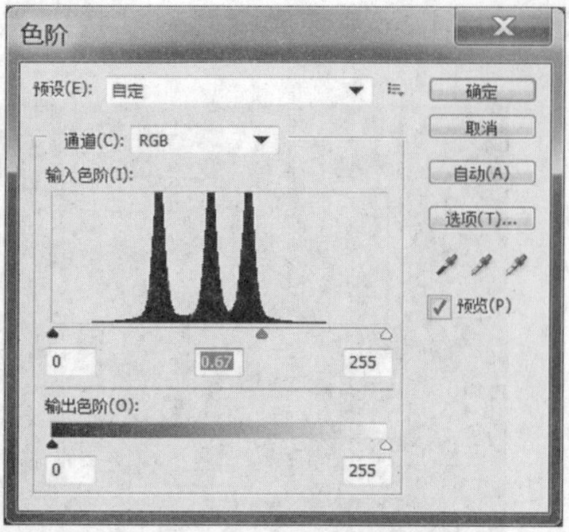

图 4-2-10　色阶参数设置

图 4-2-11　色阶设置后的效果

图 4-2-12　绘制矩形选区

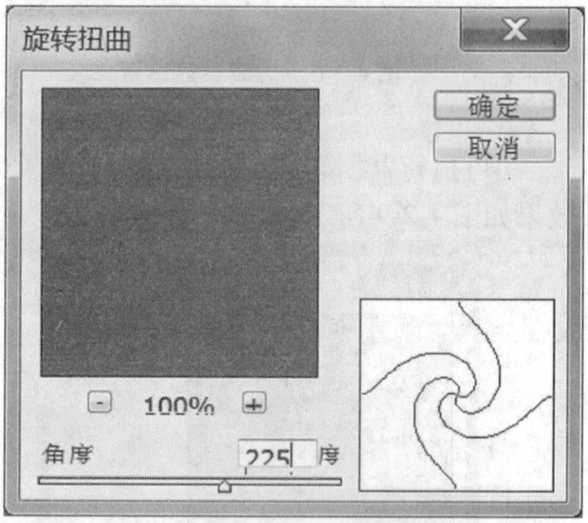

图 4-2-13　旋转扭曲参数设置

图 4-2-14　旋转扭曲后的效果

图 4-2-15　再连续旋转扭曲两次后的效果

（7）执行“文件/存储为”命令，将图片保存为木纹. jpeg。

（8）按“Ctrl + N”快捷键，新建文件，参数设置如图 4-2-16 所示。将前景色设置为浅绿色，按“Alt + Delete”快捷键，填充前景色。新建图层，点击“矩形选框工具”按钮，绘制一个矩形选区。打开刚才绘制的木纹材质，将其定义为图案，填充到矩形选区中，如图 4-2-17 所示。

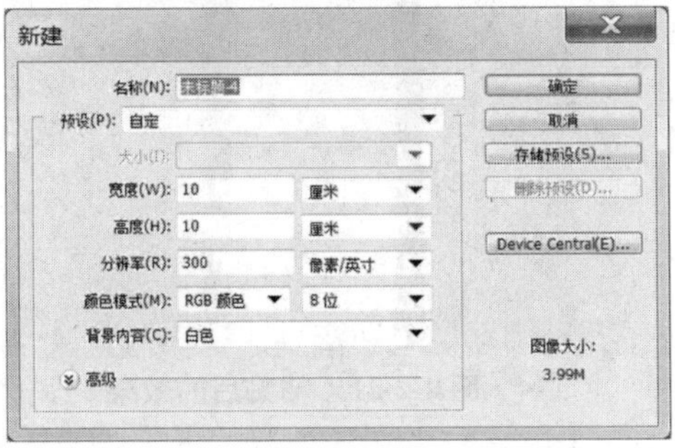

图 4-2-16　新建文件参数设置

图 4-2-17　填充图案后的效果

（9）双击“图层 1”，打开“图层样式”对话框，投影参数设置如图 4-2-18 所示，斜面和浮雕参数设置如图 4-2-19 所示。

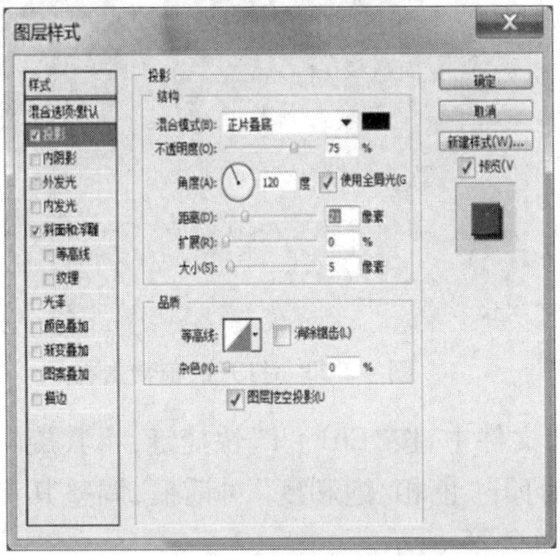

图 4-2-18　投影参数设置

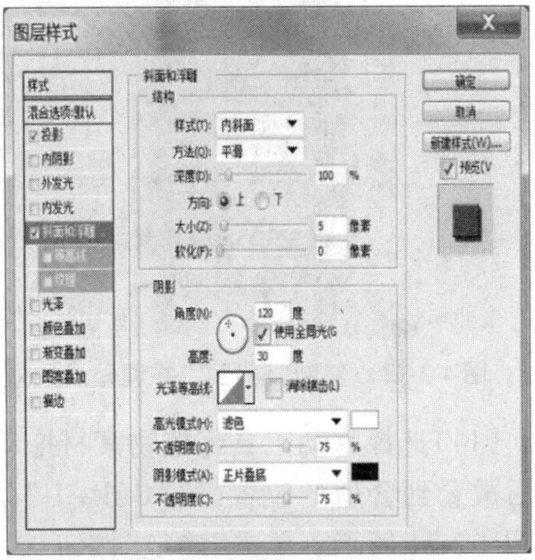

图 4-2-19　斜面和浮雕参数设置

（10）按“Ctrl + J”快捷键，复制“图层 1”并调整其位置，效果如图 4-2-20 所示。

（11）在“图层 1 副本”上方新建“图层 2”，点击“矩形选框工具”按钮，绘制一个矩形选区。将木纹材质填充到矩形选区中。右键单击“图层 1”，执行“拷贝图层样式”命令。右键再单击“图层 2”，执行“粘贴图层样式”命令，效果如图 4-2-21 所示。

（12）按“Ctrl + J”快捷键，将“图层 2”复制 17 个并调整其位置，效果如图 4-2-22 所示。

（13）按“Ctrl + O”快捷键，打开素材文件中的植物. psd 文件，如图 4-2-23 所示。

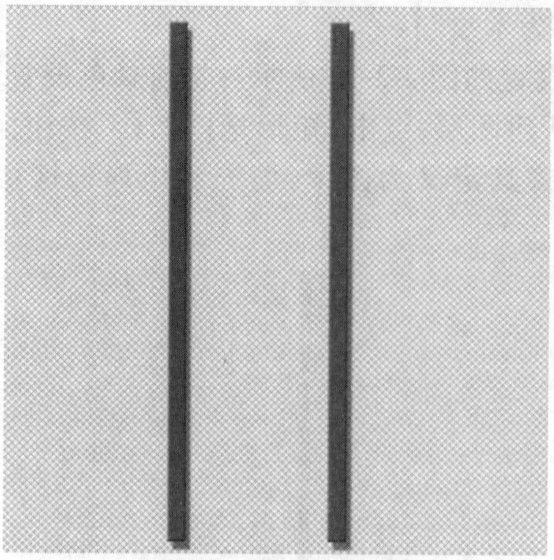

图 4-2-20　复制“图层 1”并调整后的效果

图 4-2-21　粘贴后的效果

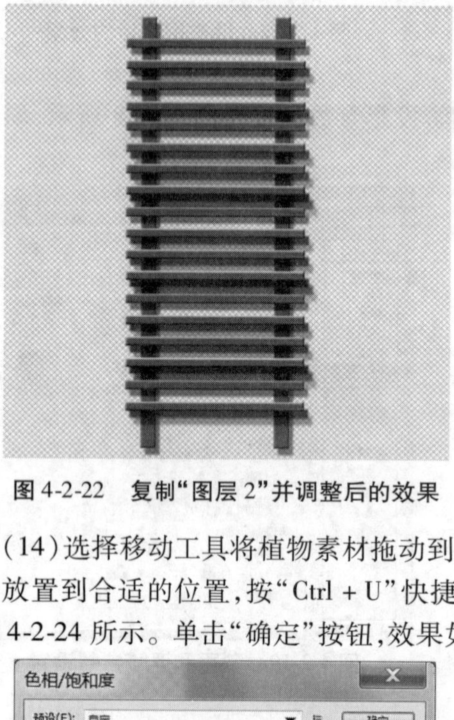

图 4-2-22　复制“图层 2”并调整后的效果

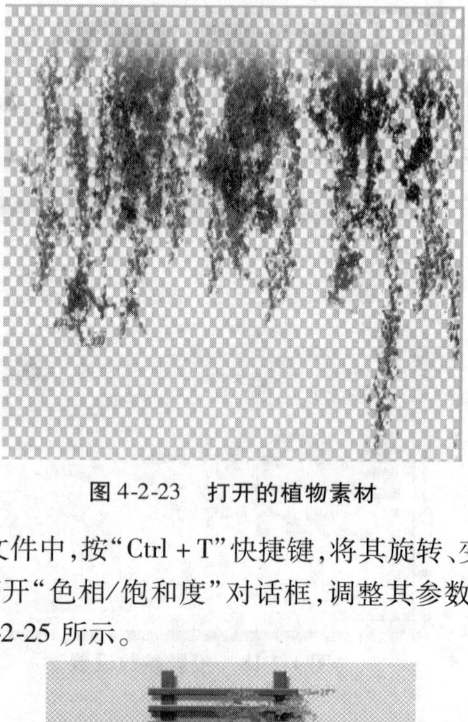

图 4-2-23　打开的植物素材

(14)选择移动工具将植物素材拖动到花架文件中，按“Ctrl + T”快捷键，将其旋转、变形后放置到合适的位置，按“Ctrl + U”快捷键，打开“色相/饱和度”对话框，调整其参数，如图 4-2-24 所示。单击“确定”按钮，效果如图 4-2-25 所示。

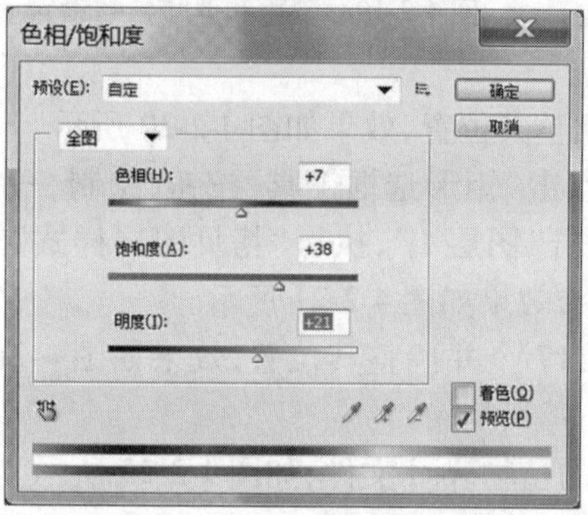

图 4-2-24　调整色相/饱和度

图 4-2-25　调整后的效果

（15）复制“植物”图层，按“Ctrl + T”快捷键，将其翻转、变形后放置到合适的位置，如图 4-2-26 所示。

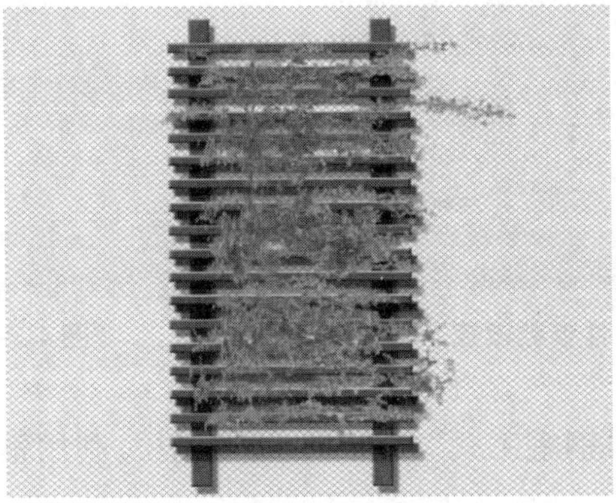

图 4-2-26　最终效果

（16）执行“文件/存储为”命令，将图片分别存储为花架. jpeg 和花架. psd 文件。

任务三　绘制八角凉亭

【学习情景】

1　任务描述

本任务为绘制八角凉亭平面图，通过使用自由形变工具、钢笔工具，设置图层样式，拷贝图层样式，粘贴图层样式等来绘制，使读者掌握八角凉亭平面图的绘制过程。绘制的八角凉亭平面效果图如图 4-3-1 所示。

图 4-3-1　八角凉亭平面效果图

2　任务执行

（1）运行 Photoshop 软件，按“Ctrl + N”快捷键，新建文件，参数设置如图 4-3-2 所示。按“Ctrl + R”快捷键，调用标尺，在画布中分别绘制水平和垂直的辅助线，如图 4-3-3 所示。

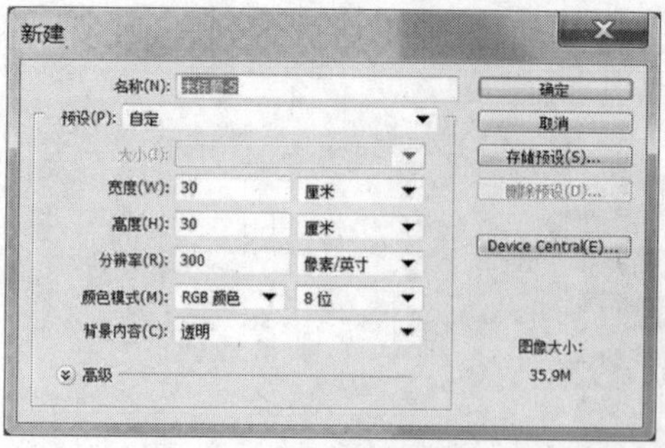

图 4-3-2　新建文件参数设置

图 4-3-3　绘制辅助线

(2)点击工具栏中的“钢笔工具”按钮，新建图层，利用钢笔工具在画布上绘制路径，如图 4-3-4 所示。

图 4-3-4　绘制路径

(3)按“Ctrl + T”快捷键，将自由变换方框正中心的点移动到辅助线的交点上，如图 4-3-5所示。在参数栏输入旋转角度，如图 4-3-6 所示。

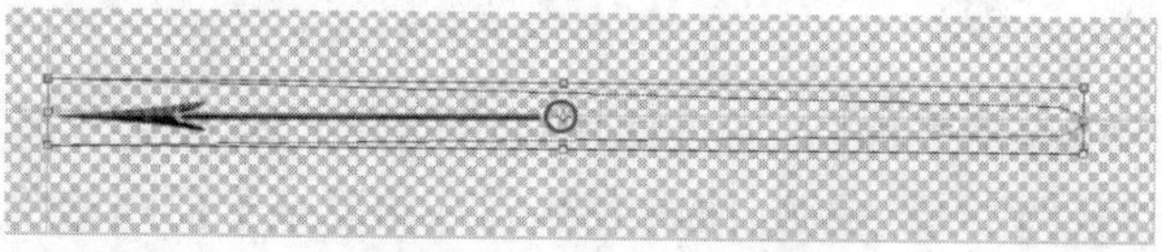

图 4-3-5　移动中心点

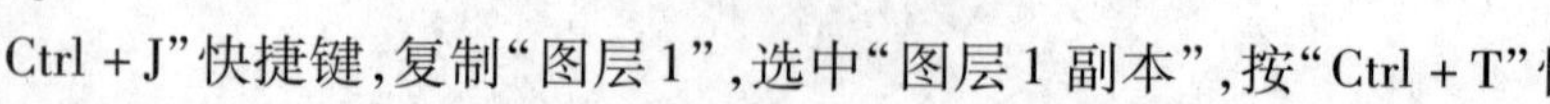

图 4-3-6　输入旋转角度

(4)按“Ctrl + Enter”快捷键，将路径转换为选区。将前景色设置为黄色，按“Alt + Delete”快捷键，填充前景色，效果如图 4-3-7 所示。

(5)在“图层”面板上，用鼠标双击“图层 1”，弹出“图层样式”对话框，参数设置如图 4-3-8 所示。

(6)按“Ctrl + J”快捷键，复制“图层 1”，选中“图层 1 副本”，按“Ctrl + T”快捷键，将自由变换方框正中心的点移动到辅助线的交点上。在参数栏“旋转”方框中输入“ - 45”，效果如图 4-3-9 所示。

(7)点击工具栏中的“钢笔工具”按钮，新建图层，利用钢笔工具在画布上绘制路径，如图 4-3-10 所示。

(8)按“Ctrl + Enter”快捷键，将路径转换为选区。按“Ctrl + O”快捷键，打开素材中的红色琉璃瓦. jpeg 文件，将其定义为图案，新建“图层 2”，把图案填充到选区中，效果如图 4-3-11 所示。

图 4-3-7　填充后的效果

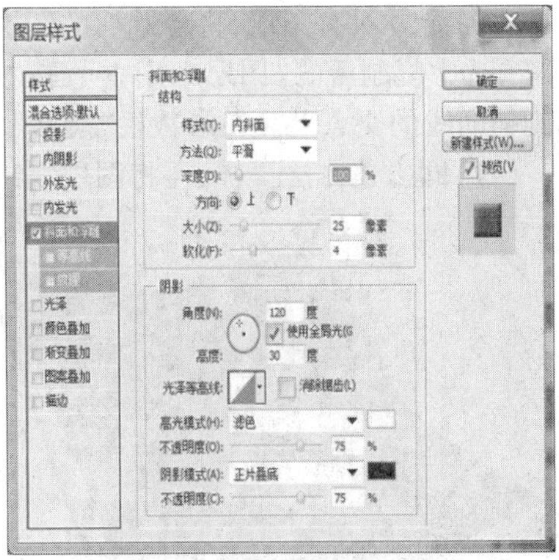

图 4-3-8　设置图层样式参数

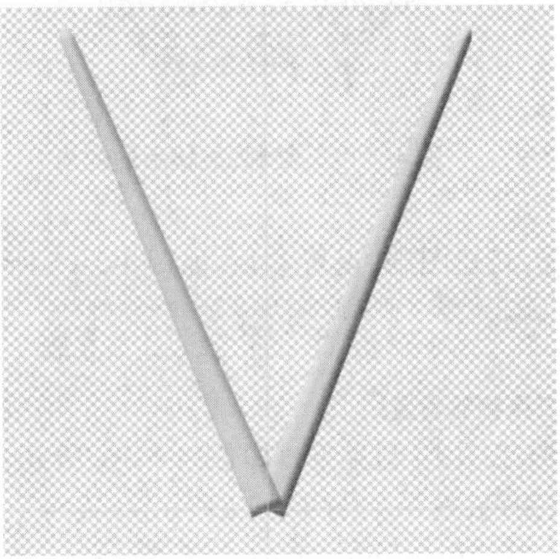

图 4-3-9　旋转后的效果

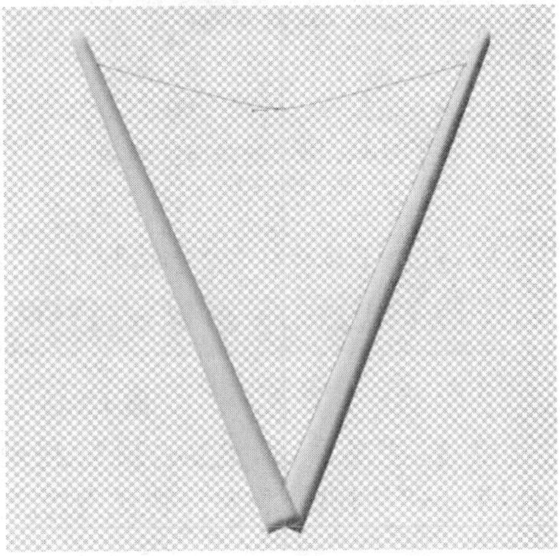

图 4-3-10　绘制路径

(9)按"Ctrl + D"快捷键,取消选区,同时删除"图层 1 副本",效果如图 4-3-12 所示。

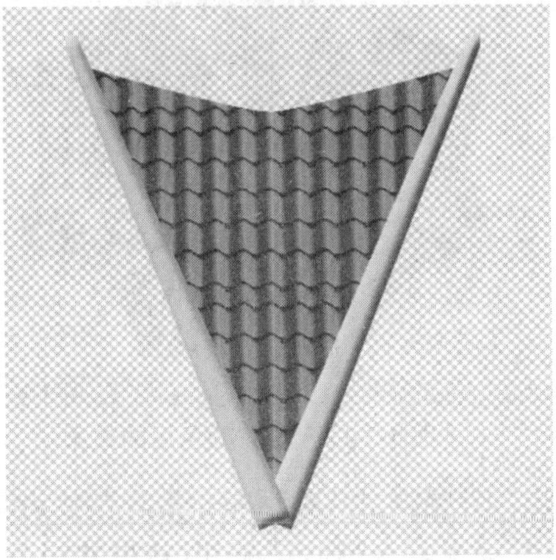

图 4-3-11　填充图案后的效果

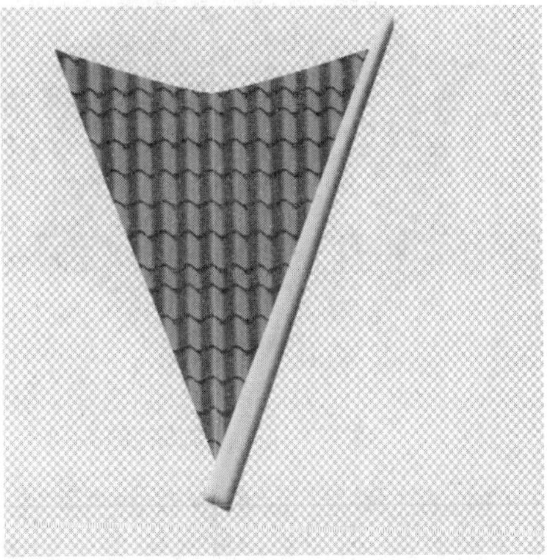

图 4-3-12　删除"图层 1 副本"后的效果

(10)合并所有图层，将合并后的图层命名为“图层 1”。按“Ctrl + J”快捷键，复制“图层 1”，选中复制后的“图层 1 副本”，按“Ctrl + T”快捷键，将自由变换方框正中心的点移动到辅助线的交点上。在参数栏“旋转”方框中输入“－45”，效果如图 4-3-13 所示。

(11)同上述方法一样，再将图层复制、旋转，效果如图 4-3-14 所示。

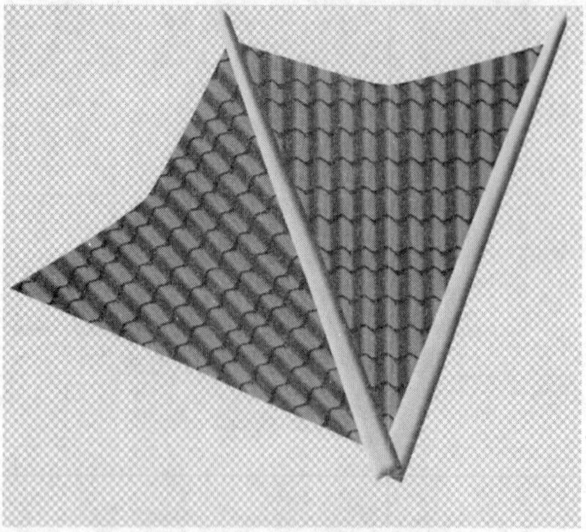

图 4-3-13　旋转后的效果

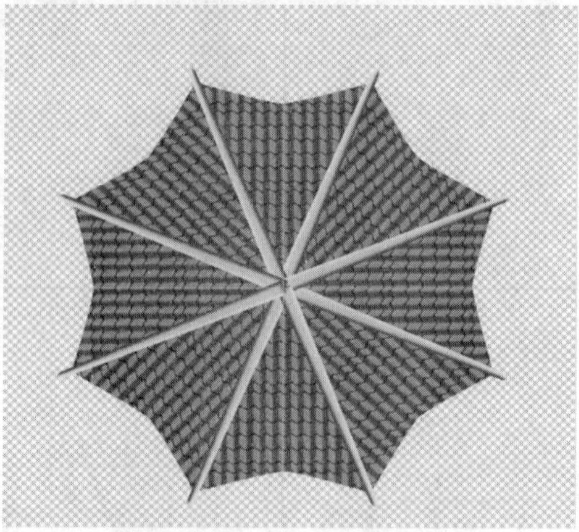

图 4-3-14　复制、旋转后的效果

(12)点击工具栏中的“多边形工具”按钮，新建图层，设置参数，如图 4-3-15 所示。

图 4-3-15　多边形工具参数设置

(13)新建图层，命名为“顶”，利用多边形工具绘制路径，如图 4-3-16 所示。按“Ctrl + Enter”快捷键，将路径转换为选区并填充颜色，效果如图 4-3-17 所示。

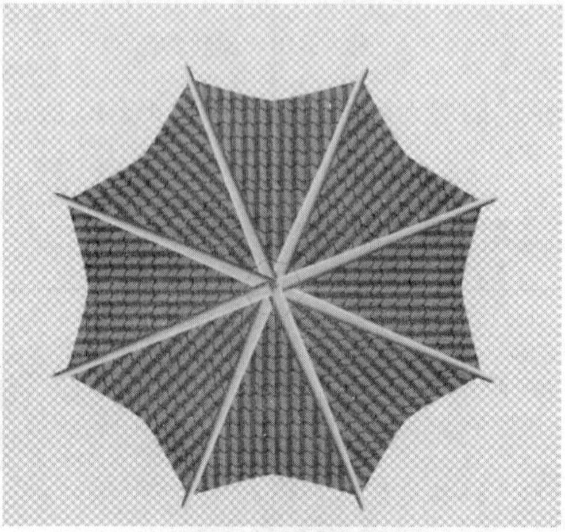

图 4-3-16　绘制路径

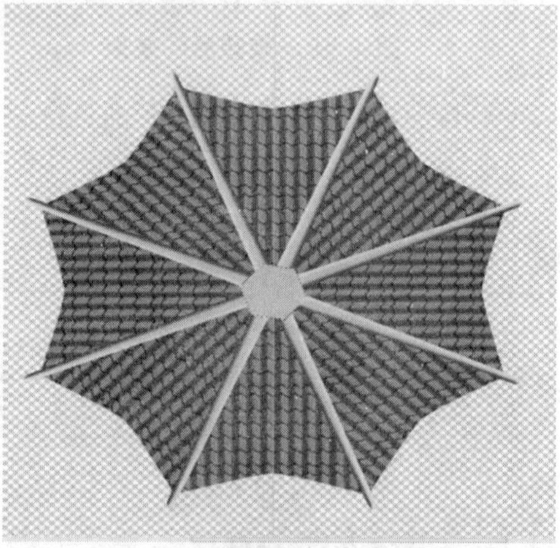

图 4-3-17　填充颜色后的效果

(14)在“图层”面板中双击“顶”图层，弹出“图层样式”对话框，投影参数设置如图 4-3-18所示，斜面和浮雕参数设置如图 4-3-19 所示。单击“确定”按钮，效果如图 4-3-20 所示。

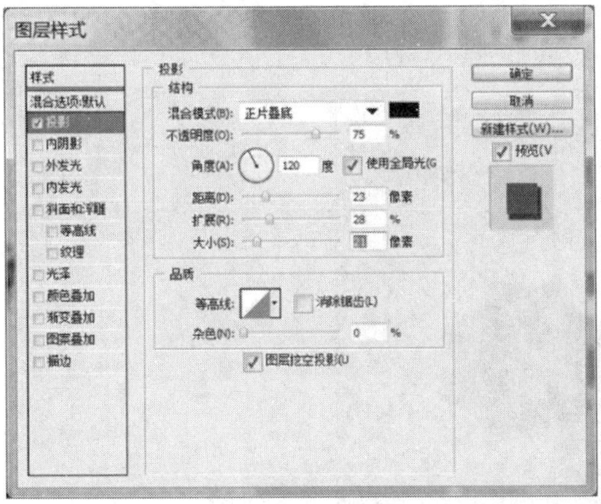

图 4-3-18　“顶”图层投影参数设置

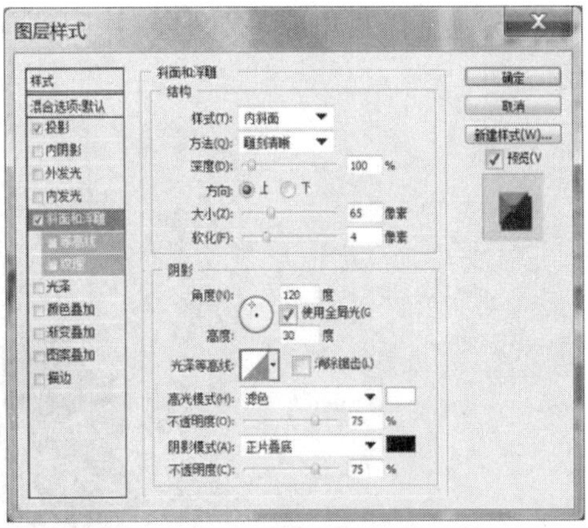

图 4-3-19　斜面和浮雕参数设置

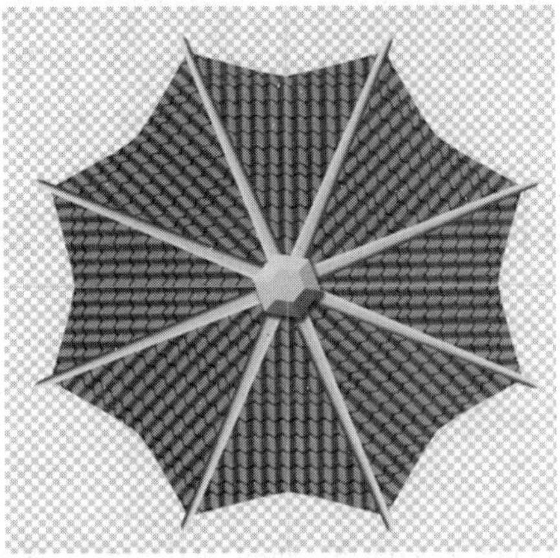

图 4-3-20　设置完图层样式的效果

(15)合并所有图层,将新图层命名为“八角凉亭”,在“图层”面板中双击“八角凉亭”图层,弹出“图层样式”对话框,投影参数设置如图 4-3-21 所示。单击“确定”按钮,效果如图 4-3-22 所示。

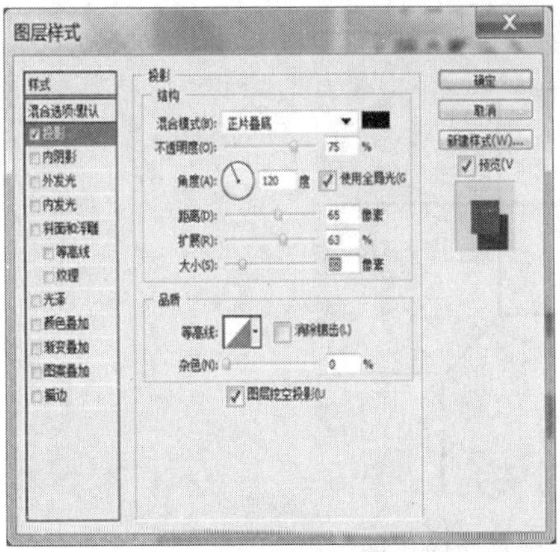

图 4-3-21　“八角凉亭”图层投影参数设置

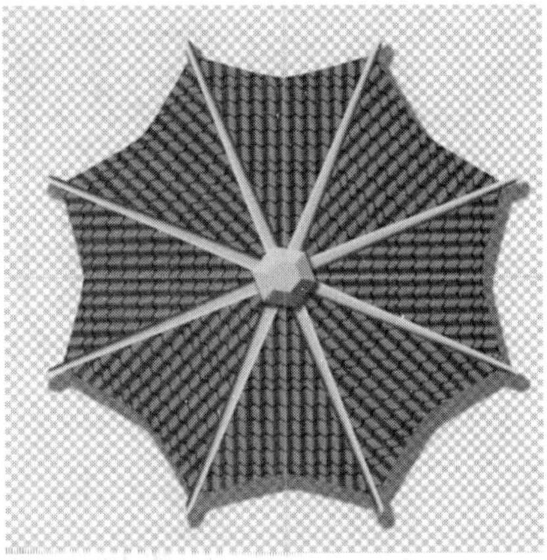

图 4-3-22　投影效果

(16)复制“八角凉亭”图层,并调整其大小和位置,移除辅助线,最终效果如图 4-3-23 所示。

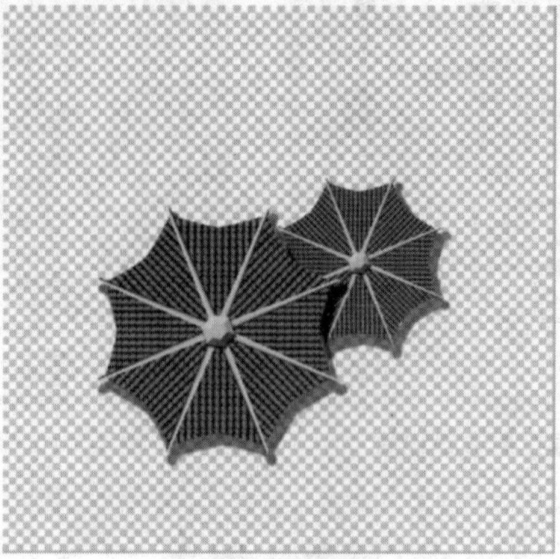

图 4-3-23 最终效果

任务四 绘制方形大理石铺装

【学习情景】

1 任务描述

本任务为绘制方形大理石铺装平面图,通过使用“定义图案”和“填充图案”命令、画笔工具、滤镜工具等来绘制,使读者掌握方形大理石铺装平面图的绘制过程。绘制的方形大理石铺装平面效果图如图 4-4-1 所示。

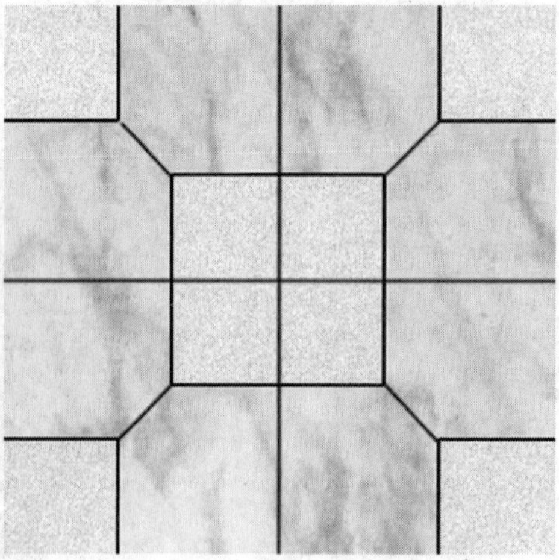

图 4-4-1 方形大理石铺装平面效果图

2　任务执行

(1)运行 Photoshop 软件,按"Ctrl + N"快捷键,新建文件,参数设置如图 4-4-2 所示。按"Ctrl + R"快捷键,调用标尺,在画布中分别绘制水平和垂直的辅助线,如图 4-4-3 所示。

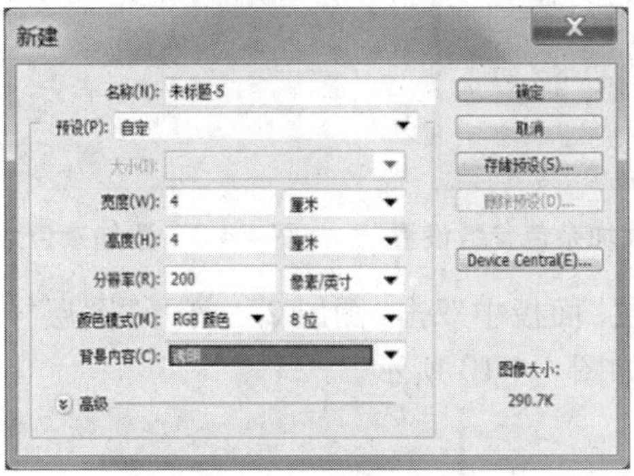

图 4-4-2　新建文件参数设置

图 4-4-3　绘制辅助线

(2)按"Ctrl + O"快捷键,打开素材中的黄色大理石. jpeg 文件,将其定义为图案,新建"图层 1",进行图案填充,效果如图 4-4-4 所示。

图 4-4-4　填充图案效果

(3)点击工具栏中的"矩形选框工具"按钮,在参数栏设置参数,如图 4-4-5 所示。

图 4-4-5　设置矩形选框工具参数

(4)新建"图层 2",确保"图层 2"处于选择状态,在画布的左上角绘制矩形选区,设置前景色,如图 4-4-6 所示。按"Alt + Delete"快捷键,填充前景色,执行"滤镜/杂色/添加杂色"命令,参数设置如图 4-4-7 所示。单击"确定"按钮,效果如图 4-4-8 所示。

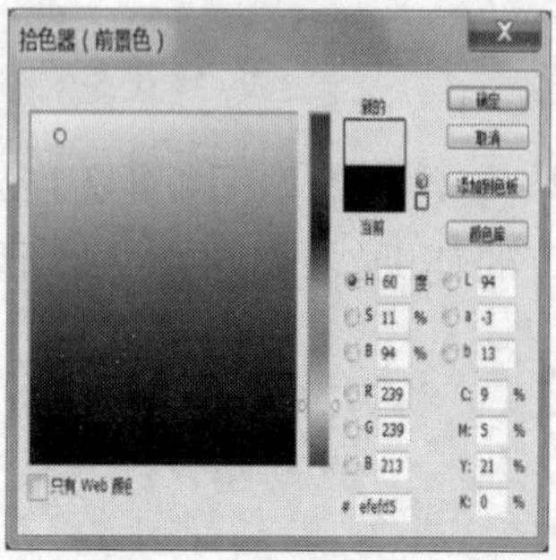

图 4-4-6　设置前景色

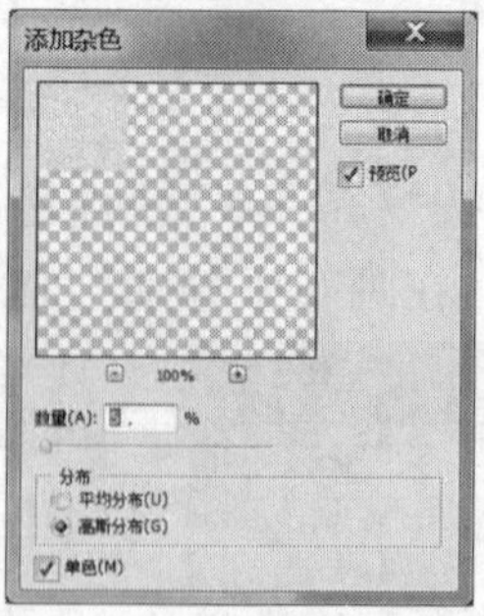

图 4-4-7　添加杂色参数设置

图 4-4-8　添加杂色效果

(5)按“Ctrl + D”快捷键,取消选区,在“图层”面板中双击“图层 2”,打开“图层样式”对话框,设置描边参数,如图 4-4-9 所示。效果如图 4-4-10 所示。

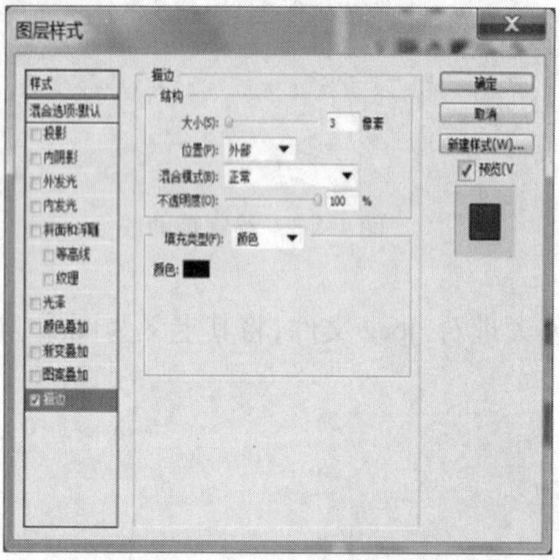

图 4-4-9　描边参数设置

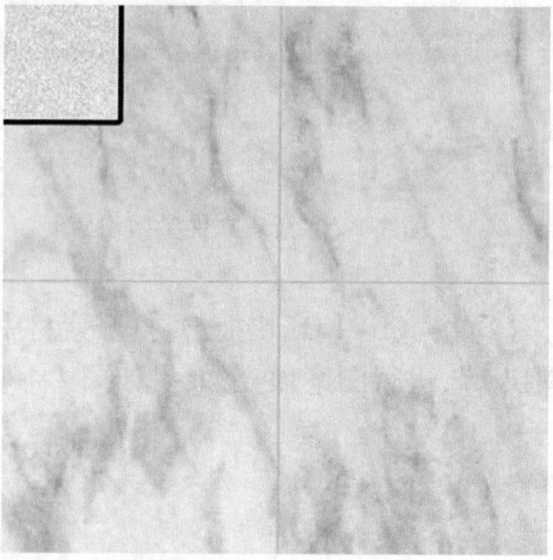

图 4-4-10　描边效果

(6)按“Ctrl + J”快捷键,连续复制“图层 2”,调整复制后图像的位置,如图 4-4-11 所示。

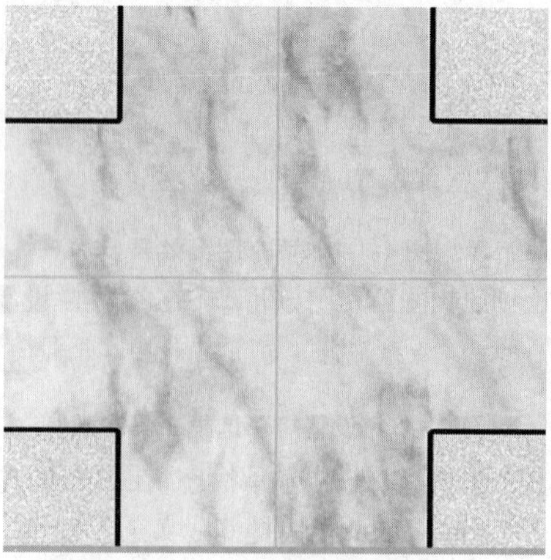

图 4-4-11　复制、调整位置后效果

（7）新建“图层 3”，确保“图层 3”处于选择状态，在画布的中心绘制矩形选区，设置前景色，如图 4-4-12 所示。按“Alt + Delete”快捷键，填充前景色，执行“滤镜/杂色/添加杂色”命令，参数设置如图 4-4-13 所示。单击“确定”按钮，效果如图 4-4-14 所示。

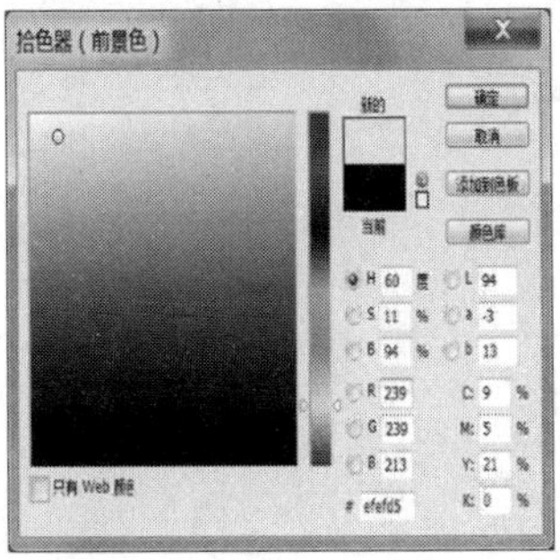

图 4-4-12　设置前景色

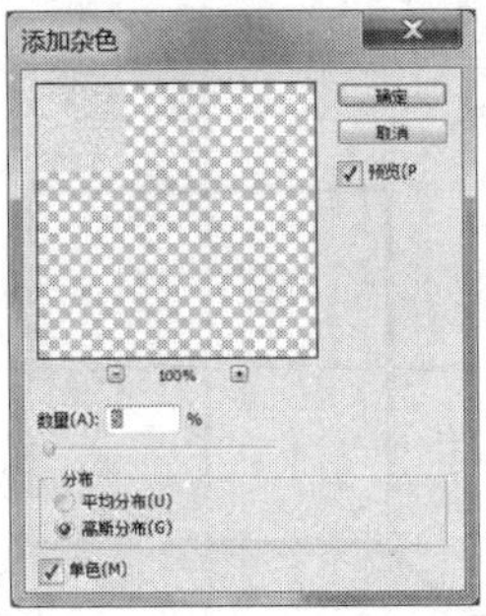

图 4-4-13　添加杂色参数设置

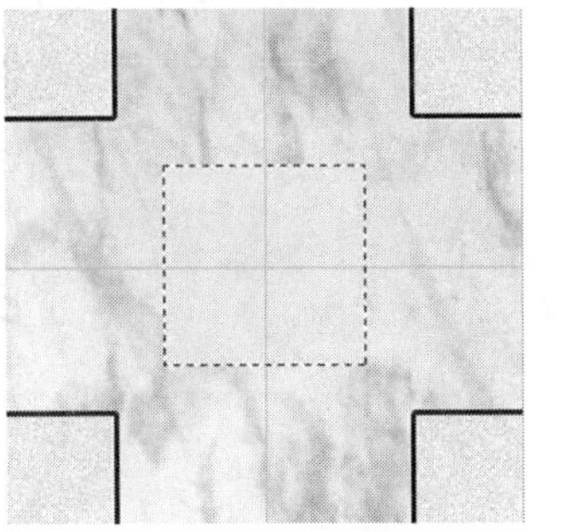

图 4-4-14　添加杂色效果

（8）按“Ctrl + D”快捷键，取消选区，在“图层”面板中双击“图层 3”，打开“图层样式”对话框，设置描边参数，如图 4-4-15 所示。效果如图 4-4-16 所示。

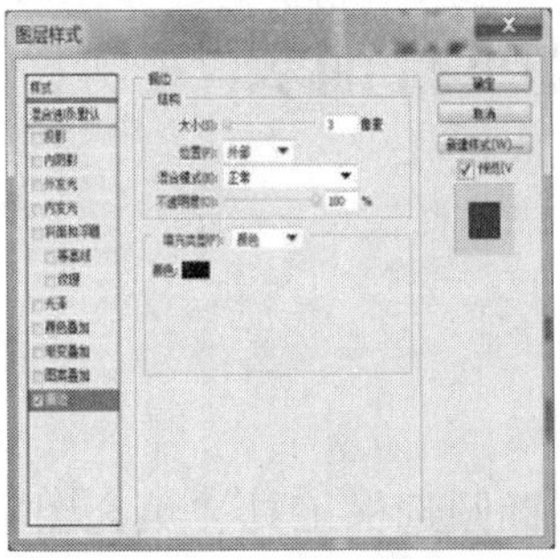

图 4-4-15　描边参数设置

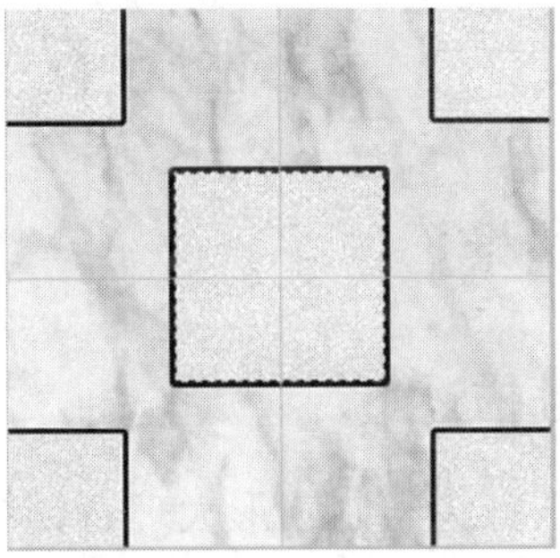

图 4-4-16　描边效果

（9）点击工具栏中的“画笔工具”按钮，在参数栏设置参数，如图 4-4-17 所示。新建“图层 4”，设置前景色，利用画笔工具绘制直线，如图 4-4-18 所示。

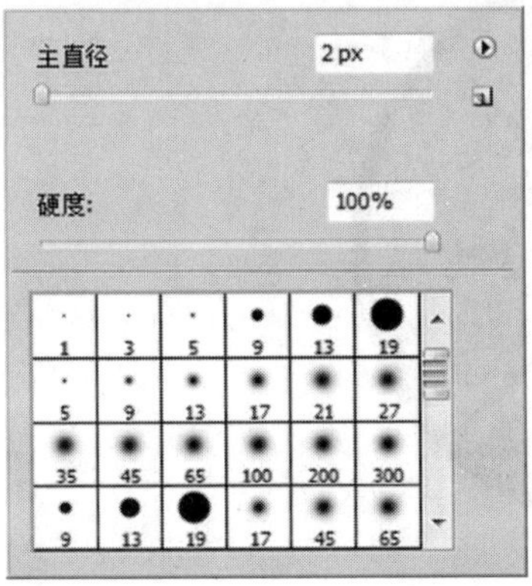

图 4-4-17　画笔工具参数设置

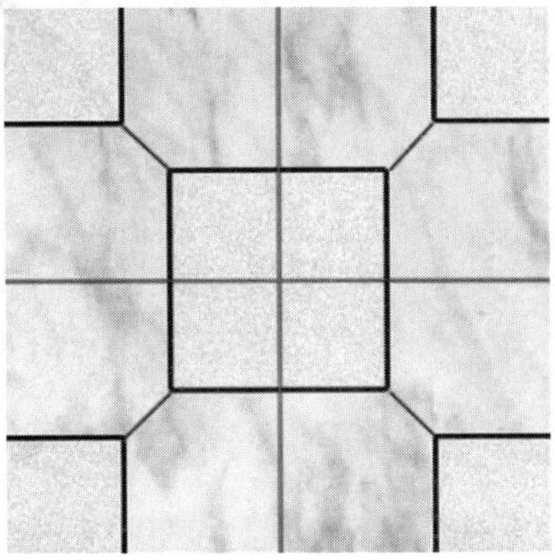

图 4-4-18　绘制后效果

(10)移除辅助线,执行"文件/存储为"命令,将图片分别存储为大理石铺装. jpeg 和大理石铺装. psd 文件。最终效果如图 4-4-19 所示。

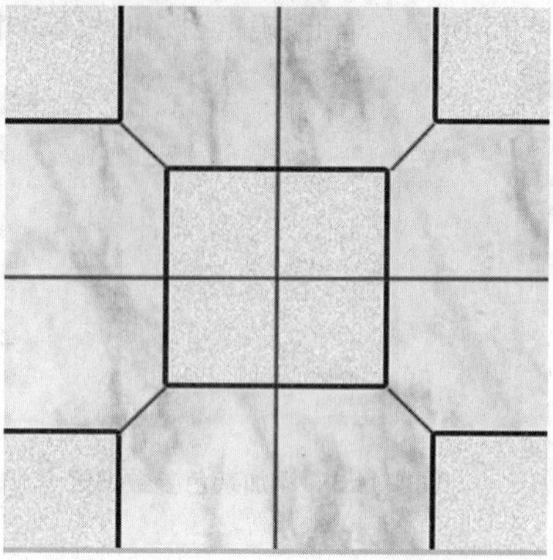

图 4-4-19　最终效果

任务五　绘制圆形大理石铺装

【学习情景】

1　任务描述

本任务为绘制圆形大理石铺装平面图,通过使用椭圆选框工具、"填充图案"命令、画笔工具、滤镜工具、自由形变工具等来绘制,使读者掌握圆形大理石铺装平面图的绘制过程。绘制的圆形大理石铺装平面效果图如图 4-5-1 所示。

图 4-5-1　圆形大理石铺装平面效果图

2　任务执行

（1）运行 Photoshop 软件，按“Ctrl + N”快捷键，新建文件，参数设置如图 4-5-2 所示。按“Ctrl + R”快捷键，调用标尺，在画布中分别绘制水平和垂直的辅助线，如图 4-5-3 所示。

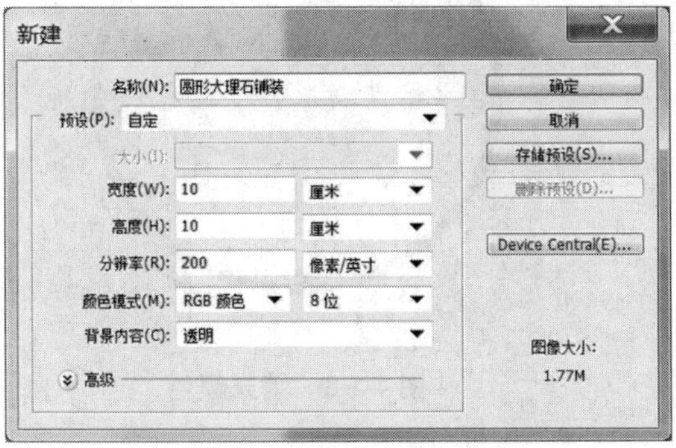

图 4-5-2　**新建文件参数设置**

图 4-5-3　**绘制辅助线**

（2）新建“图层 2”，点击“椭圆选框工具”按钮，在参数栏设置参数，如图 4-5-4 所示。

图 4-5-4　**椭圆选框工具参数设置**

（3）用鼠标点击“图层 2”中两条辅助线的相交点，同时按住“Alt”键，绘制如图 4-5-5 所示的圆形选区。

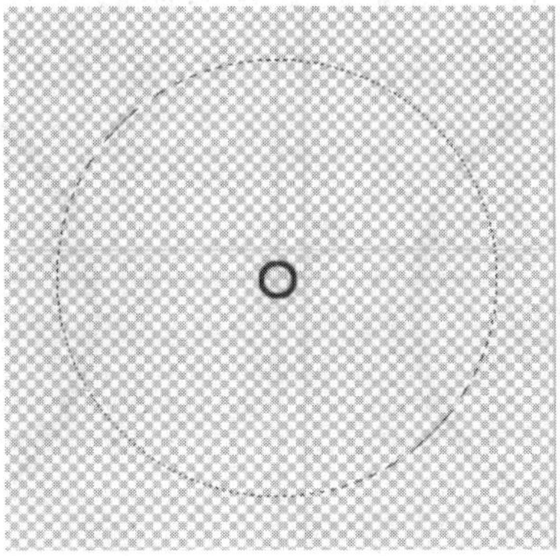

图 4-5-5　**绘制圆形选区**

（4）点击“椭圆选框工具”按钮，在参数栏设置参数，如图 4-5-6 所示。

图 4-5-6　**椭圆选框工具参数设置**

（5）用鼠标点击“图层 2”中两条辅助线的相交点，同时按住“Alt”键，绘制圆形选区，将步骤（3）绘制的圆形选区减去一部分，形成环形选区，如图 4-5-7 所示。

（6）将前景色设置为黑色，按“Alt + Delete”快捷键，给环形选区填充前景色，如

图 4-5-8 所示。

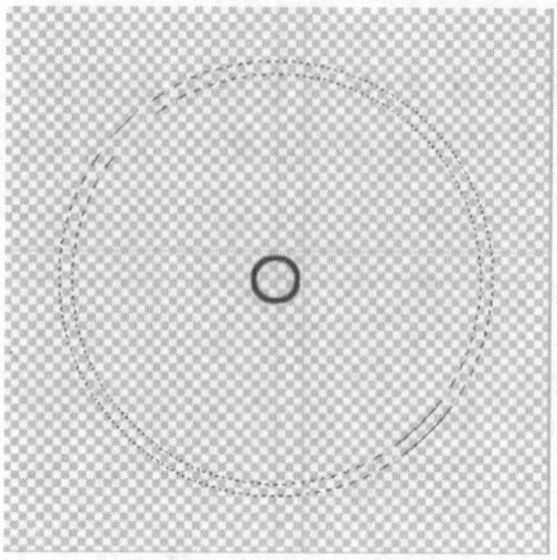

图 4-5-7　减去选区

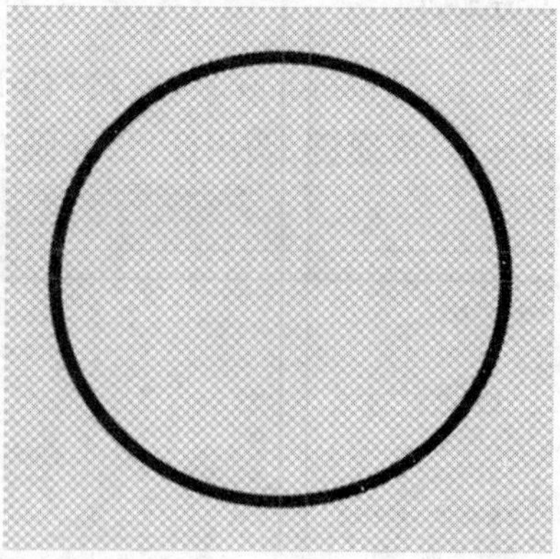

图 4-5-8　填充颜色

（7）新建"图层 3"，点击"椭圆选框工具"按钮，在参数栏设置参数，如图 4-5-9 所示。

图 4-5-9　椭圆选框工具参数设置

（8）用鼠标点击"图层 3"中两条辅助线的相交点，同时按住"Alt"键，绘制如图 4-5-10 所示的圆形选区。

（9）按"Ctrl + O"快捷键，打开素材文件中的大理石. jpeg 文件，将其设置为填充图案，填充到"图层 3"中的圆形选区内。效果如图 4-5-11 所示。

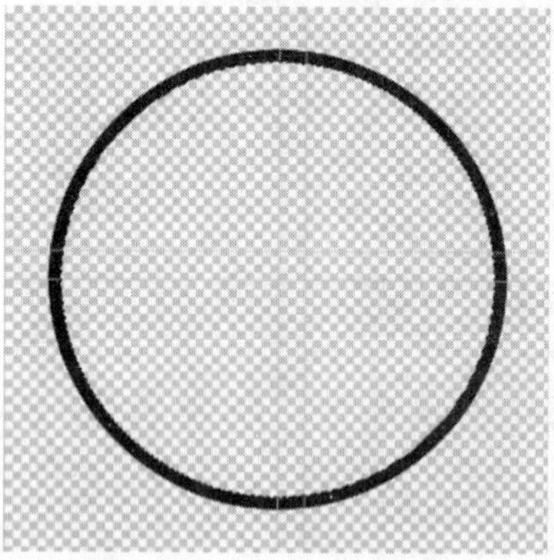

图 4-5-10　绘制圆形选区

图 4-5-11　填充图案效果

（10）按"Ctrl + D"快捷键，取消选区。新建"图层 4"，点击"钢笔工具"按钮，借助辅助线绘制如图 4-5-12 所示的三角形路径。

（11）按"Ctrl + Enter"快捷键，将路径转换为选区，给选区填充黑色，效果如图 4-5-13 所示。

图 4-5-12　绘制路径

图 4-5-13　填充效果

（12）按“Ctrl + D”快捷键，取消选区。按“Ctrl + J”快捷键，复制“图层 4”，按“Ctrl + T”快捷键，将复制的图层自由形变，然后水平翻转并调整位置。效果如图 4-5-14 所示。

（13）按住“Ctrl”键，在“图层”面板中单击“图层 4 副本”，将其转换为选区，设置前景色为黄色，按“Alt + Delete”快捷键，给选区填充前景色，如图 4-5-15 所示。

图 4-5-14　复制、调整后效果

图 4-5-15　填充效果

（14）按“Ctrl + D”快捷键，取消选区。合并“图层 4”和“图层 4 副本”，将其命名为“合并效果”，按“Ctrl + J”快捷键，将“合并效果”图层复制，按“Ctrl + T”快捷键，将复制图层的中心点移动到辅助线的交点上，如图 4-5-16 所示。

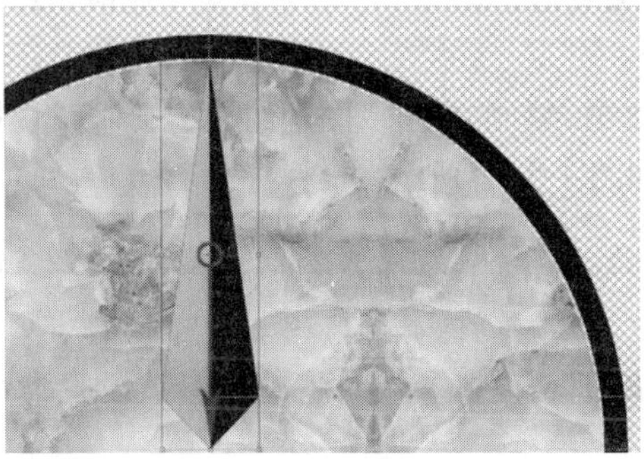

图 4-5-16　移动中心点

(15)在自由形变工具参数栏中输入旋转参数,如图 4-5-17 所示。效果如图 4-5-18 所示。

图 4-5-17　设置旋转参数

图 4-5-18　旋转后效果

(16)同上述方法一样,再对其进行复制、旋转,效果如图 4-5-19 所示。

(17)合并所有的“合并效果”及“合并效果副本”图层,将其命名为“效果”图层,再将“效果”图层复制并旋转,如图 4-5-20 所示。

图 4-5-19　复制、旋转后效果

图 4-5-20　复制并旋转后效果

(18)按“Ctrl + J”快捷键,复制“效果”图层,按“Ctrl + T”快捷键,在参数栏设置参数,如图 4-5-21 所示。效果如图 4-5-22 所示。

图 4-5-21　参数设置

(19)重复上一步操作,但是设置参数时将旋转参数设置为 67.5 度。效果如图 4-5-23 所示。

图 4-5-22　参数设置效果

图 4-5-23　调整设置效果

(20)调整图层顺序,移除辅助线,最终效果如图 4-5-24 所示。

图 4-5-24　最终效果

(21)将图片存储为圆形大理石铺装.jpeg 和圆形大理石铺装.psd 文件。

任务六　绘制园林植物

【学习情景】

1　任务描述

园林植物以造景为主,植物无论是单独布置,还是与其他景物配合,都能很好地形成景色。园林植物以个体或群体特有的姿、色、香、韵等美感,可以形成园林中诸多造景形式(主、背、配、添、对、夹),同时构景灵活、自然多变。

本任务为绘制园林植物平面图,通过使用椭圆选框工具、魔棒工具、渐变工具等来绘制,使读者掌握园林植物平面图的绘制过程。绘制的园林植物平面效果图如图 4-6-1 所示。

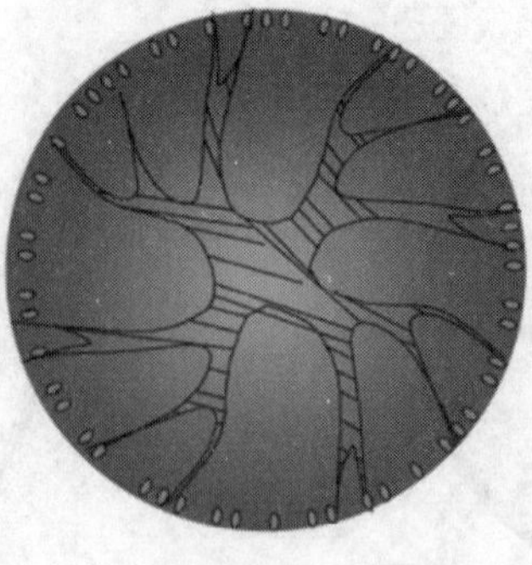

图 4-6-1　园林植物平面效果图

2　任务执行

(1)运行 Photoshop 软件,按"Ctrl + O"快捷键,打开素材文件中的植物素材. psd 文件,如图 4-6-2 所示。

(2)设置背景色为白色,在"图层 0"下层新建图层,按"Ctrl + Delete"快捷键,为新建的"图层 1"填充背景色,如图 4-6-3 所示。

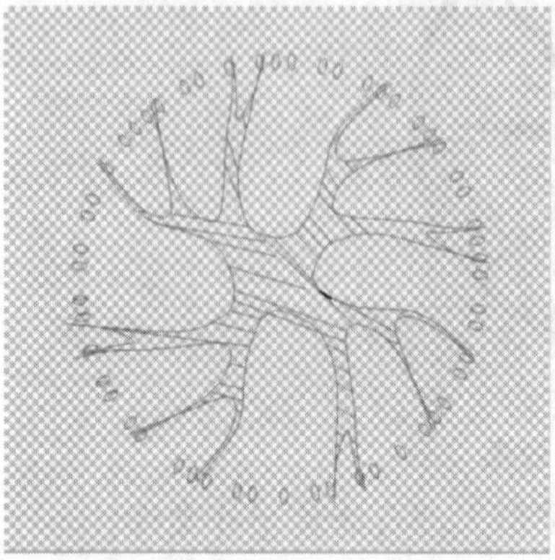

图 4-6-2　打开的植物素材文件

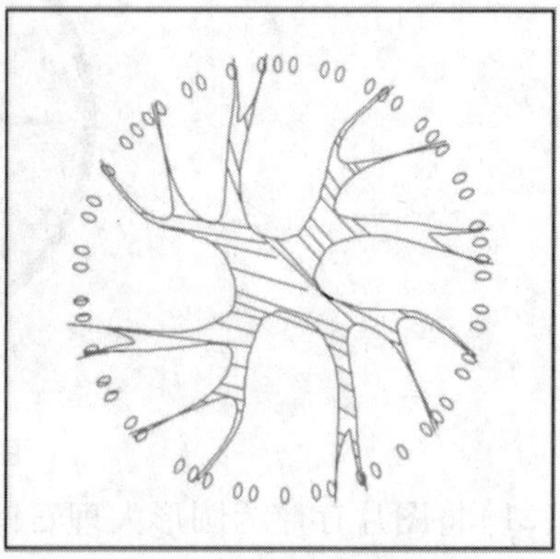

图 4-6-3　填充背景色

(3)新建图层,点击"椭圆工具"按钮,创建一个正圆形路径,如图 4-6-4 所示。按"Ctrl + Enter"快捷键,将路径转换为选区,如图 4-6-5 所示。

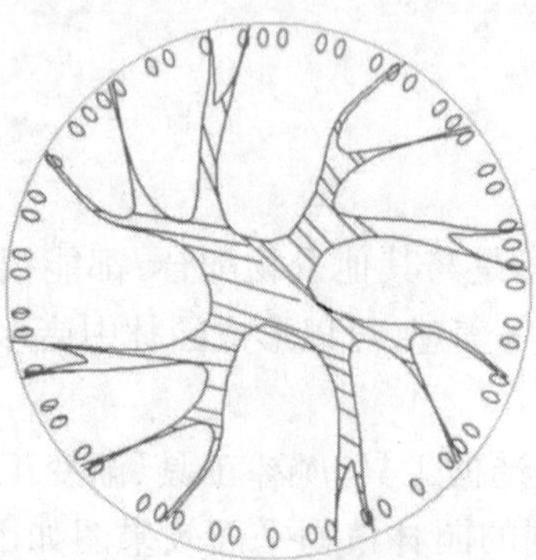

图 4-6-4　创建正圆形路径

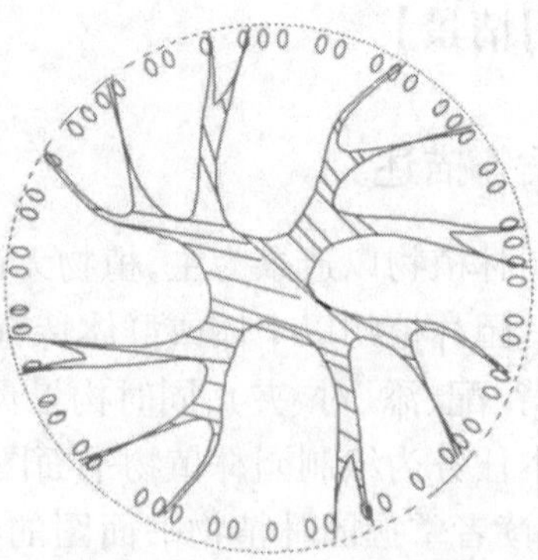

图 4-6-5　将路径转换为选区

(4)设置前景色为绿色(RGB:29,106, 31),如图4-6-6所示,按"Alt + Delete"快捷键,快速填充前景色,如图4-6-7所示,按"Ctrl + D"快捷键取消选区。

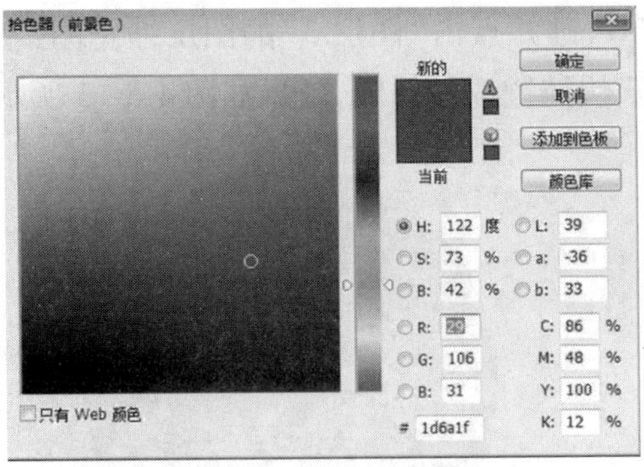

图4-6-6　前景色设置

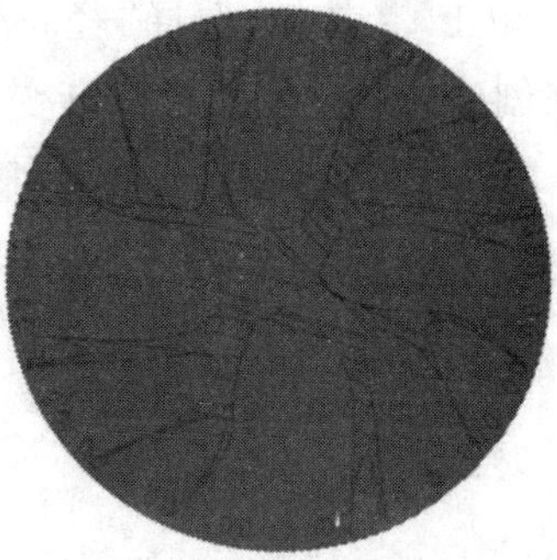

图4-6-7　填充前景色效果

(5)使用魔棒工具,选择树干区域,如图4-6-8所示。新建图层,设置前景色为黄褐色(RGB:128,85,53),按"Alt + Delete"快捷键,快速填充前景色,如图4-6-9所示,按"Ctrl + D"快捷键取消选区。

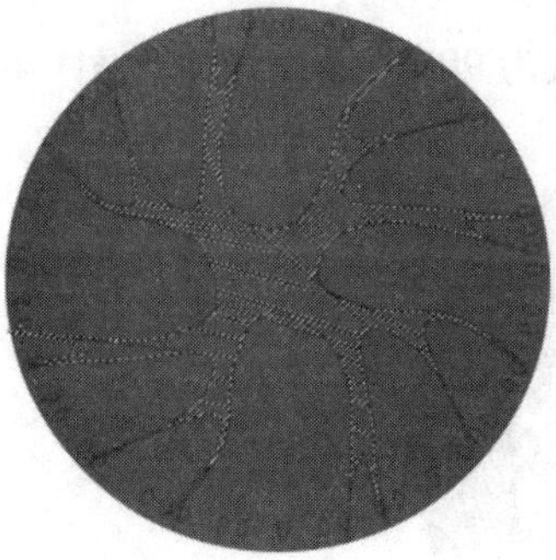

图4-6-8　选择树干

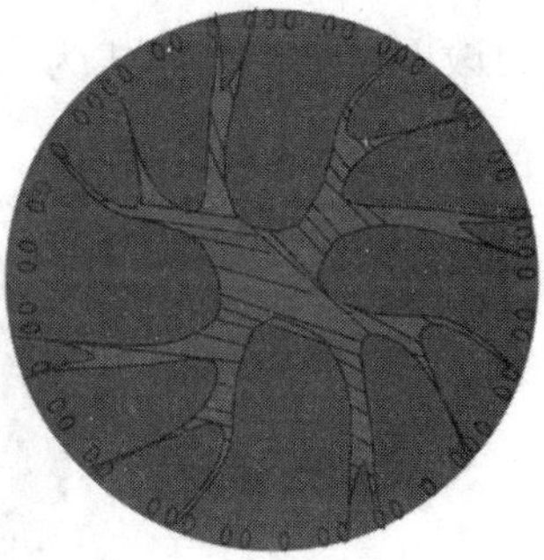

图4-6-9　树干填充颜色效果

(6)使用魔棒工具继续选择,如图4-6-10所示。新建图层,设置前景色为黄褐色(RGB:241,115, 22),按"Alt + Delete"快捷键,快速填充前景色,如图4-6-11所示,按"Ctrl + D"快捷键取消选区。

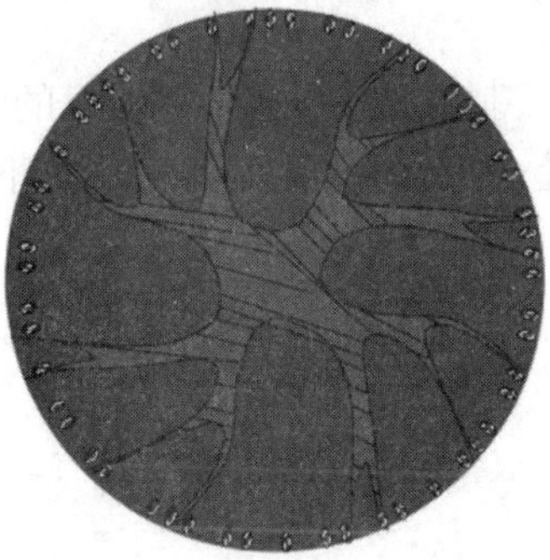

图4-6-10　使用魔棒工具选择

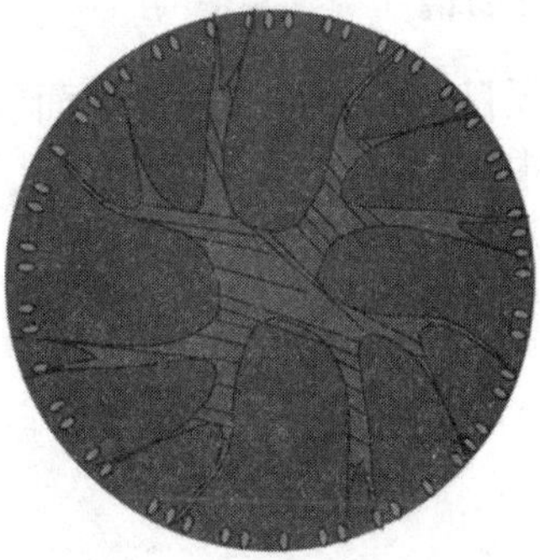

图4-6-11　填充颜色效果

(7)选择渐变工具,设置渐变颜色,设置第一个色标的颜色为白色,设置第二个色标的颜色(RGB:149,140,120),如图 4-6-12 所示。

(8)单击 按钮,选择"径向渐变",按"Ctrl"键并点击"图层 3"的图层缩览图,新建图层,在创建的选区制作径向渐变,按"Ctrl + D"快捷键取消选区,效果如图 4-6-13 所示。

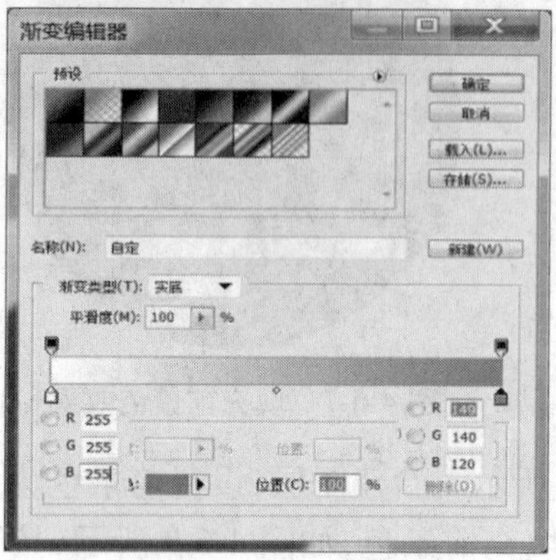

图 4-6-12　渐变颜色设置

图 4-6-13　渐变效果

(9)更改图层的混合模式为"叠加",设置填充值为 90%,最终效果如图 4-6-14 所示。

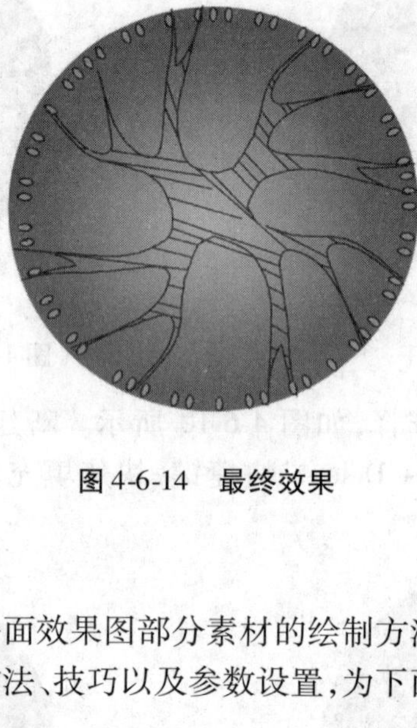

图 4-6-14　最终效果

【项目小结】

本项目主要介绍了园林平面效果图部分素材的绘制方法,通过对本项目的学习,读者应熟练掌握常用工具的使用方法、技巧以及参数设置,为下面的学习和应用打下良好的基础。

项目五 绘制园林平面效果图

【项目概述】

Photoshop 园林平面效果图是景观设计方案文本制作时必不可少的图纸之一，方便设计师和甲方的沟通。相对于 CAD 平面图来说，Photoshop 园林平面效果图能更加真实、细腻、美观地将方案表现出来。本项目选择行业中常见的绿地类型，以真实的园林景观项目平面效果图绘制任务为载体，对其绘制步骤进行详细的讲解。

本项目分为绘制广场、小游园、居住区、别墅花园平面效果图四个任务，任务一和任务二选择简约风格来表现，任务三和任务四选择写实风格来表现。希望读者通过本项目的学习，能够掌握园林平面效果图绘制的基本流程，可利用 Photoshop 软件独立完成各类中小型园林绿地不同风格平面效果图的绘制。

任务一 绘制广场平面效果图

【学习情景】

1 任务描述

本任务按照制作流程，主要介绍了平面图绘制前 CAD 文件的整理要点、虚拟打印参数的设置方法、把线稿导入到 Photoshop 中的方法以及利用纯色块在 Photoshop 中填色制作材质的方法。

2 任务执行

步骤一：图层的整理和图纸的虚拟打印。

(1)使用 AutoCAD 2012 软件打开名为“广场平面图”的 CAD 文件，如图 5-1-1 所示。

(2)打开图层特性管理器，关闭“植物”图层和“文字标注”图层，如图 5-1-2 所示。

☞技巧：CAD 图纸中的图层很多，“文字标注”、“植物”等图层在 Photoshop 平面图绘制时不需要，通常在打印前关掉多余图层，使各个部分的范围界限更加清晰。

(3)关闭图层特性管理器，选择矩形工具，在广场外围绘制一个打印范围框，图纸的边缘距离中心留出适当的空白，以方便后期添加指北针、比例尺等元素，如图 5-1-3 所示。

(4)选择“文件/打印”，弹出“打印”窗口，打印机/绘图仪的名称选择“Postscript Level 1. pc3”，图纸尺寸选择“ISO A1(594.00×841.00 毫米)”，勾选“打印到文件”和“居中打印”。将打印范围切换为“窗口”模式，回到绘图区，用鼠标捕捉刚刚绘制的矩形外框的两个对角点，单击“预览”按钮。可以看到预览图的线条为彩色，打印之前应把颜色转

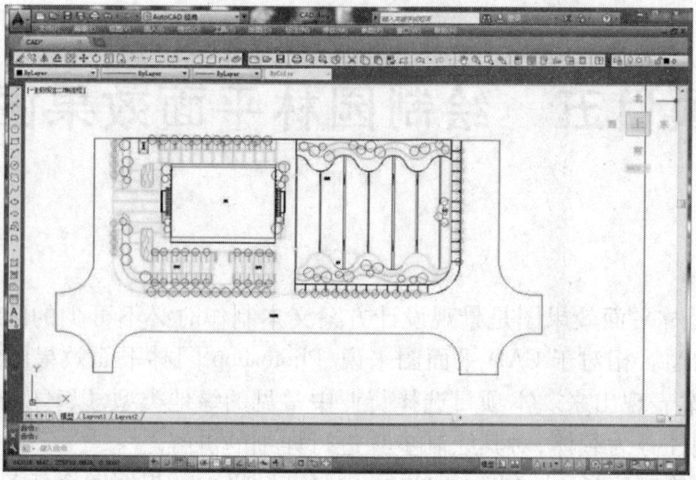

图 5-1-1　广场平面图

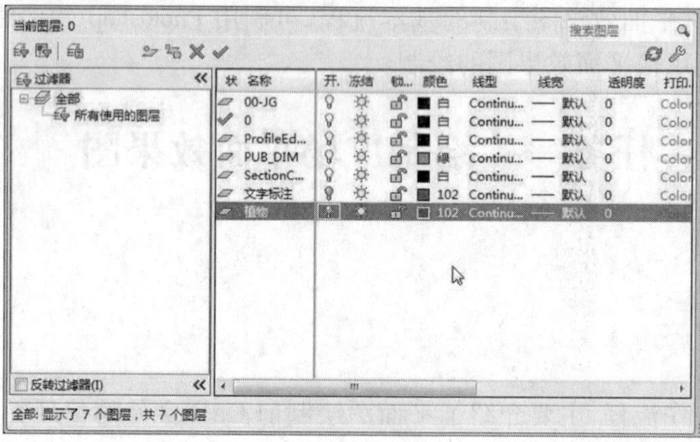

图 5-1-2　图层整理

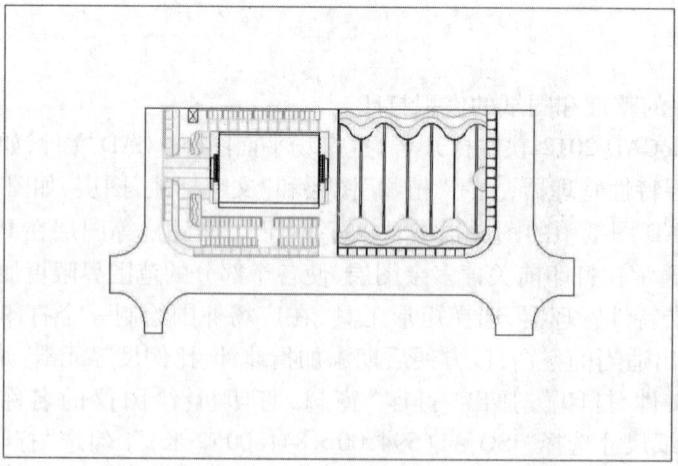

图 5-1-3　打印范围框

换为黑色,如图 5-1-4 所示。

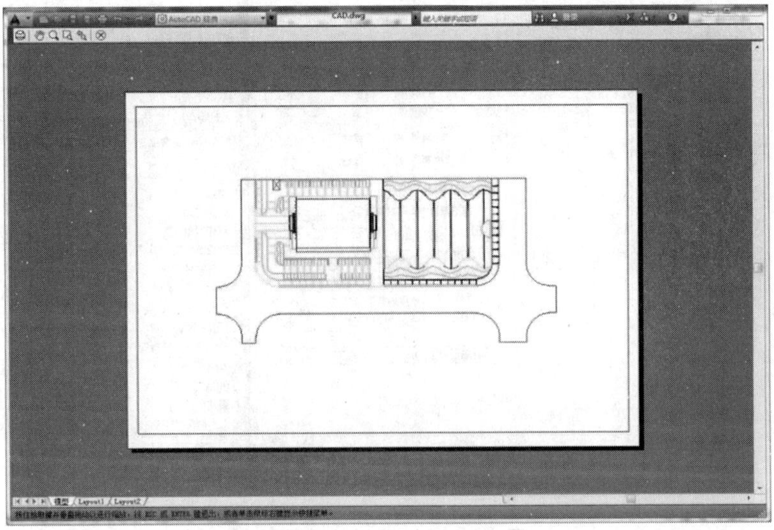

图 5-1-4　打印预览

(5)按“Esc”键取消打印预览,回到“打印”窗口,单击右下角向右的三角图标,调出更多隐藏的选项,如图 5-1-5 所示。

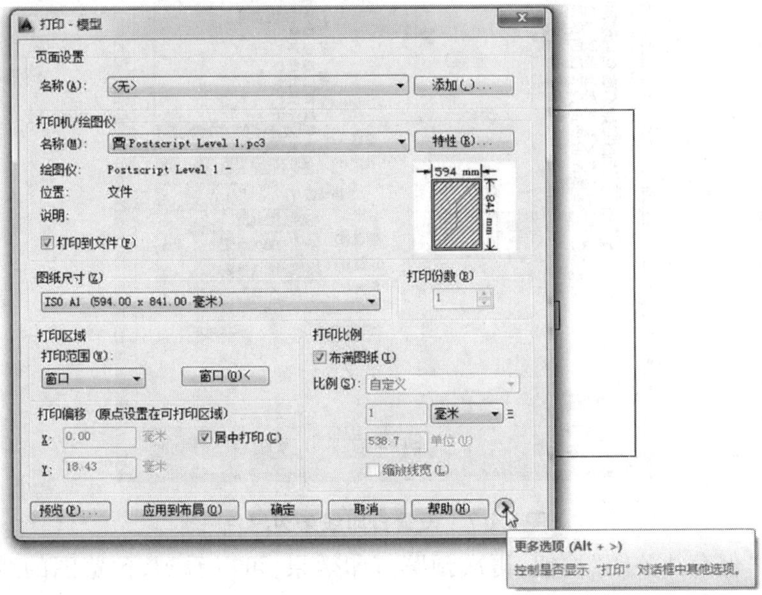

图 5-1-5　打印设置

(6)在打印样式表中,将打印样式切换为 acad. ctb,单击右侧的“编辑”按钮,打开“打印样式表编辑器”窗口,如图 5-1-6 所示。

(7)选择“颜色 1”,拖动右侧的滑块到“颜色 255”,按住“Shift”键,单击“颜色 255”,所有的颜色都被选中,将颜色调整为黑色,效果如图 5-1-7 所示。如果对线宽、线型有调整的需要,可以在相应的选项中进行调整。

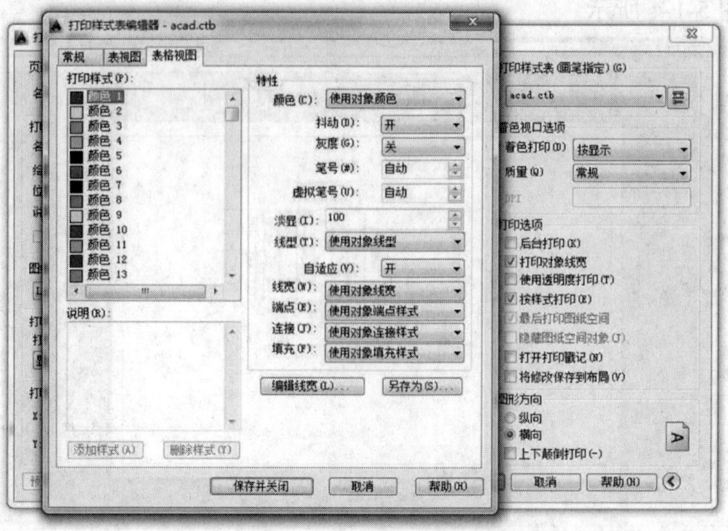

图 5-1-6　打印样式表设置

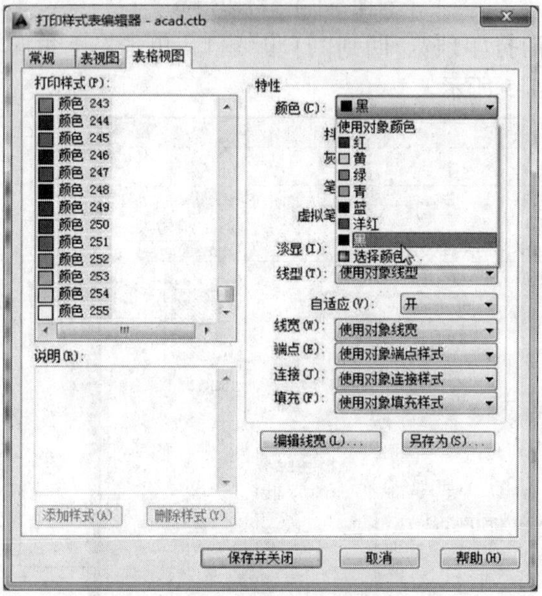

图 5-1-7　设置打印线条为黑色

(8)单击“保存并关闭”按钮,再次预览打印效果,可以看到,预览图的线条全部变为黑色,如图 5-1-8 所示。这时,可以将其打印为 EPS 格式,保存到电脑中。

(9)打开“植物”图层,再次选择“文件/打印”。在页面设置名称中,选择“上一次打印”,可以调出打印参数。按照相同的捕捉范围,打印一张带植物图例的 EPS 文件,如图 5-1-9 所示。

步骤二:把线稿导入到 Photoshop 软件中。

(10)将两张 EPS 文件用 Photoshop 软件打开,参数设置相同,分辨率调整为 150 像素/英寸,模式调整为 RGB 模式。打开后两个文件平铺显示在绘图窗口中,如图 5-1-10 所示。

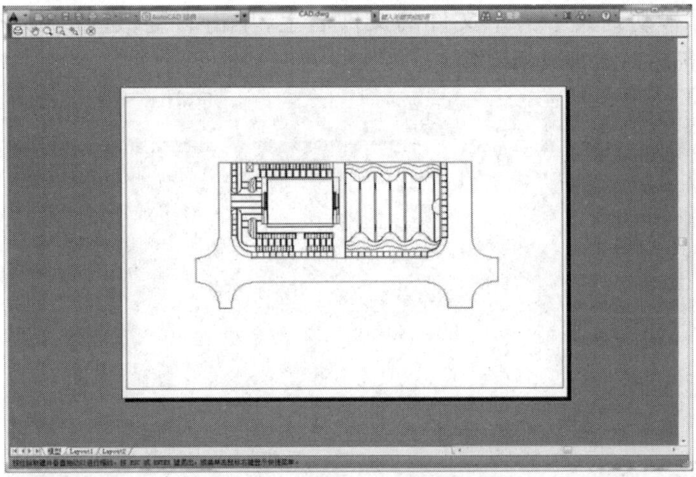

图 5-1-8　打印预览

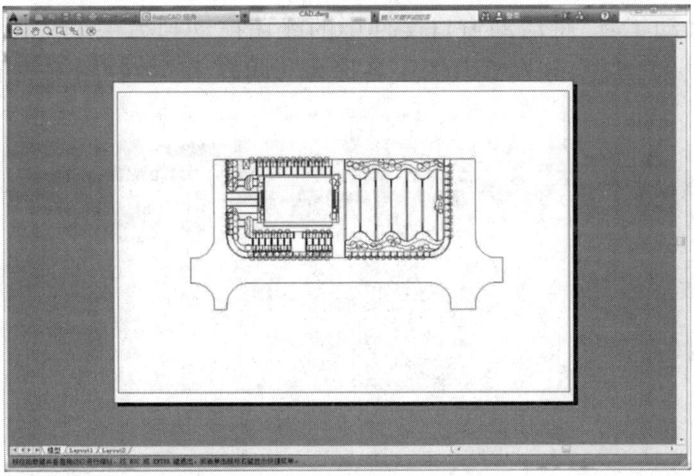

图 5-1-9　带植物图例的线稿

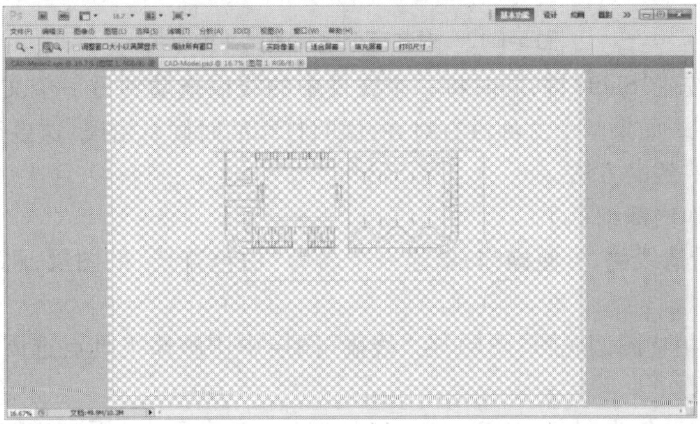

图 5-1-10　同时打开两个文件

(11)将鼠标移动到其中一个文件的文件名上,单击右键,选择“移动到新窗口”,如图 5-1-11所示,将此文件变成活动窗口。

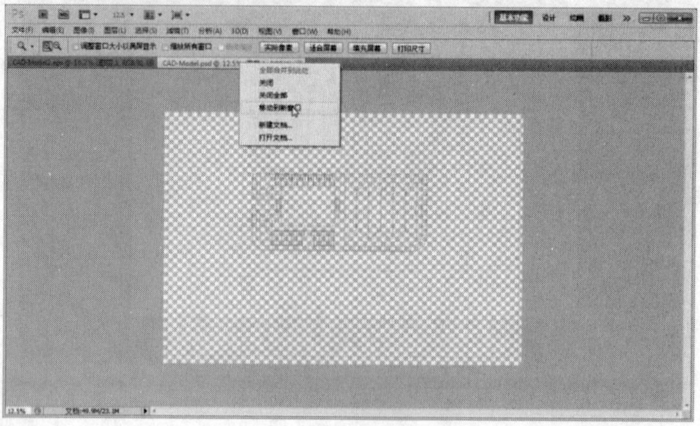

图 5-1-11　变换活动窗口

(12)选择移动工具,将活动窗口文件中的线稿拖动到另一个文件中,对齐。按下“F7”键,调出图层工具栏,分别修改图层名称为“线稿”和“植物图例底图”,如图 5-1-12 所示。

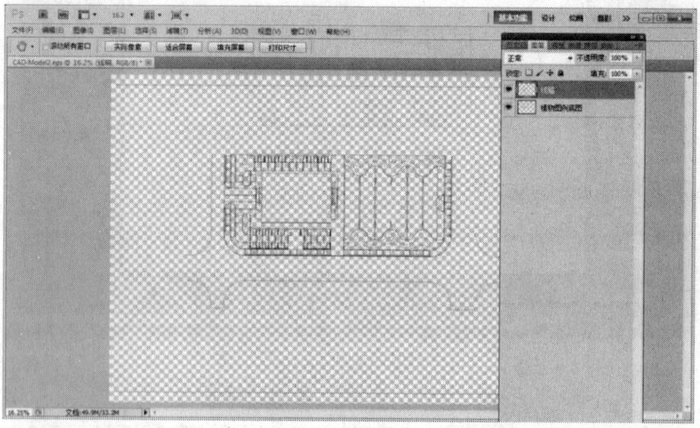

图 5-1-12　对齐两个线稿图层并重命名

☞技巧:按住“Shift”键,同时将一个文件中的线稿拖动到另一个文件中,可以使两个文件自动对齐。如果两个文件没有对齐,说明打印的时候有错误,这也是检验打印文件大小、位置是否一致的方法。

步骤三:制作内部细节。

(13)为了看清线稿,方便操作,新建一个名为“白色背景”的图层,将其填充为白色,如图 5-1-13 所示。

(14)关闭“植物图例底图”图层,在“线稿”图层中用魔棒工具点选周边道路的范围,如图 5-1-14 所示。

(15)调整前景色为灰色(RGB:165,165,165),新建名为“周边道路”的图层,按下“Alt + Delete”快捷键,填充灰色,如图 5-1-15 所示。

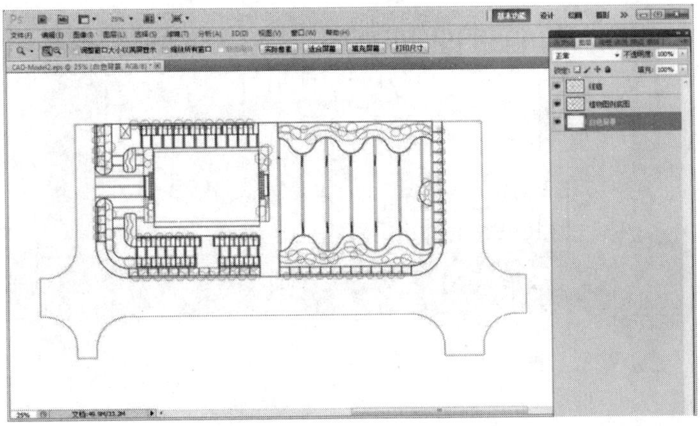

图 5-1-13　添加白色背景

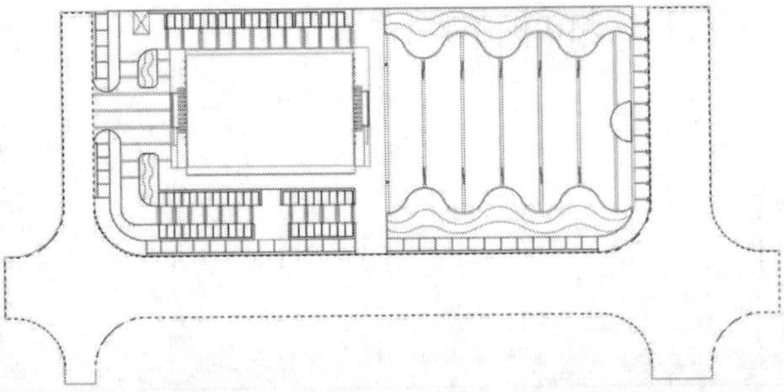

图 5-1-14　选择周边道路的范围

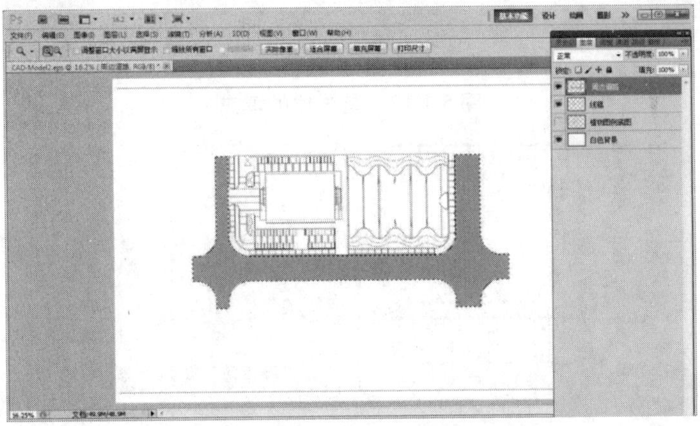

图 5-1-15　周边道路填色

(16)按下“Ctrl + D”快捷键,取消选区。新建名为“广场铺装”的图层,将前景色设置为米色(RGB:234,227,229 和 RGB:234,227,209),分别添加到广场浅色系铺装区域内,如图 5-1-16所示。

(17)将前景色设置为灰色(RGB:164,164,164),填充到广场铺装装饰线的位置,如图 5-1-17 所示。

(18)新建名为“草坪”的图层,将前景色设置为绿色(RGB:66,156,79),填充到草坪的位置,如图 5-1-18 所示。

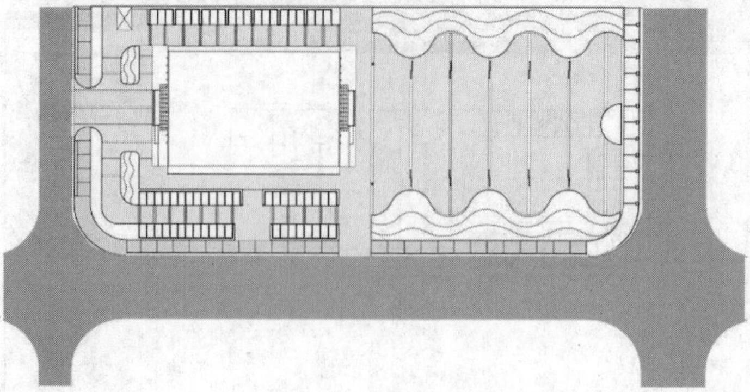

图 5-1-16　广场铺装的制作

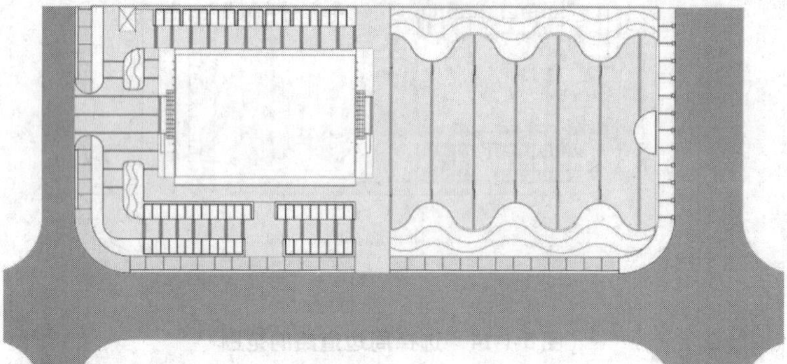

图 5-1-17　装饰线的填充

图 5-1-18　草坪的制作

(19)新建 3 个图层,分别命名为“模纹 1”、“模纹 2”、“模纹 3”。将前景色分别设置为黄色(RGB:248,247,101)、红色(RGB:211,67,67)、绿色(RGB:170,228,115),填充到模纹的相应位置,为红色和黄色模纹的图层添加斜面浮雕效果,效果如图 5-1-19 所示。

(20)设置前景色为浅灰色(RGB:205,205,205),新建名为“停车位”的图层,进行填

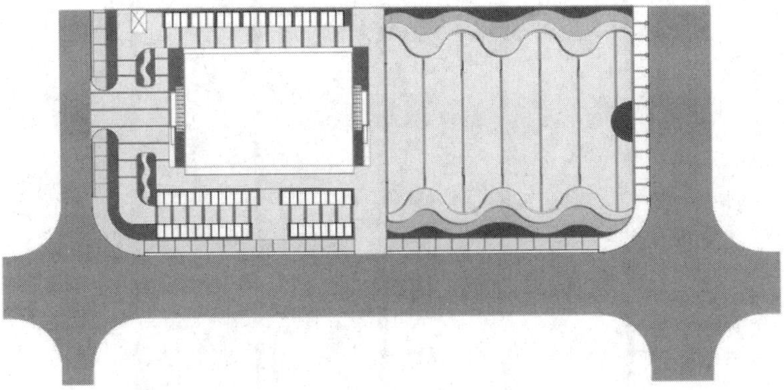

图 5-1-19　模纹的制作

充，如图 5-1-20 所示。

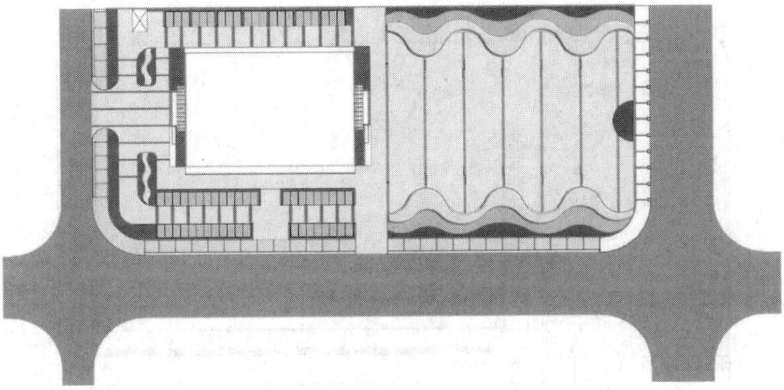

图 5-1-20　停车位的填充

(21)用魔棒工具选中座椅的范围，填充颜色(RGB:136,97,22)，如图 5-1-21 所示。

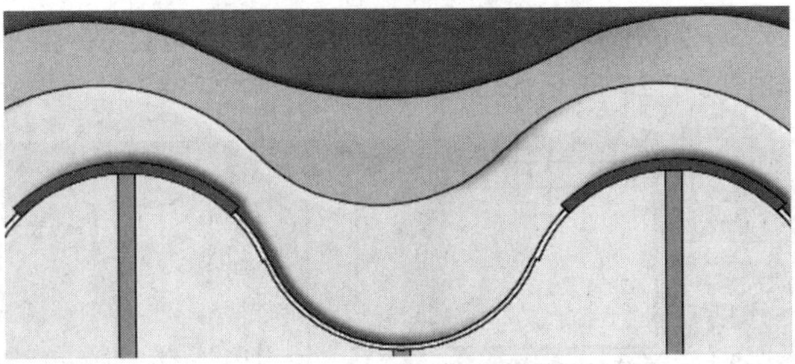

图 5-1-21　座椅的制作

(22)再次用魔棒工具选中景观灯的范围，新建图层，填充红色(RGB:136,36,30)，为图层添加投影效果，如图 5-1-22 所示。

(23)选择建筑的范围，新建"建筑"图层，填充灰白色(RGB:241,241,241)。复制"建筑"图层，改名为"建筑阴影"，并将其放置到"建筑"图层下方，填充为黑色。激活"建筑阴影"图层，按住"Ctrl"键，用鼠标单击缩略图，选中"建筑阴影"图层中所有内容。选择移动工具，左手按住"Alt"键，右手先按一下键盘上的向下键"↓"，再按一下向右键"→"，交

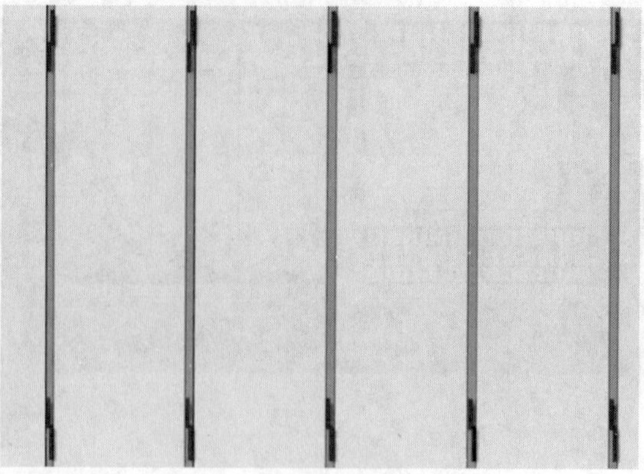

图 5-1-22　景观灯的制作

替重复多次,直到阴影的位置适合。调整“建筑阴影”图层的不透明度为 70%,效果如图 5-1-23 所示。

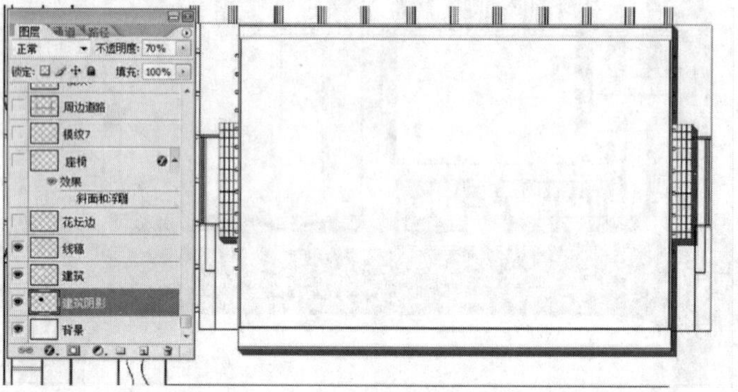

图 5-1-23　建筑阴影的添加

步骤四:添加植物。

(24)打开“植物图例底图”图层,按下“Ctrl + Shift +]”快捷键,将图层位置放到最上层。选择植物素材,根据植物图例底图中植物种植位置进行摆放,摆放好后关闭“植物图例底图”图层,效果如图 5-1-24 所示。

图 5-1-24　植物配置

步骤五:添加文字和比例尺。

(25)使用文字工具添加文字,如图 5-1-25 所示。

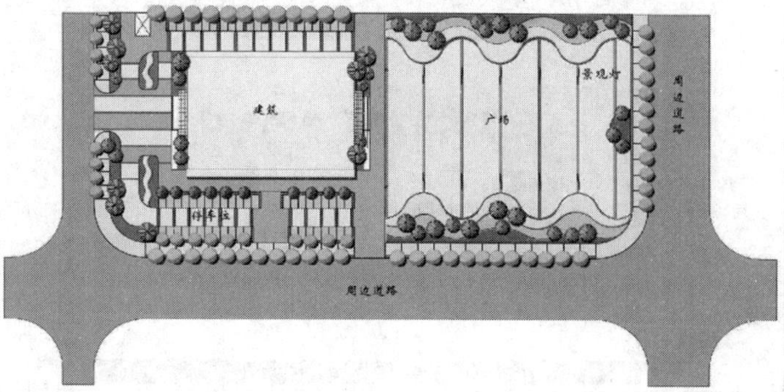

图 5-1-25　添加文字

(26)创建名为“比例尺”的图层,按下“Ctrl + R”快捷键调出标尺。选择矩形选框工具,按照尺寸拖拽出一个 5 cm 长的选区,填充黑色。按照同样的方法,绘制出 10 cm 和 20 cm 长的线段。用文字工具分别添加尺寸数值 5 m、10 m 和 20 m,如图 5-1-26 所示。

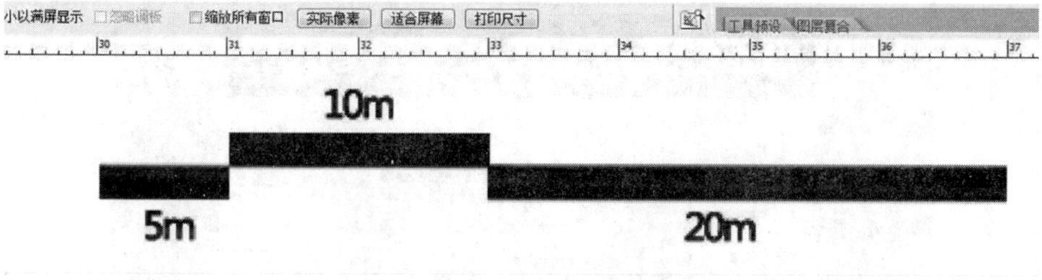

图 5-1-26　制作比例尺

步骤六:制作文本图框并出图。

(27)打开图框素材,将其拖动到广场平面图中,按照适合的大小缩放,放置到最下层,关掉“白色背景”图层,如图 5-1-27 所示。

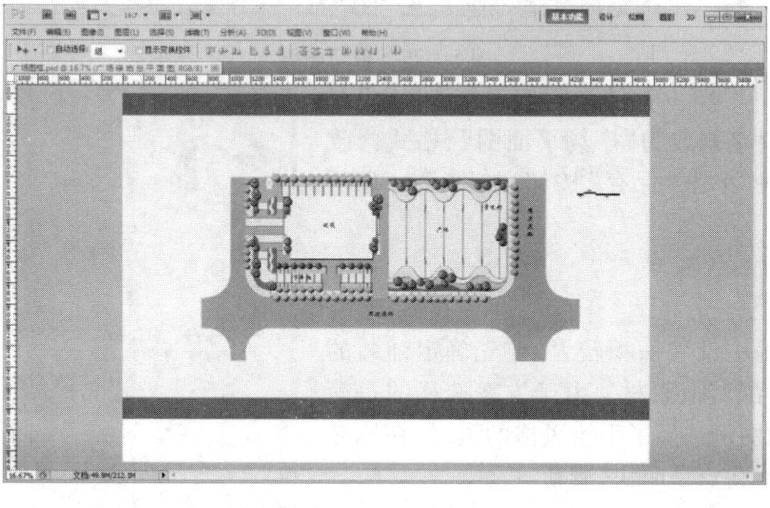

图 5-1-27　添加文本图框

(28)添加图名“广场绿地总平面图”和指北针,如图 5-1-28 所示。

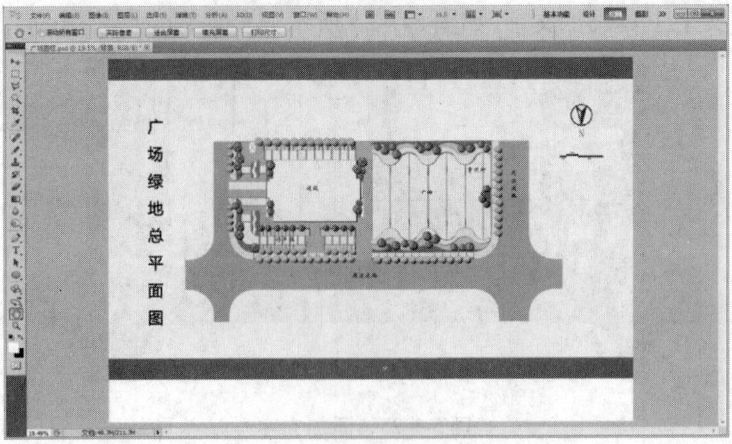

图 5-1-28 添加图名和指北针

(29)选择裁切工具,按住鼠标左键拖拽框选保留的部分,如图 5-1-29 所示。双击鼠标左键,将多余的边缘裁切掉。

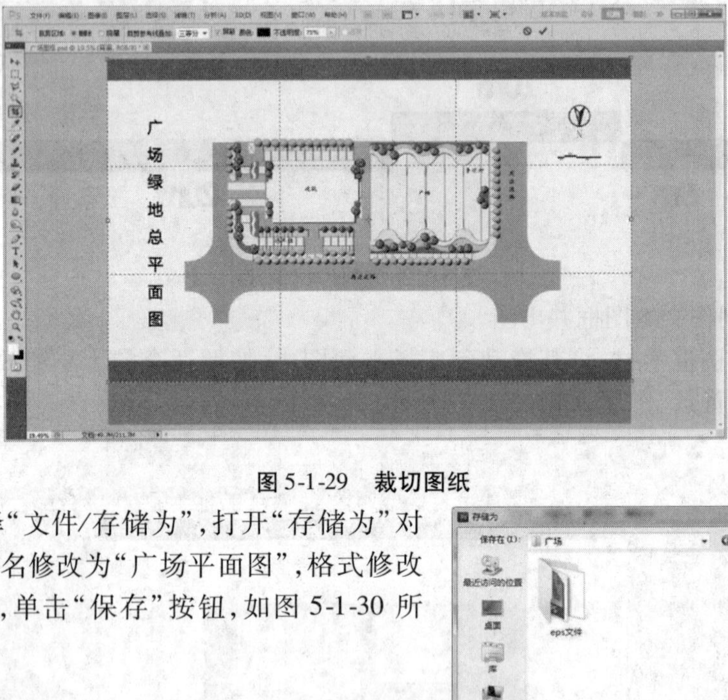

图 5-1-29 裁切图纸

(30)选择"文件/存储为",打开"存储为"对话框。将文件名修改为"广场平面图",格式修改为 JPEG 格式,单击"保存"按钮,如图 5-1-30 所示。

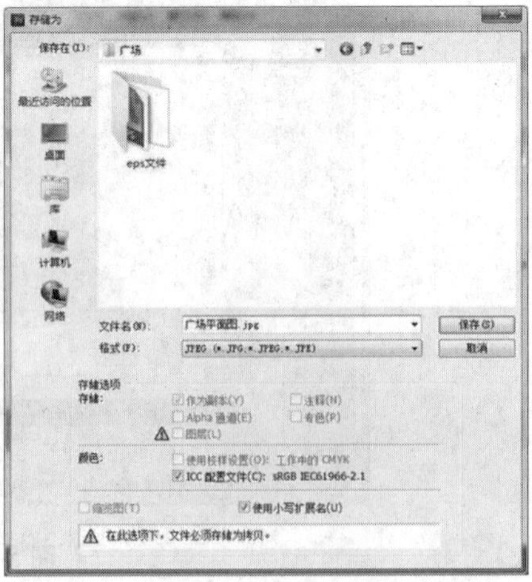

图 5-1-30 保存文件

【任务小结】

广场绿地中铺装面积较大,要先确定铺装的基调色,再搭配其他素材。由于方案选择的是简约风格,植物图例选择了手绘风格的素材,在填充颜色的选择上要点是明快、清新。

任务二　绘制小游园平面效果图

【学习情景】

1　任务描述

本任务主要介绍了虚拟打印机的创建方法、打印样式表的选择、虚拟打印时图纸比例的调整方法。

2　任务执行

步骤一:创建虚拟打印机。

(1)当 AutoCAD 软件版本较低时,不能直接输出 EPS 文件,遇到这种情况,可以创建一个虚拟打印机。打开小游园方案图纸,选择“文件/绘图仪管理器”,双击“添加绘图仪向导”图标,打开“添加绘图仪”窗口,如图 5-2-1 所示。

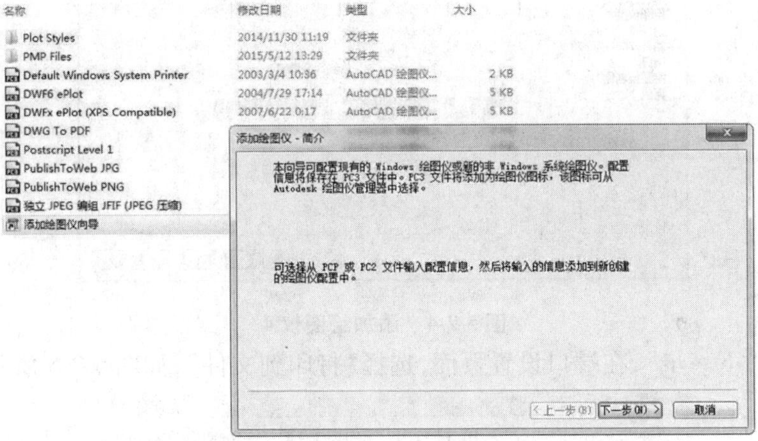

图 5-2-1　添加绘图仪 1

(2)单击“下一步”,默认选择“我的电脑”选项,如图 5-2-2 所示。

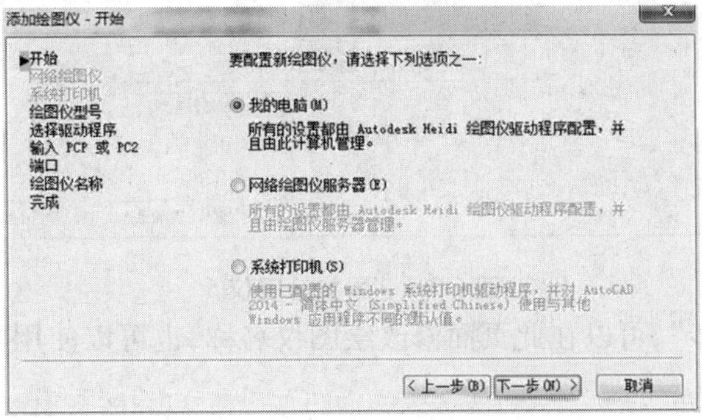

图 5-2-2　添加绘图仪 2

(3) 单击“下一步”，默认选择生产商“Adobe”，型号“Postscript Level 1”，如图 5-2-3 所示。

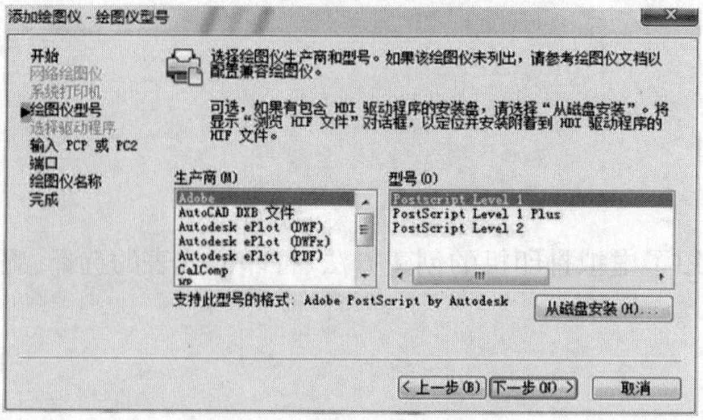

图 5-2-3　添加绘图仪 3

(4)单击“下一步”，保留默认设置，如图 5-2-4 所示。

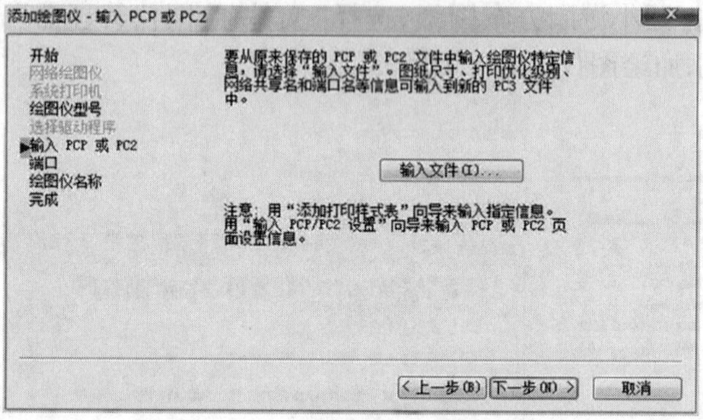

图 5-2-4　添加绘图仪 4

(5)单击“下一步”，在端口设置页面，选择“打印到文件”，如图 5-2-5 所示。

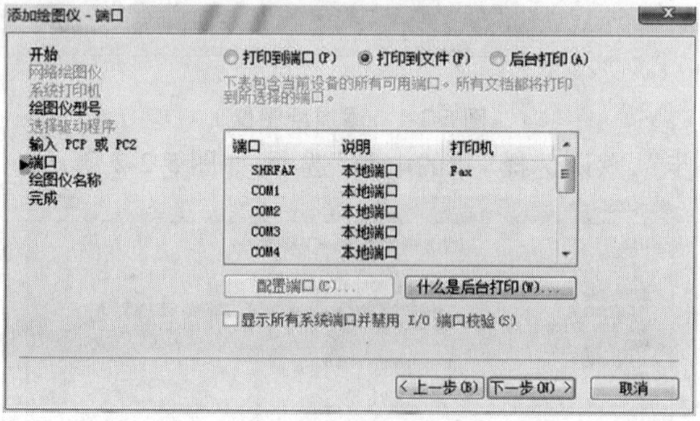

图 5-2-5　添加绘图仪 5

(6)单击“下一步”，可以在此页面修改绘图仪名称，也可以使用默认名称，如图 5-2-6 所示。

(7)单击“下一步”，完成绘图仪的添加，如图 5-2-7 所示。

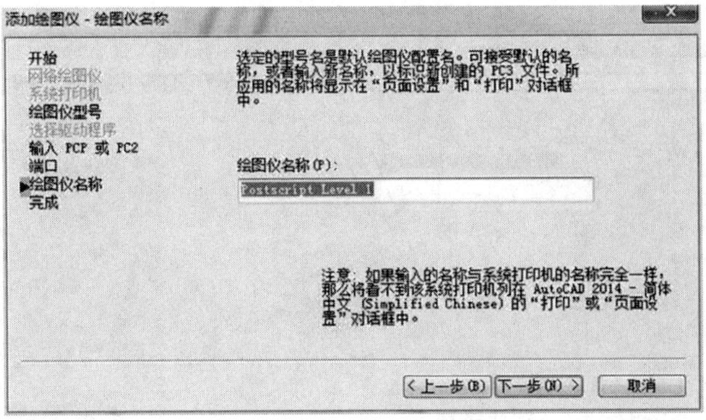

图 5-2-6　添加绘图仪 6

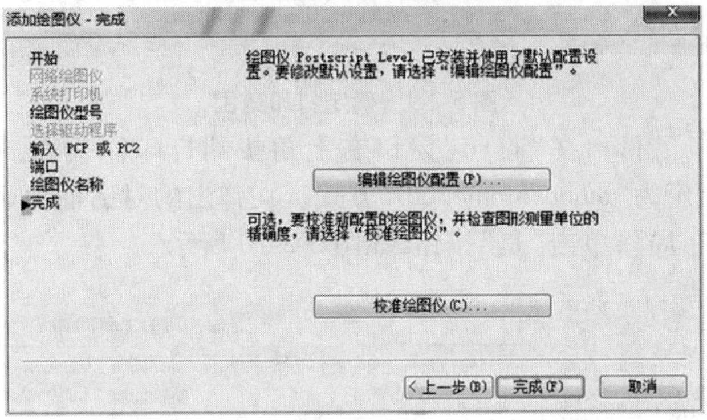

图 5-2-7　添加绘图仪 7

步骤二：打印 AutoCAD 线稿图。

(8)选择“文件/打印”，参数设置如下：打印机/绘图仪名称选择刚刚创建好的“Postscript Level 1. pc3”，图纸尺寸选择“ISO A1(841.00×594.00 毫米)”，打印范围切换为“窗口”模式，如图 5-2-8 所示。

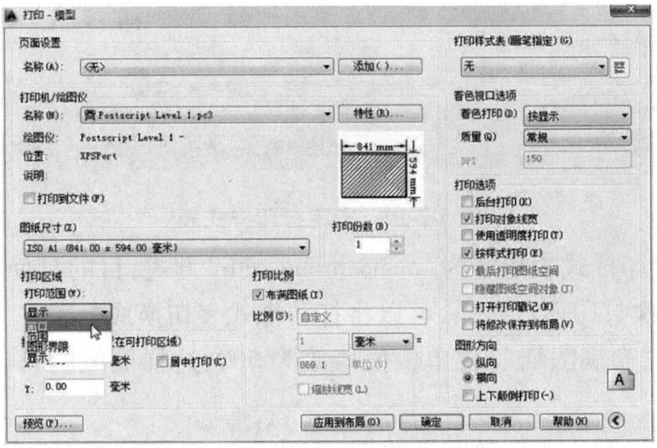

图 5-2-8　打印设置

(9)当前界面自动回到绘图区，鼠标变成十字光标，按住鼠标左键拖拽一个矩形打印区域，如图 5-2-9 所示。

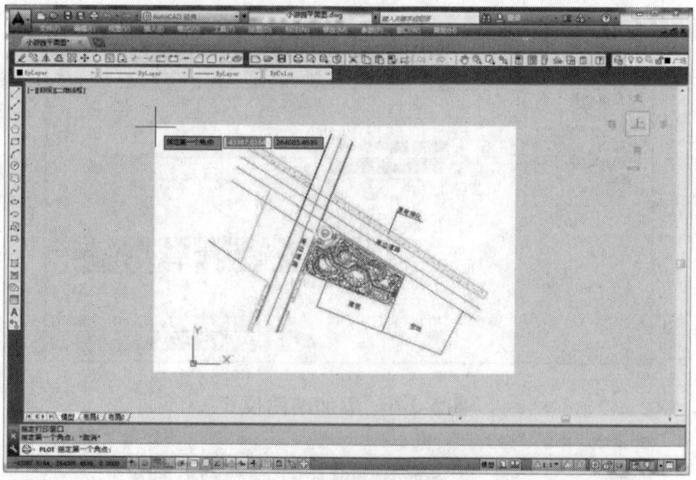

图 5-2-9　确定打印范围

(10)回到“打印”窗口,在“打印”窗口右上角找到打印样式表,单击向下的三角图标,将打印样式表指定为“monochrome. ctb”方式。在弹出的对话框中显示“是否将此打印样式表指定给所有布局”,单击“是”按钮,如图 5-2-10 所示。

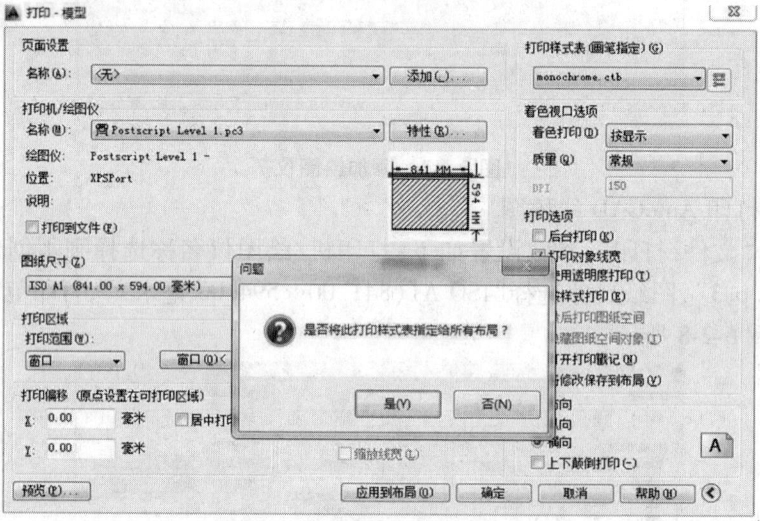

图 5-2-10　指定打印样式表

☞技巧:将打印样式表指定为“monochrome. ctb”方式,目的是使打印出的线条全部为黑色。如果想再次打印彩色线条,可以将打印样式表切换成“无”。

(11)取消勾选“布满图纸”,将单位值修改为 500,这样图纸的打印比例即为 1∶500,如图 5-2-11 所示。

☞技巧:按照这种方式调整图纸的打印比例,要求必须是整数。在选定打印范围后比例值往往不是整数,应适当调整打印范围,使比例值尽量接近整数。然后将比例值调整到与预览值近似的整数,如预览值为 1∶485,可调整为 1∶500。

(12)勾选“打印到文件”,单击左下角的“预览”按钮,弹出提示“注释比例与打印比

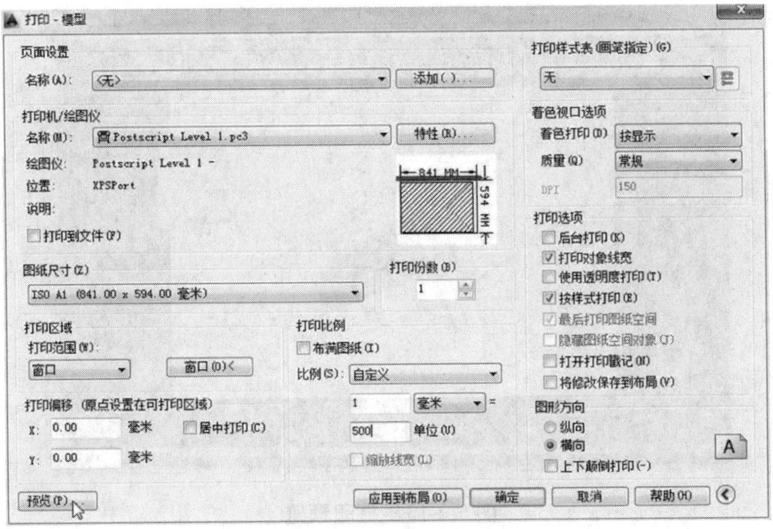

图 5-2-11　设置打印比例

例不相等,是否继续”,单击“继续”按钮,如图 5-2-12 所示。

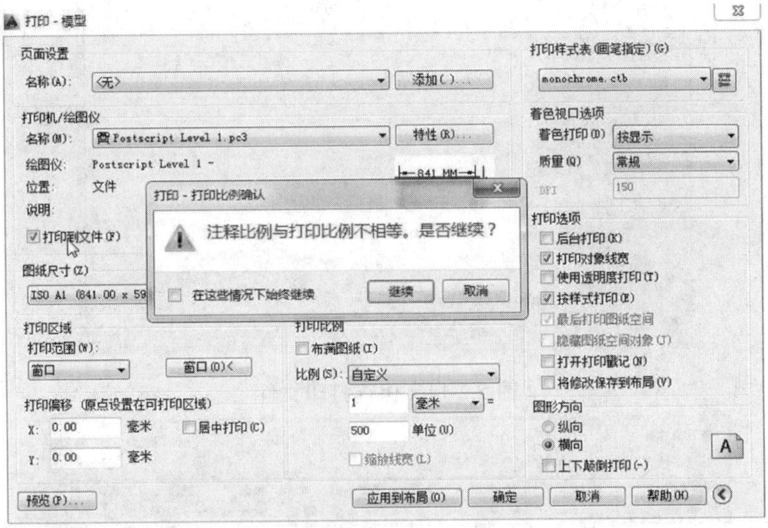

图 5-2-12　打印比例确认

(13)这时进入打印预览界面,鼠标变成一个放大镜图标,通过前后滚动鼠标中键,可以将图纸放大或缩小,以便观察。若确认图纸没有问题,可在绘图区任意位置单击右键,选择“打印”,如图 5-2-13 所示。

☞技巧:在打印预览时,如果对图纸的效果不满意,可以单击右键,选择“退出”,或者按“Esc”键退回到打印设置界面,重新调整。

(14)弹出“浏览打印文件”窗口,将打印好的小游园平面图.eps 文件保存到电脑中指定的位置,如图 5-2-14 所示。

(15)打开图层特性管理器,可以看到,文件中有 10 个不同的图层,关闭“植物”图层和“填充”图层,如图 5-2-15 所示。

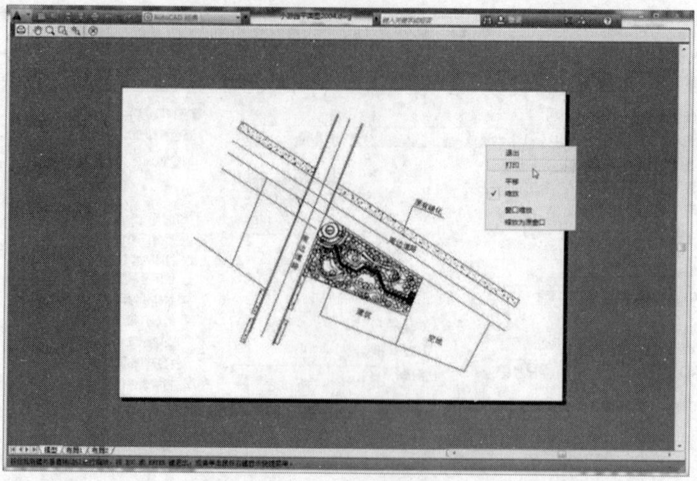

图 5-2-13　打印预览

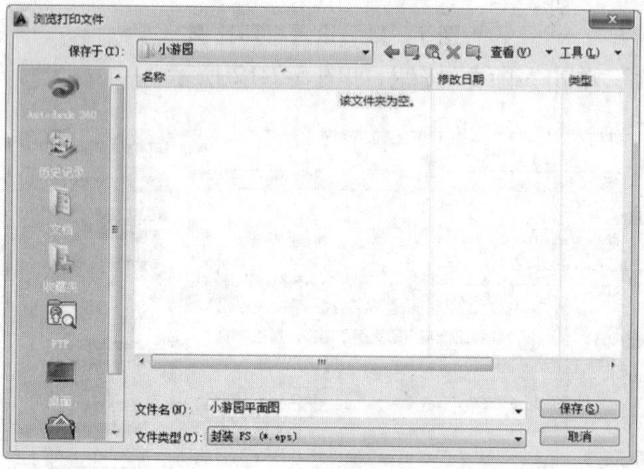

图 5-2-14　保存打印文件

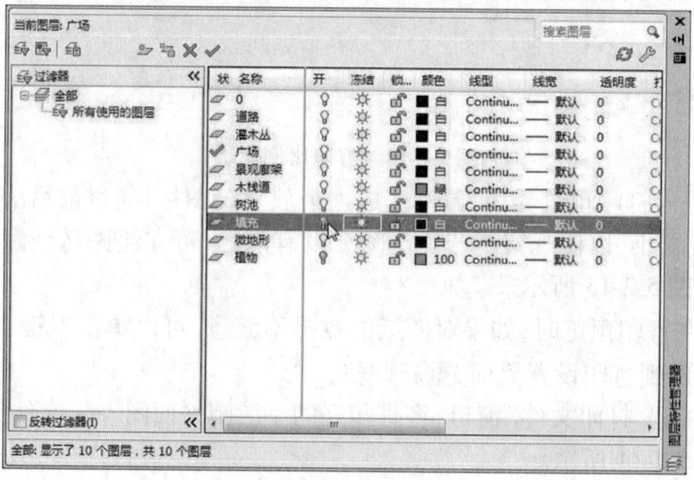

图 5-2-15　整理图层

(16)把“0”图层置为当前图层,关闭其余图层。选择“文件/打印”,在页面设置中将名称修改为“上一次打印”,这样可以调出之前的打印参数,如图 5-2-16 所示。

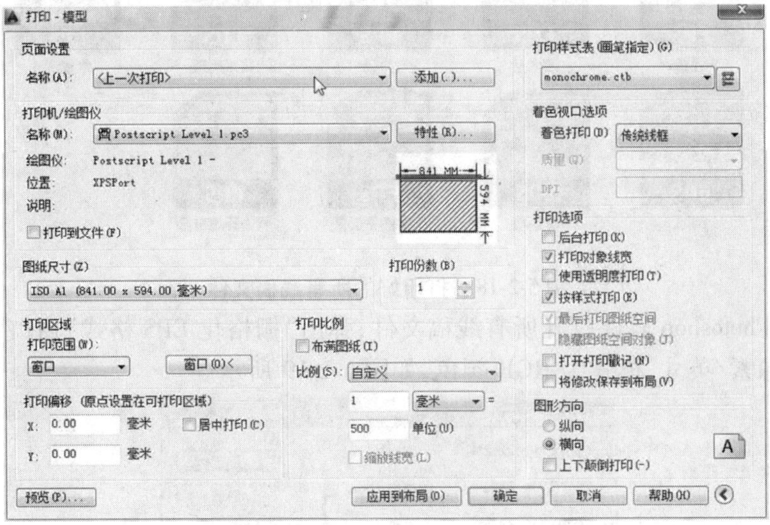

图 5-2-16　调出上一次打印参数

(17)单击“预览”,右击,选择“打印”,将“0”图层打印出来,命名为“周边环境范围”,如图 5-2-17 所示。

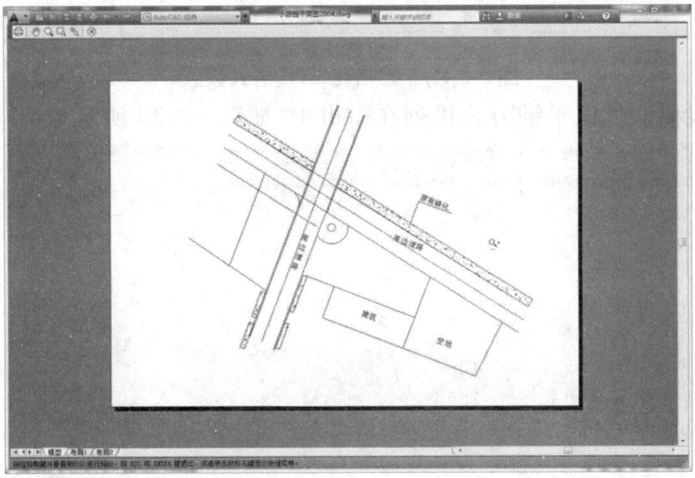

图 5-2-17　打印“0”图层

(18)按照图层特性管理器中的顺序,依次分别将“道路”图层、“灌木丛”图层、“广场”图层、“景观廊架”图层、“木栈道”图层、“树池”图层、“微地形”图层单独打印为大小相同的 EPS 格式线稿文件。打开所有图层,打印一张带植物图例的 EPS 整体线稿文件,命名为“小游园平面图”。打印好的所有线稿文件如图 5-2-18 所示。

☞技巧:方案中图层特别多的时候,可以将每个图层单独打印出来,这样更有条理,不容易出错。

步骤三:将线稿导入 Photoshop,并整理。

图 5-2-18　打印好的所有线稿文件

(19)用 Photoshop 软件打开所有线稿文件,弹出“栅格化 EPS 格式”窗口,全部修改为分辨率 100 像素/英寸,模式为 RGB 颜色,如图 5-2-19 所示。

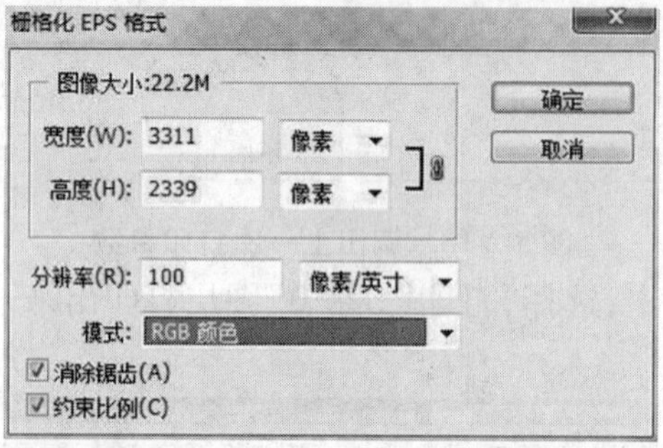

图 5-2-19　栅格化 EPS 格式设置

(20)所有线稿文件以平铺方式排列在窗口中,如图 5-2-20 所示。

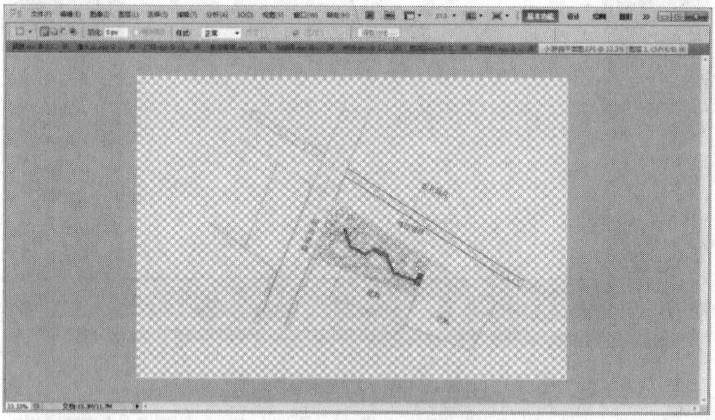

图 5-2-20　打开所有线稿文件

(21)右键单击“道路”线稿文件,点击“移动到新窗口”,如图 5-2-21 所示。

(22)将“小游园平面图”线稿文件激活,按下移动工具,按住“Shift”键,将“道路”线稿拖动到“小游园平面图”线稿文件中。系统会自动生成一个“图层 2”,将“道路”线稿文件关闭,如图 5-2-22 所示。

(23)在“小游园平面图”线稿文件中将“图层 1”改名为“植物范围”,“图层 2”改名为“道路范围”。将其余线稿以同样的方式拖动到“小游园平面图”线稿文件中,并按照内容

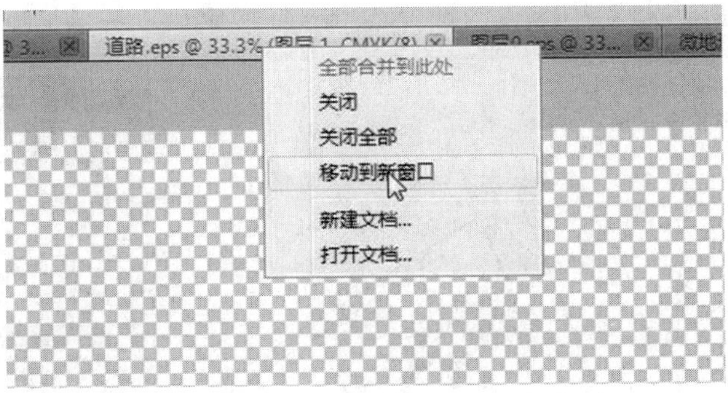

图 5-2-21 移动窗口位置

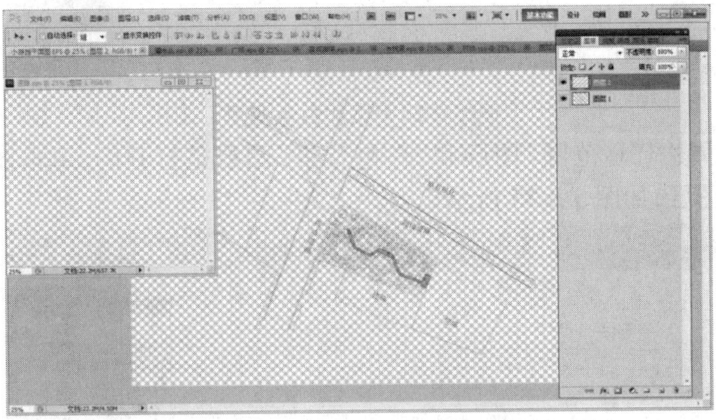

图 5-2-22 合并“道路”线稿文件

改好相应的图层名,如图 5-2-23 所示。

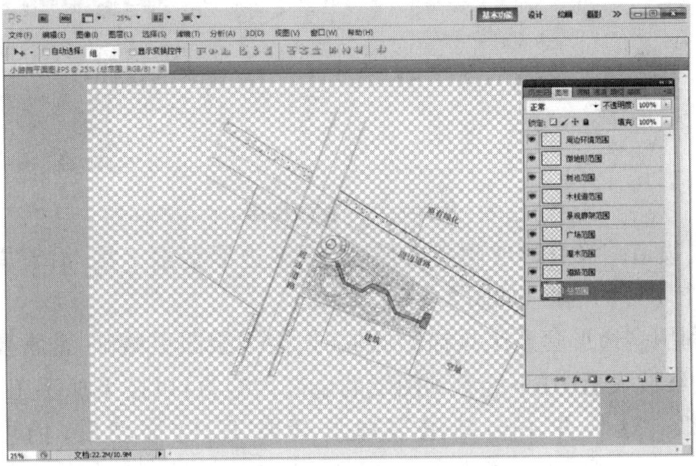

图 5-2-23 合并所有线稿文件

(24)按下“Ctrl + Shift + N”快捷键,新建一个图层,将其拖动放置到最底层。将前景色修改为纯白色(RGB:255,255,255),按下“Alt + Delete”快捷键,填充这个图层,将其命名为“白色背景”,为线稿做衬托,如图 5-2-24 所示。

步骤四:制作周边环境。

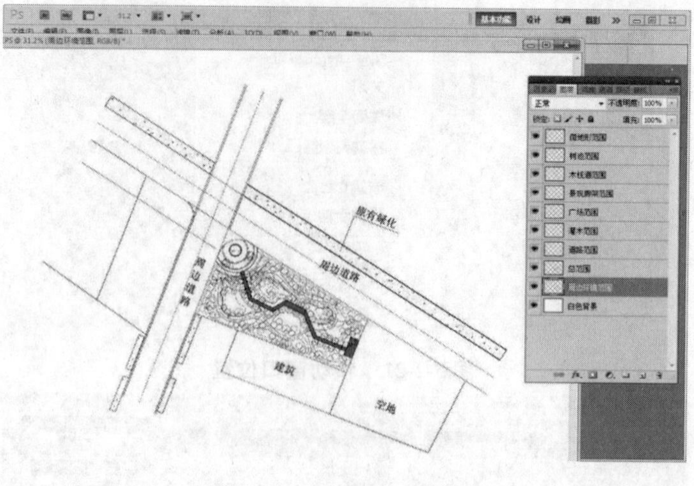

图 5-2-24　添加白色背景

(25)保证"周边环境范围"图层和"白色背景"图层是打开的,单击图层前面的眼睛开关,关闭其他图层,如图 5-2-25 所示。

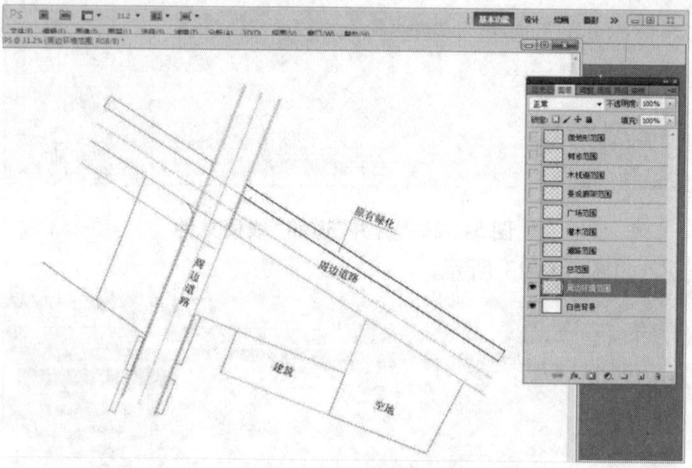

图 5-2-25　整理图层

(26)由于周边道路没有形成闭合区域,选择多边形套索工具,沿着周边道路范围线单击,圈选出一个闭合的选区,如图 5-2-26 所示。

☞技巧:利用多边形套索工具描绘区域时,为了绘图更精确,常常要配合使用视图缩放工具。在图纸放大后,并不能看到图纸的全部内容,可以按下抓手工具(快捷键为空格键),移动图纸。这样并不会结束多边形套索工具,移动后,仍可继续描图,如图 5-2-27 所示。

(27)将前景色和背景色分别设置为深灰色(RGB:187,187,187)和浅灰色(RGB:216,216,216),如图 5-2-28 所示。

(28)新建名为"周边道路"的图层,将其放置到"周边环境范围"图层下面。选择渐变工具,鼠标变为一个小十字。在选区的一侧单击鼠标左键,按住鼠标不放,将鼠标移动到选区的另一端,拖拽出一个渐变的路径,如图 5-2-29 所示。

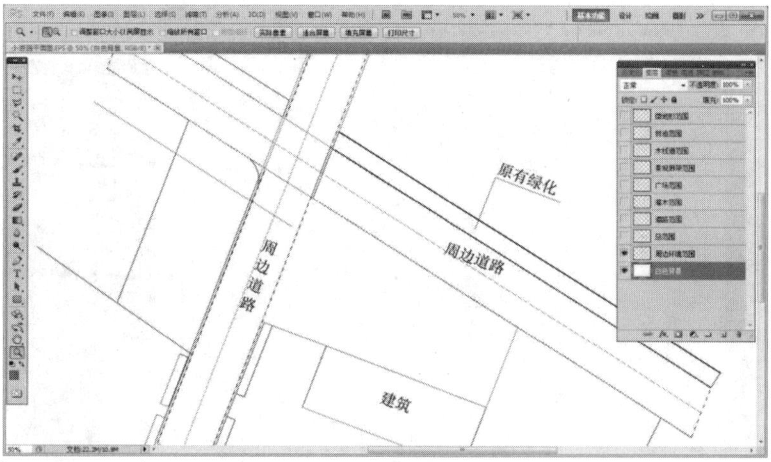

图 5-2-26　周边道路选区

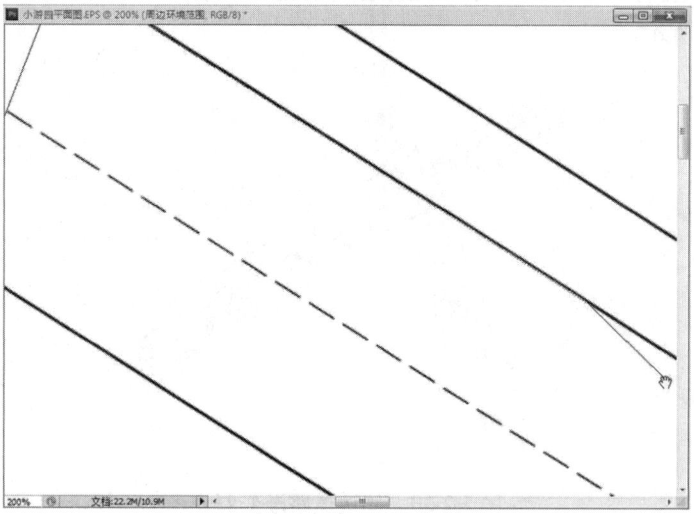

图 5-2-27　利用抓手工具移动图纸

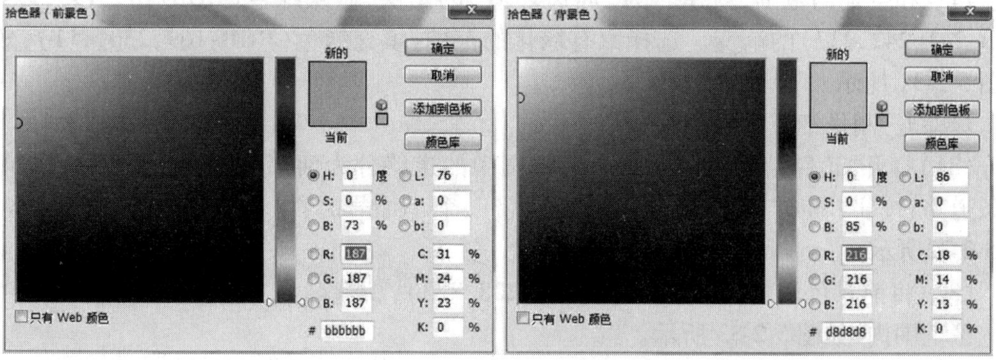

图 5-2-28　调整前景色和背景色

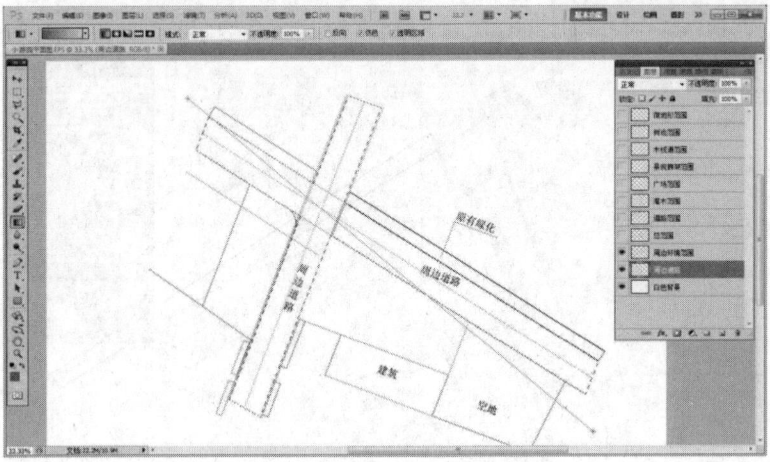

图 5-2-29　拖拽渐变的路径

(29)松开鼠标左键,可以看到在周边道路的范围内做了一个从深灰色到浅灰色的渐变,如图 5-2-30 所示。

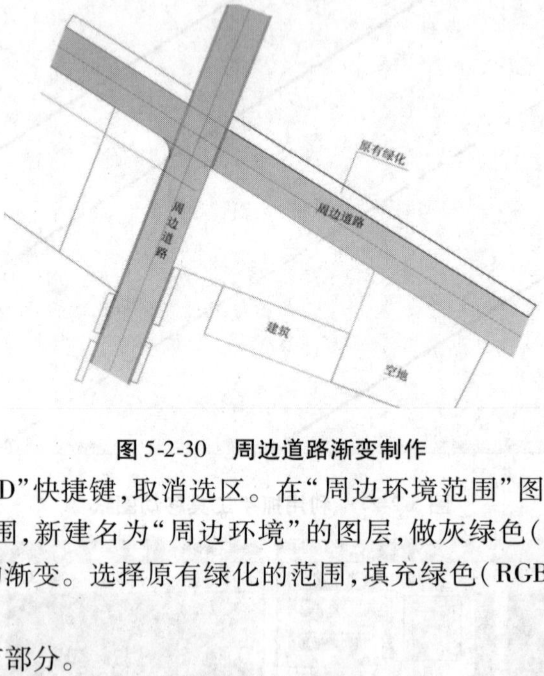

图 5-2-30　周边道路渐变制作

(30)按下“Ctrl + D”快捷键,取消选区。在“周边环境范围”图层中用魔棒工具选择周边建筑和空地的范围,新建名为“周边环境”的图层,做灰绿色(RGB:189,195,174 和 RGB:241,242,237)的渐变。选择原有绿化的范围,填充绿色(RGB:169,230,111),效果如图 5-2-31 所示。

步骤五:制作细节部分。

(31)打开“道路范围”图层,可以看到图中的道路分为两部分。选择魔棒工具,单击一条道路,按住“Shift”键不放,当魔棒工具带一个小加号时,可单击加选另一条道路,如图 5-2-32所示。

(32)将前景色调整为米色(RGB:228,228,223),新建名为“道路”的图层,填充到道路选区范围内,如图 5-2-33 所示。

(33)打开“广场范围”图层,用魔棒工具加选广场中铺装的范围,新建“广场铺装”图层,将选区范围填充为黄色(RGB:248,245,232),再选择弧形装饰线条范围,将其填充为

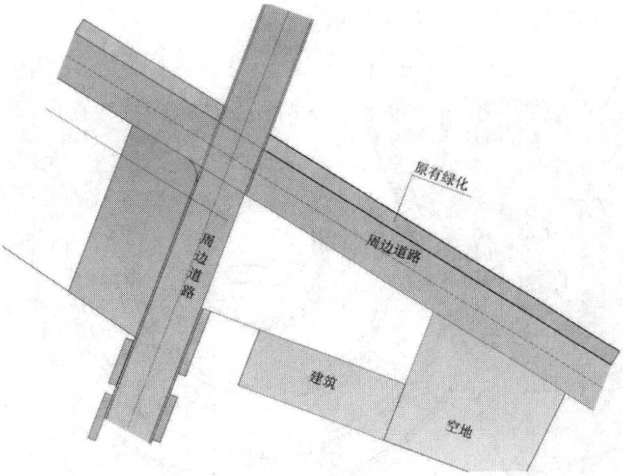

图 5-2-31　周围环境的填充

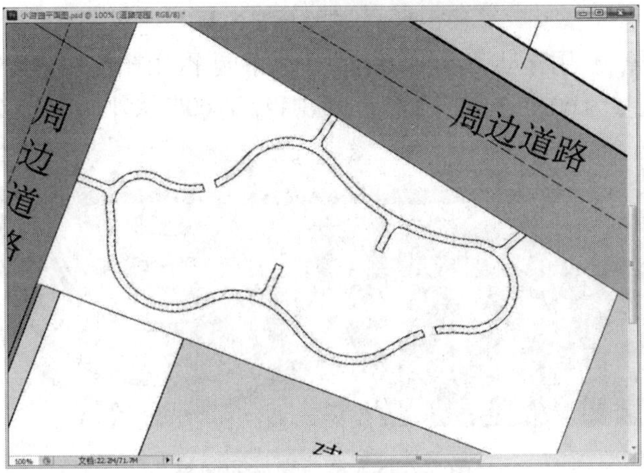

图 5-2-32　道路范围

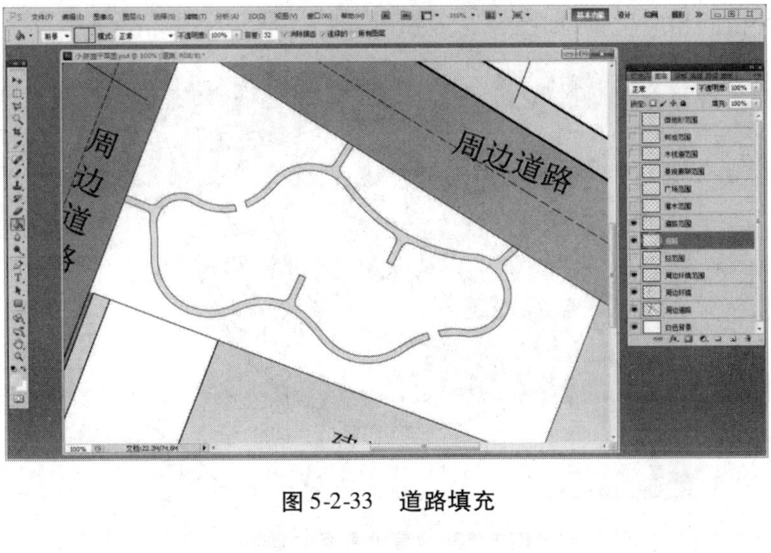

图 5-2-33　道路填充

灰色(RGB:211,210,209),如图 5-2-34 所示。

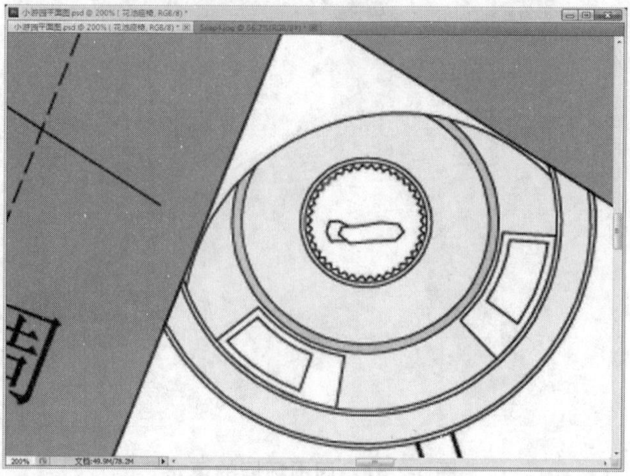

图 5-2-34　广场铺装的制作

(34)打开草地素材,用移动工具将其拖动到小游园平面图中。按下“Ctrl + T”快捷键,把宽度 W 和高度 H 调整为 60,回车确认,把素材图片缩到 60% 大小,如图 5-2-35 所示。

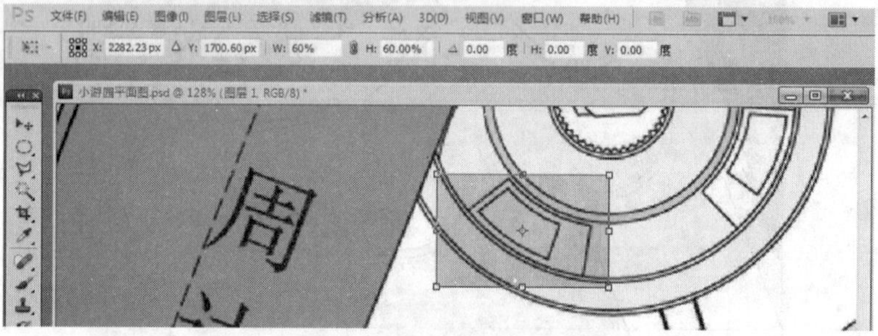

图 5-2-35　草地素材的调整

(35)按住“Ctrl”键,单击“草地素材”图层的缩略图,载入选区。按住“Alt”键,将素材复制到草坪种植的相应位置,如图 5-2-36 所示。

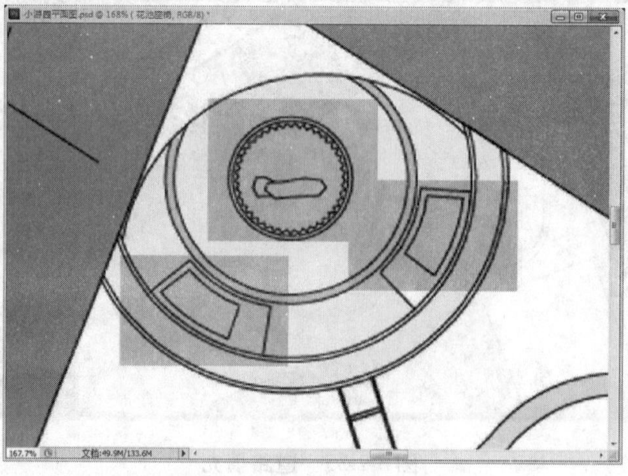

图 5-2-36　草地素材的复制

(36)在“广场范围”图层中选中草地的区域，切换到“草地素材”图层，按下“Ctrl + Shift + J”快捷键进行剪切复制。将剪切复制新生成的图层改名为“广场草地”，按“Delete”键删除“草地素材”图层，效果如图5-2-37所示。

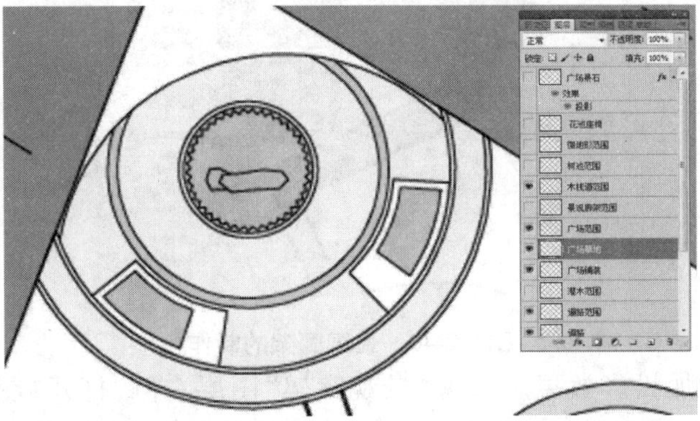

图5-2-37　广场草地的制作

(37)选择广场中树池座椅的范围，填充褐色(RGB:184,146,129)。选择广场景石的范围，做褐色(RGB:157,109,48)到米色(RGB:230,227,223)的渐变。选择景石所在图层，添加投影，效果如图5-2-38所示。

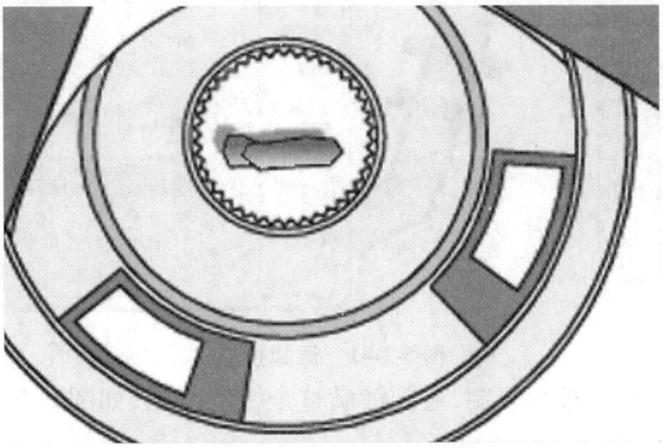

图5-2-38　树池座椅和景石的制作

(38)选中木栈道的范围，填充颜色(RGB:189,186,154)，如图5-2-39所示。

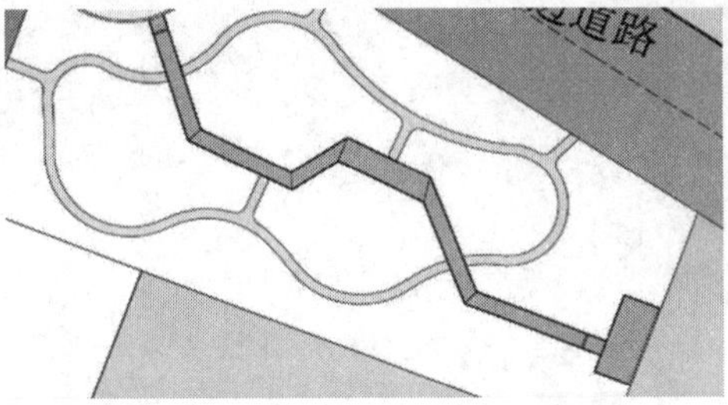

图5-2-39　木栈道的制作

(39)用多边形套索工具选择一个廊架的范围，新建名为“景观廊架”的图层，填充红色(RGB:168,48,12)。复制三个到相应的位置，合并成一个图层，如图5-2-40所示。

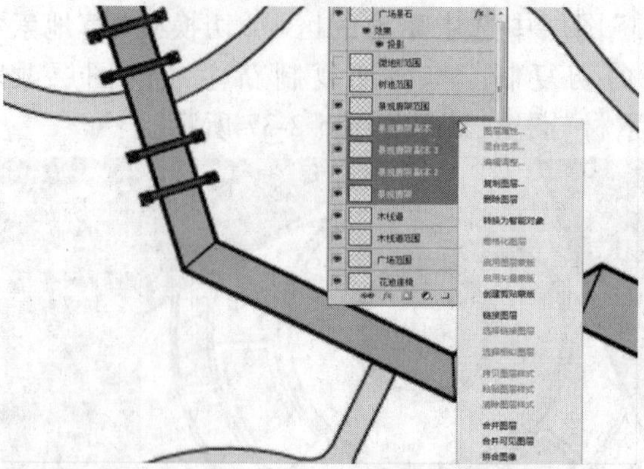

图 5-2-40　景观廊架的制作

(40)为图层添加投影效果。双击“景观廊架”图层右侧,打开“图层样式”窗口。在“投影”前打钩,并将距离调整为 7 像素,不透明度调整为 53%,如图 5-2-41 所示。

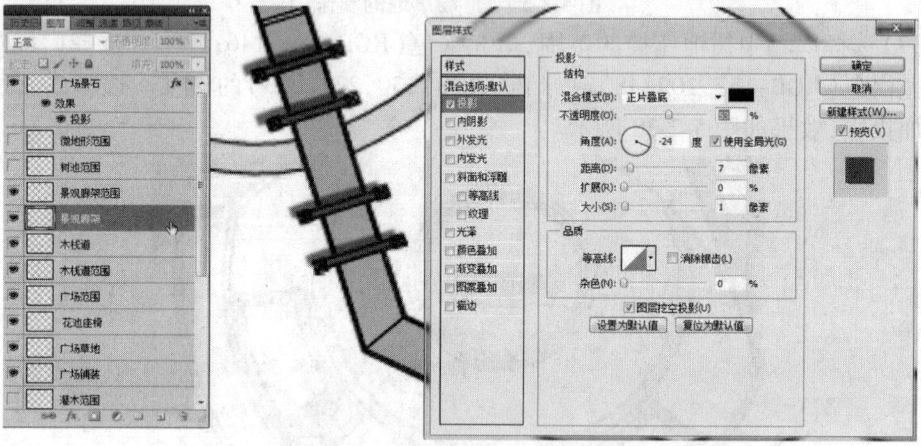

图 5-2-41　添加投影

(41)打开草地素材,进行复制,直到铺满整个绿地范围,如图 5-2-42 所示,合并图层,命名为“草地”。

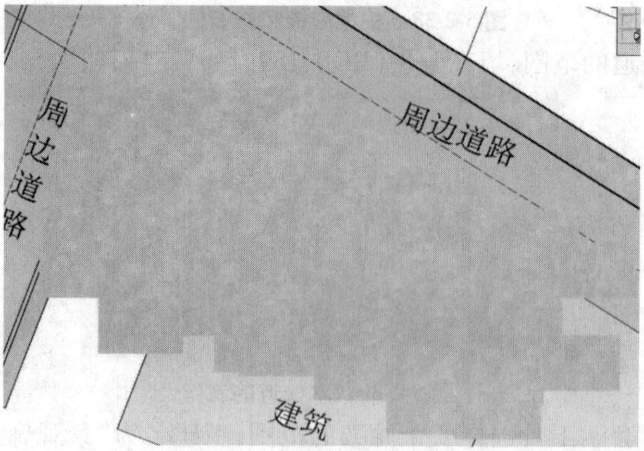

图 5-2-42　复制草地素材

☞技巧:复制草地素材时,可以按下“Ctrl”键,单击图层的缩略图,选中草地素材后再进行复制,这样复制时不会产生新的图层,比较方便。

(42)打开“道路范围”、“木栈道范围”和“广场范围”图层。用魔棒工具加选草地的范围,如图 5-2-43 所示。

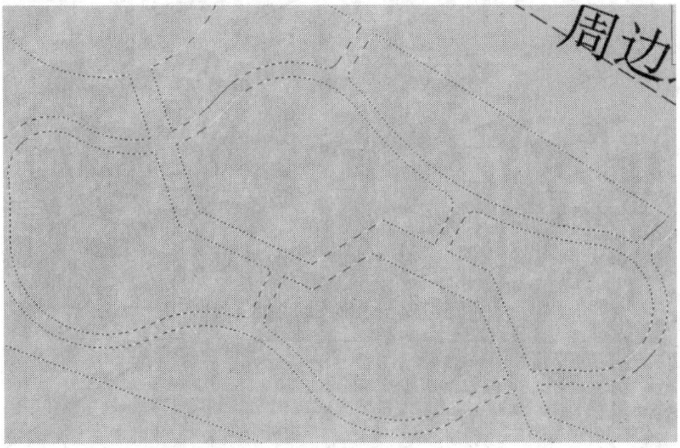

图 5-2-43　草地的范围

(43)按下“Ctrl + Shift + I”快捷键,反选多余的草地,按“Delete”键删除,如图 5-2-44 所示。

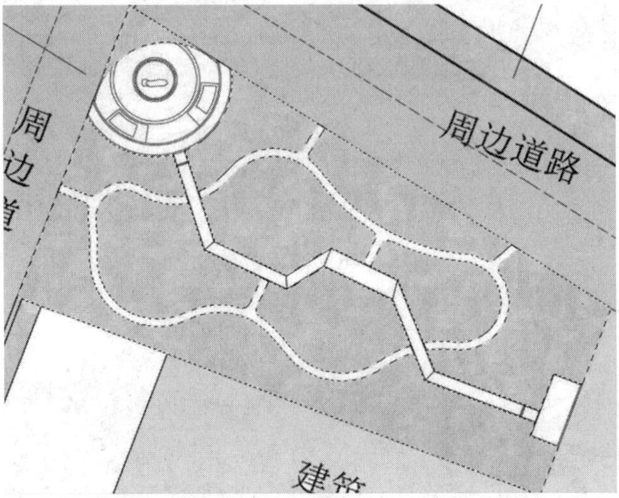

图 5-2-44　删除多余草地

(44)打开“微地形范围”图层,按照地形的高低填充不同绿色(RGB:211,229,202;RGB:203,225,192;RGB:197,221,192;RGB:191,207,192),如图 5-2-45 所示。

(45)打开“灌木范围”图层,用魔棒工具加选所有的灌木,填充绿色(RGB:168,210,56)和黄色(RGB:229,230,102),效果如图 5-2-46 所示。

(46)将“灌木”图层的混合方式修改为正片叠底,如图 5-2-47 所示。

(47)打开“植物范围”图层,将植物素材拖动到小游园平面图中,按照位置摆放。将所有植物图层的混合模式都改为正片叠底,如图 5-2-48 所示。

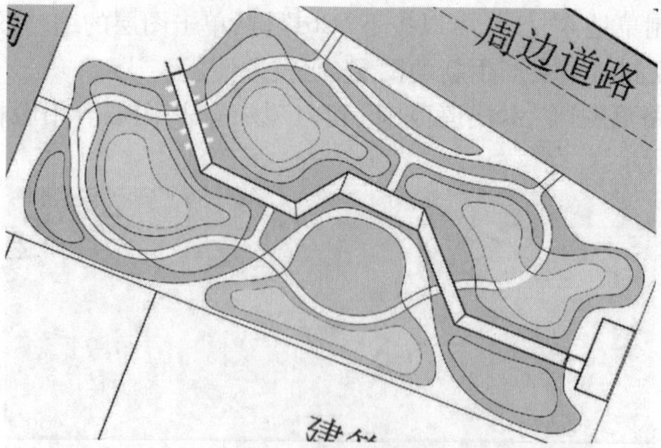

图 5-2-45　微地形的制作

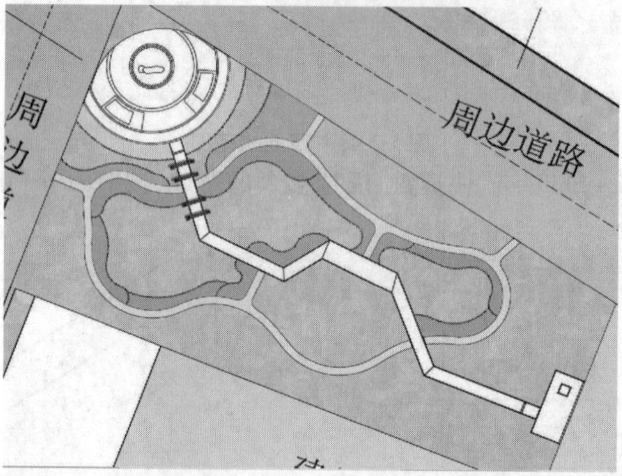

图 5-2-46　灌木的制作

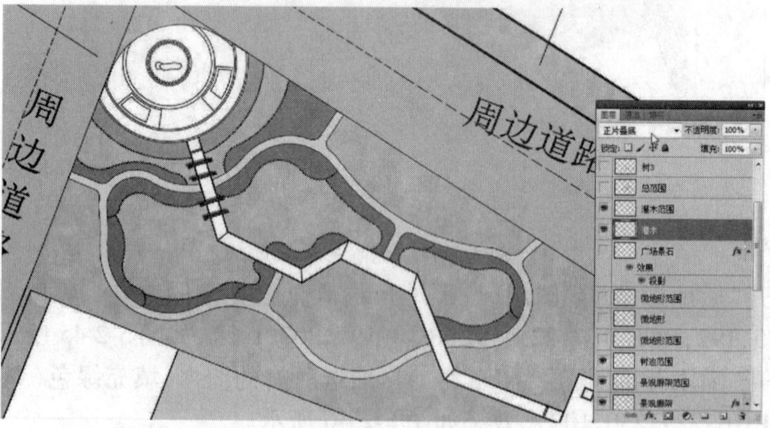

图 5-2-47　修改“灌木”图层混合方式

步骤六：制作文本图框。

(48)添加图框、文字和指北针，如图 5-2-49 所示。

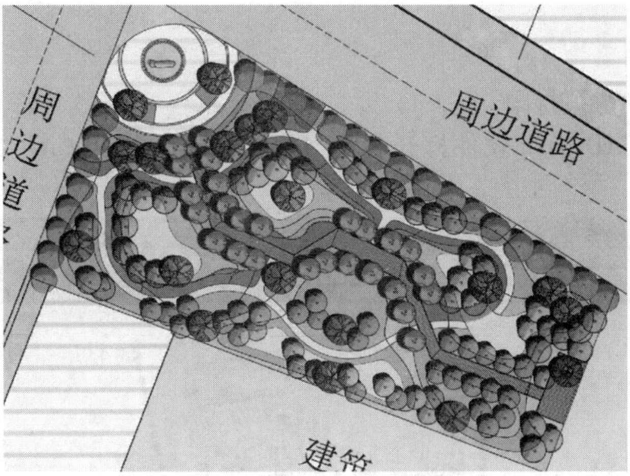

图 5-2-48　植物的添加

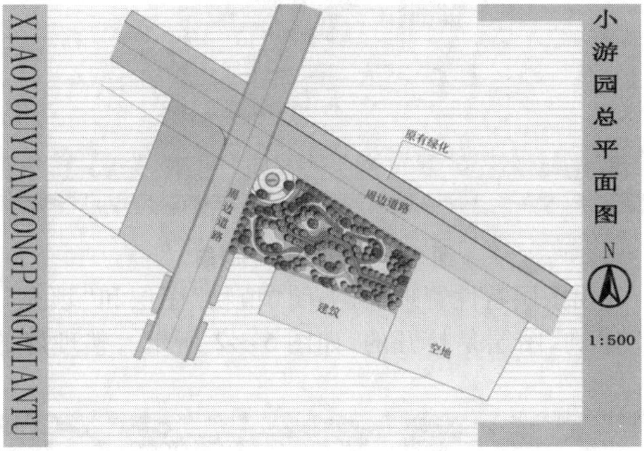

图 5-2-49　制作好的图纸

【任务小结】

小游园地形的面积虽大，但只是做衬景，要把握好颜色的搭配，不能喧宾夺主。植物图层选择正片叠底的图层混合模式，使颜色更透亮，效果更美观。

任务三　绘制居住区平面效果图

【学习情景】

1　任务描述

本任务对平面图绘制的流程进行复习，并介绍了利用滤镜工具制作道路质感纹理的方法、利用外部素材做图案填充的方法，以及图示比例尺的制作方法。

2　任务执行

步骤一:图纸的虚拟打印。

(1)使用 AutoCAD 2012 软件打开名为“居住区平面图”的 CAD 文件,如图 5-3-1 所示。

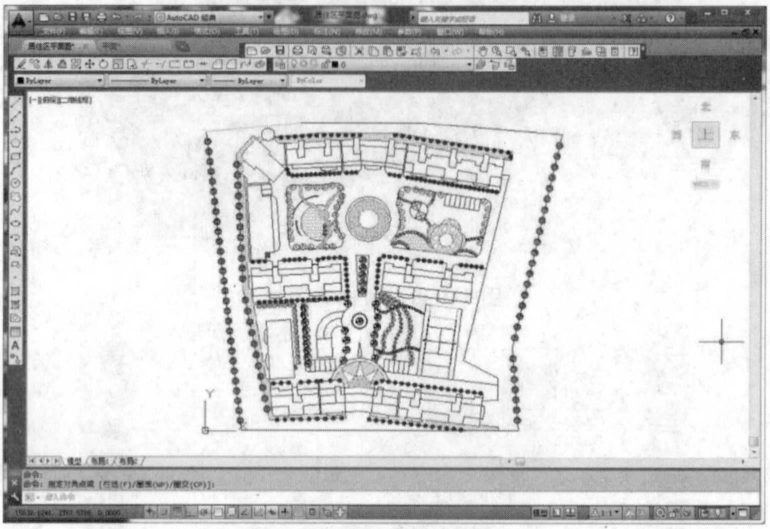

图 5-3-1　居住区平面图

(2)整理线稿。调出图层特性管理器,关闭“植物”图层和“填充”图层,保证“道路”图层、“广场”图层、“建筑”图层是打开的,如图 5-3-2 所示。整理好的线稿图如图 5-3-3 所示。

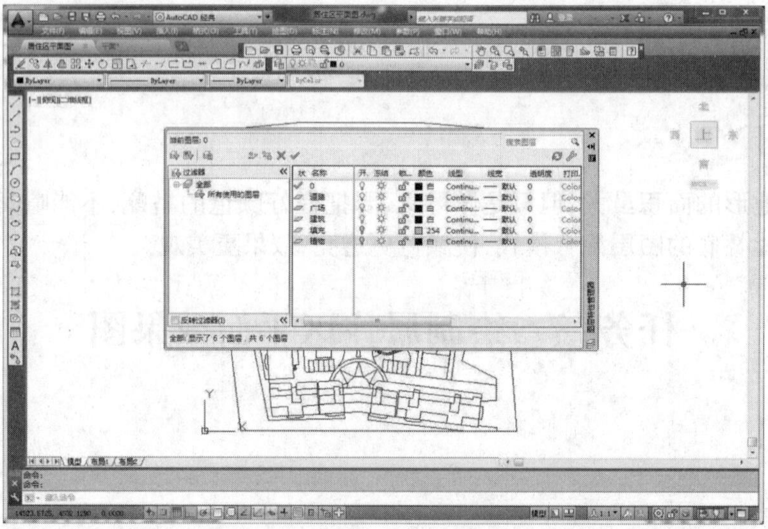

图 5-3-2　线稿的整理

☞技巧:如果关闭 CAD 中的图层后,该图层中的线条并没有被隐藏掉,可以尝试将图层关闭的同时冻结,以达到隐藏线条的效果。

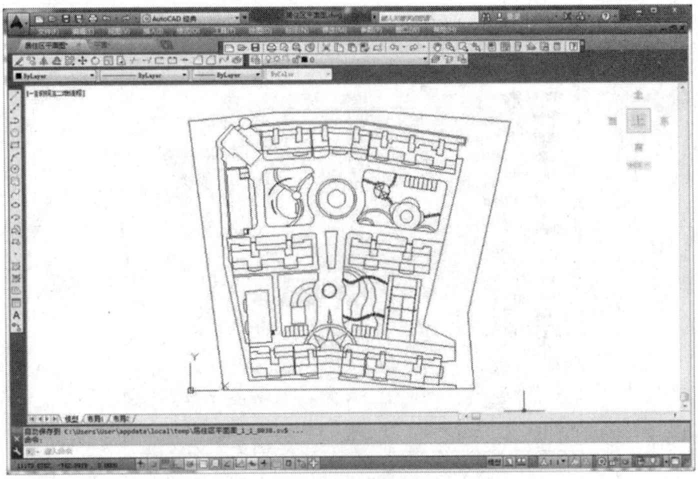

图 5-3-3　整理好的线稿图

(3)虚拟打印的设置。选择“文件打印”,打印机/绘图仪的名称选择“Postscript Level 1. pc3”,勾选“打印到文件”,图纸尺寸选择“ISO A1(841.00×594.00 毫米)”。如果需要将文件打印到图纸的中央,勾选“居中打印”。打印参数设置如图 5-3-4 所示。

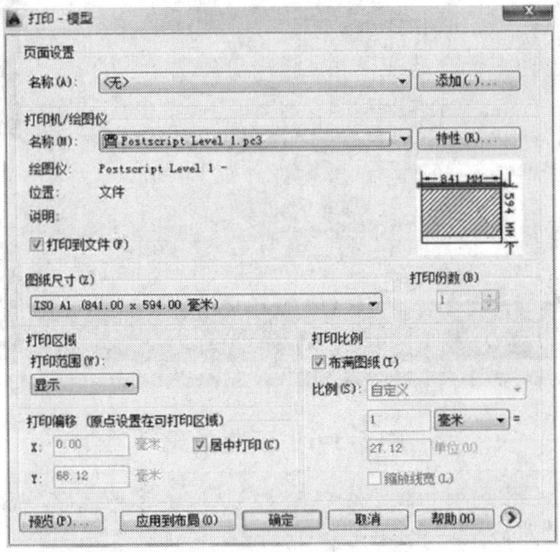

图 5-3-4　打印参数设置

☞技巧:为了保证打印的多张图纸大小一致,打印之前,在图纸外围自己绘制一个矩形范围框,放置到“0”图层。

(4)虚拟打印。将打印范围由“显示”切换为“窗口”,这时光标变成一个十字线,捕捉打印的范围,单击“预览”按钮,观察图纸效果是否合适。打印范围设置和预览效果分别如图 5-3-5、图 5-3-6 所示。

(5)如果图纸预览效果没有问题,就可以单击右键,选择“打印”,弹出“浏览打印文件”窗口,可以将打印的文件保存到指定的路径,如图 5-3-7 所示。

(6)调出图层特性管理器,打开“植物”图层,再打印一张与上一张图纸大小相同带植物图例的线稿图,如图 5-3-8 所示。

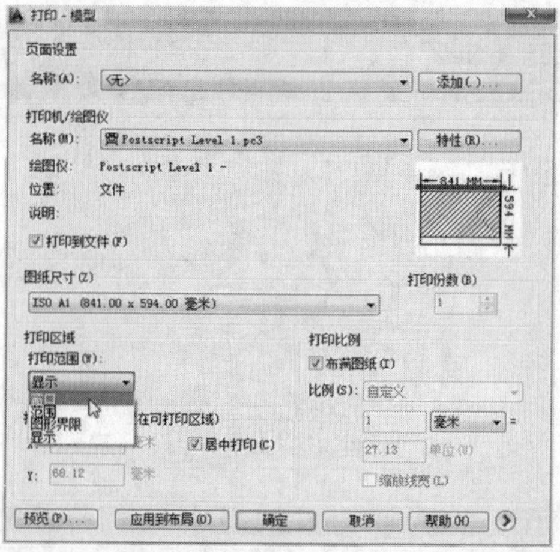

图 5-3-5　打印范围设置

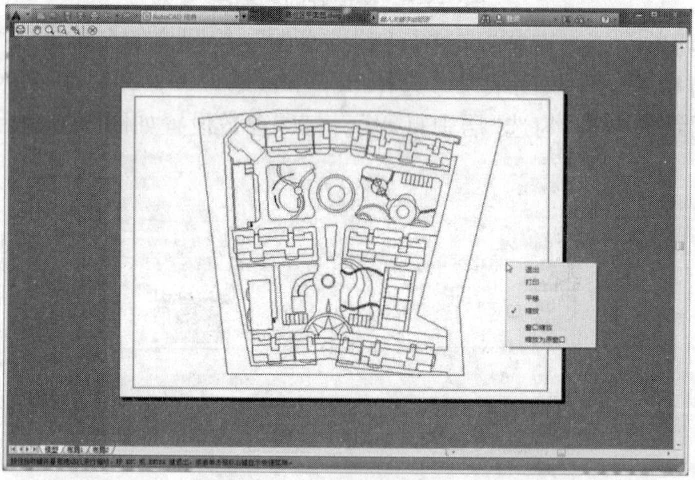

图 5-3-6　预览效果

图 5-3-7　保存打印的图纸

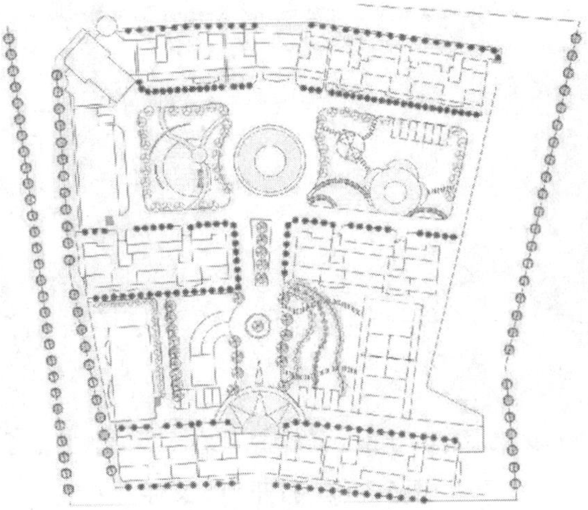

图 5-3-8　带植物图例的线稿

步骤二:背景的制作。

(7)打印好的文件为 EPS 格式,将文件拖动到 Photoshop 图标上,弹出“栅格化 EPS 格式”对话框,将分辨率调整为 150 像素/英寸,颜色模式调整为 RGB 模式,如图 5-3-9 所示。

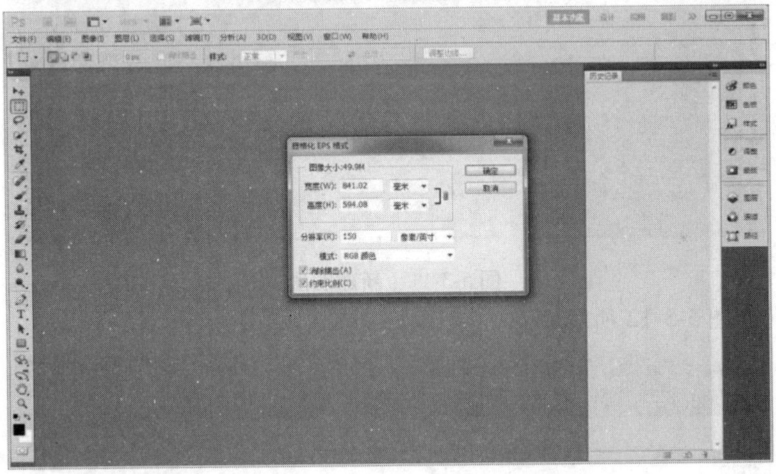

图 5-3-9　文件打开时的参数设置

☞技巧:分辨率的大小直接影响图纸的清晰度,可以根据图纸的尺寸和电脑的性能将此数值调大。居住区图纸一般需要打大图,分辨率最好在 200 像素/英寸以上。

(8)单击“确定”按钮,将文件打开,如图 5-3-10 所示。

(9)由于 EPS 文件背景为透明,线条看得不清楚,需要为其添加一个白色背景。调出图层工具栏,按下“Ctrl + Shift + N”快捷键,新建一个图层,修改名称为“背景”,单击“确定”按钮,如图 5-3-11 所示。

(10)按下“D”快捷键,把拾色器的前景色变换为白色,选中背景图层,按下“Alt + Enter”快捷键,将背景图层填充为白色。用鼠标拖动背景图层,调整图层位置到最下层,

图 5-3-10　打开 EPS 文件

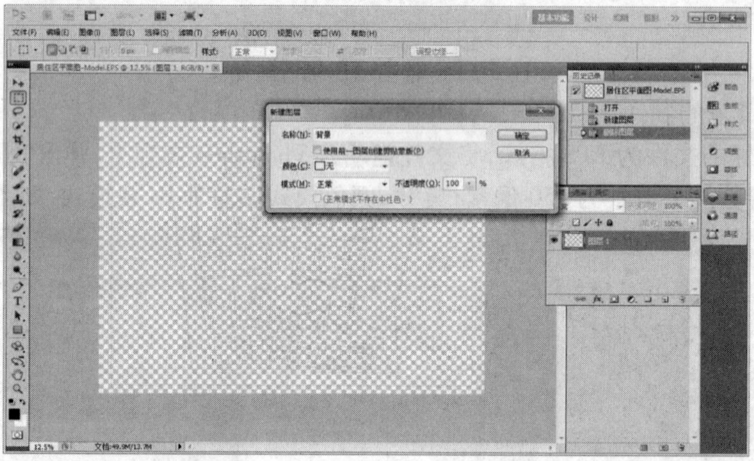

图 5-3-11　新建图层

调整好后效果如图 5-3-12 所示。

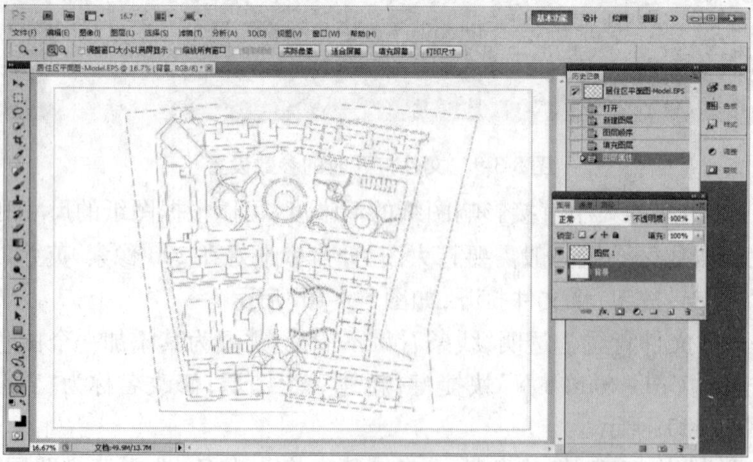

图 5-3-12　制作白色背景

步骤三:周边道路的制作。

(11)将“图层 1”设为当前图层,用魔棒工具选择周边道路,如图 5-3-13 所示。

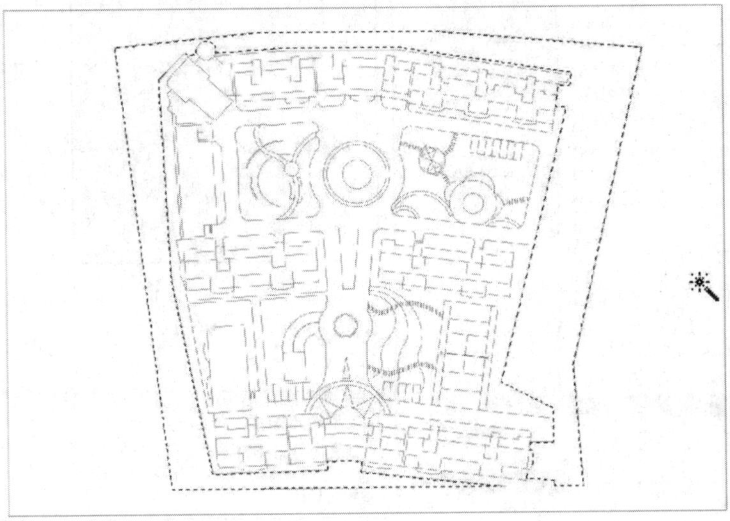

图 5-3-13　选择周边道路

(12)打开拾色器界面,将前景色调成灰色(RGB:141,141,141),新建一个名为“周边道路”的图层,按下“Alt + Enter”快捷键,在选中的范围内填充灰色,如图 5-3-14 所示。

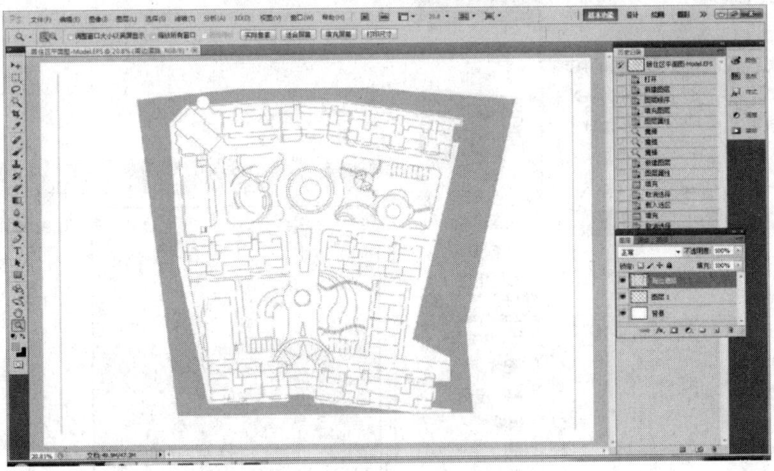

图 5-3-14　周边道路颜色的填充

(13)选择“滤镜/杂色/添加杂色”,弹出“添加杂色”窗口,勾选“单色”,将数量调整为 5%,为灰色添加杂色,如图 5-3-15 所示。

(14)选择“滤镜/模糊/高斯模糊”,弹出“高斯模糊”窗口,将半径调为 0.5 像素,单击“确定”按钮,完成周边道路的制作,如图 5-3-16 所示。

步骤四:细节部分的制作。

(15)制作居住区内部铺装,用 Photoshop 软件打开铺装 1 素材,按下“Ctrl + A”快捷键,选中铺装 1。选择“编辑/定义图案”,单击“确定”按钮,将铺装 1 的图案添加到 Photo-

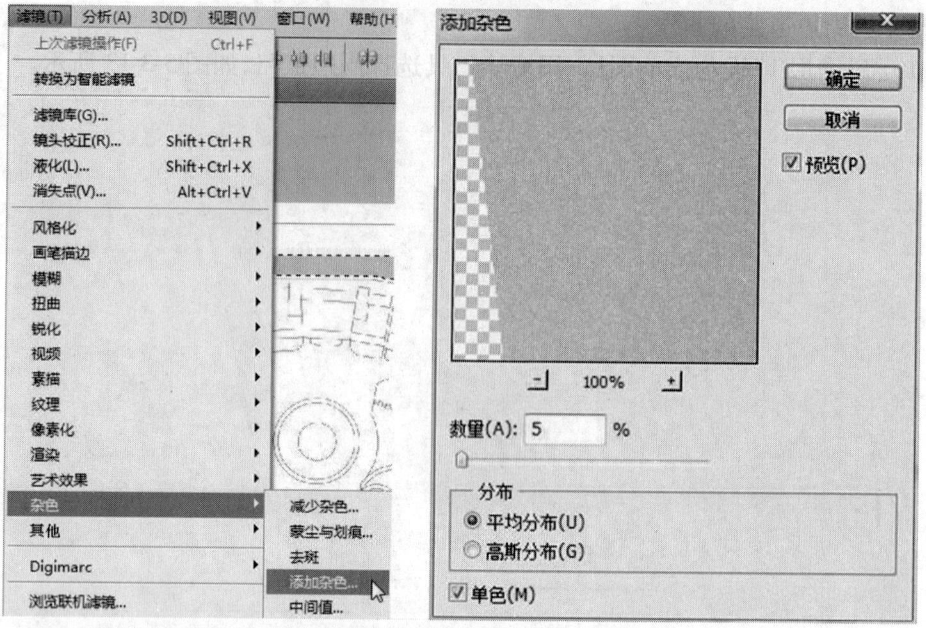

图 5-3-15　添加杂色

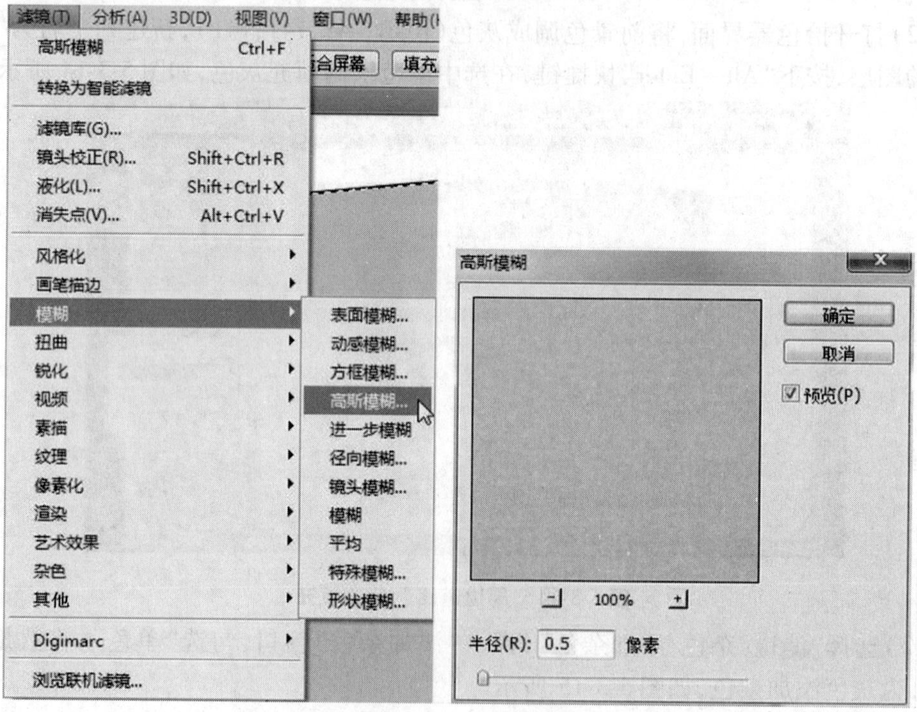

图 5-3-16　高斯模糊

shop 图案库中，如图 5-3-17 所示。

（16）将“图层 1”设为当前图层，用魔棒工具选择内部铺装部分，新建一个图层，命名为“内部铺装”，填充灰色，效果如图 5-3-18 所示。

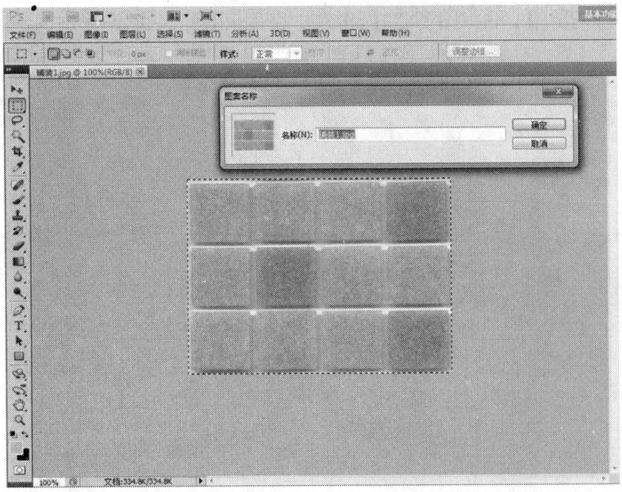

图 5-3-17　定义铺装图案

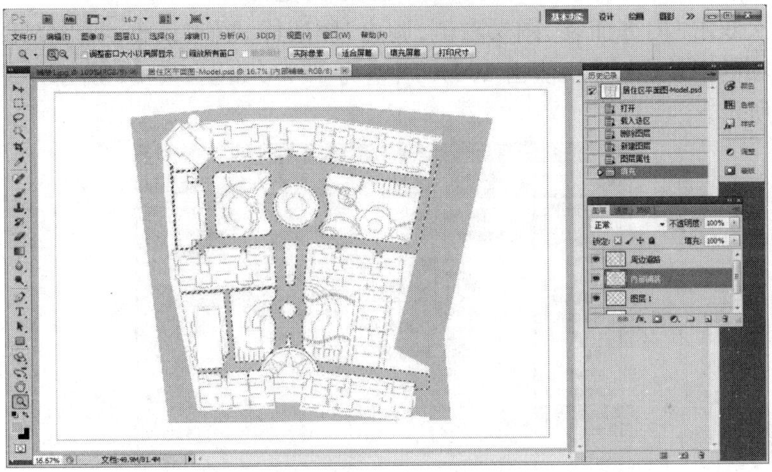

图 5-3-18　内部铺装的范围

(17)双击“内部铺装”图层右侧位置,打开“图层样式”对话框,勾选“图案叠加”,选择刚刚定义好的铺装 1 图案,如图 5-3-19 所示。

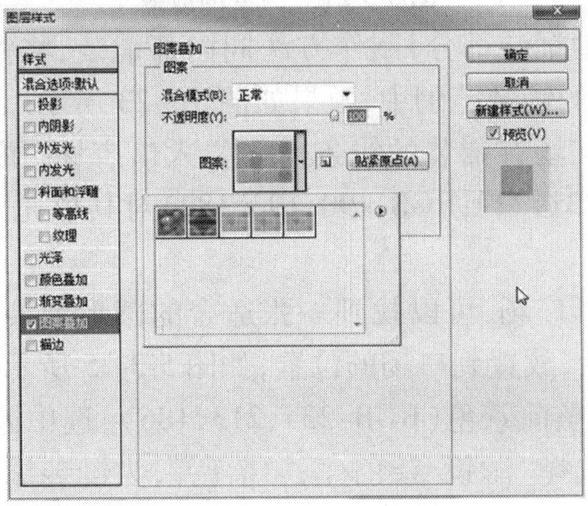

图 5-3-19　图案叠加

(18)单击“确定”按钮,铺装的尺寸过大,效果如图 5-3-20 所示。

图 5-3-20　铺装尺寸过大

(19)再次双击“内部铺装”图层右侧,调出“图层样式”对话框。单击“图案叠加”,拖动“缩放”选项的滑块,将缩放值由 100% 调整为 15%,如图 5-3-21 所示。调整后的效果如图 5-3-22 所示。

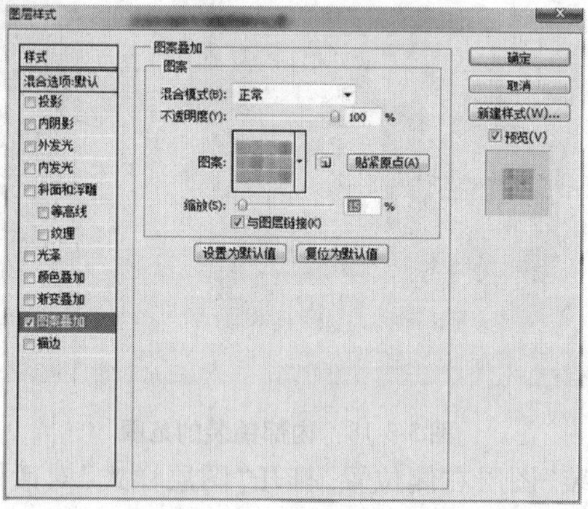

图 5-3-21　调整缩放值

(20)接下来制作其他铺装部分,制作方法同内部铺装,将铺装 2 到铺装 7 素材定义为图案,将其填充到相应的铺装范围中,效果如图 5-3-23 所示。

(21)园区入口处的广场有铺装的线条,新建“入口广场”图层,使用三种颜色(RGB:139,128,149;RGB:231,231,229;RGB:190,193,182)对其填充大色块。填充后的效果如图 5-3-24 所示。

(22)园区北侧的圆形广场,可以找到一张适合的圆形铺装素材来制作,用缩放工具将其调整到适合的大小后,放置到广场的位置,如图 5-3-25 所示。

(23)打开拾色器,调整前景色(RGB:234,213,186),选中园路的范围,新建名为“园路”的图层,进行填充。选择“滤镜/杂色/添加杂色”,为铺装添加一些粗糙的质感,效果如图 5-3-26 所示。

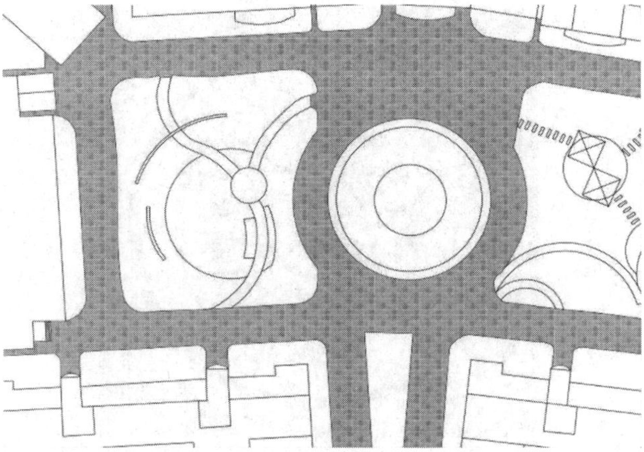

图 5-3-22　调整后的效果

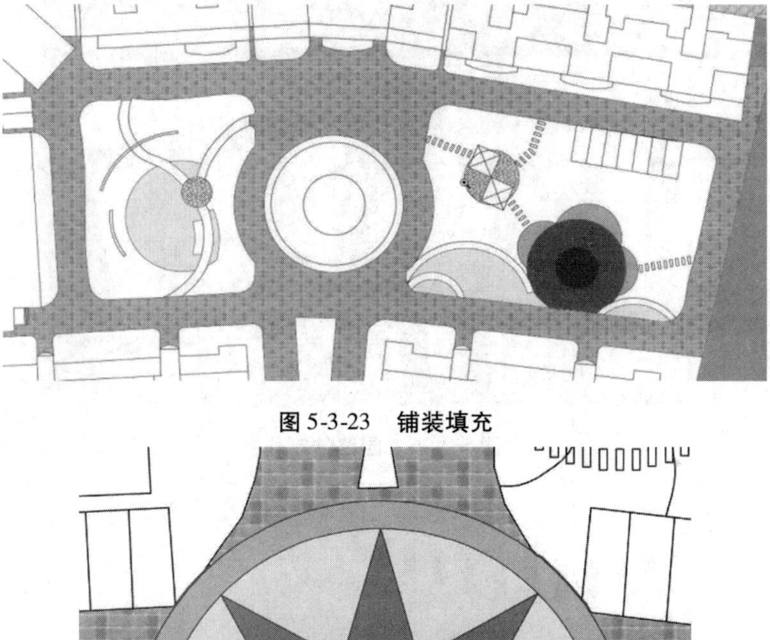

图 5-3-23　铺装填充

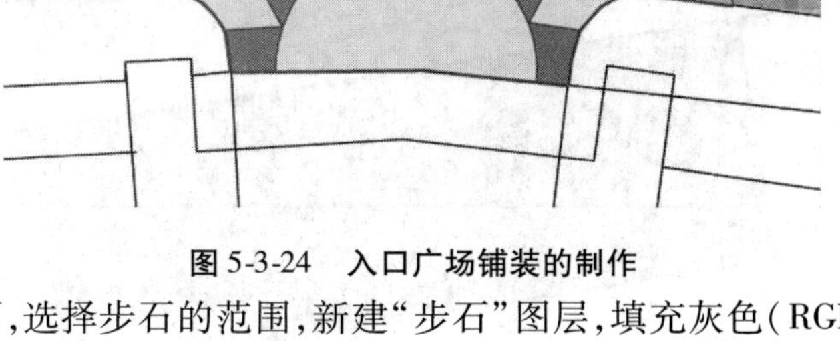

图 5-3-24　入口广场铺装的制作

(24)制作步石,选择步石的范围,新建"步石"图层,填充灰色(RGB:154,154,154),效果如图 5-3-27 所示。

(25)制作停车位,方法同周边道路的制作,填充后效果如图 5-3-28 所示。

(26)将前景色调整为深绿(RGB:70,131,53),背景色调整为浅绿(RGB:134,186,

图 5-3-25　圆形广场的制作

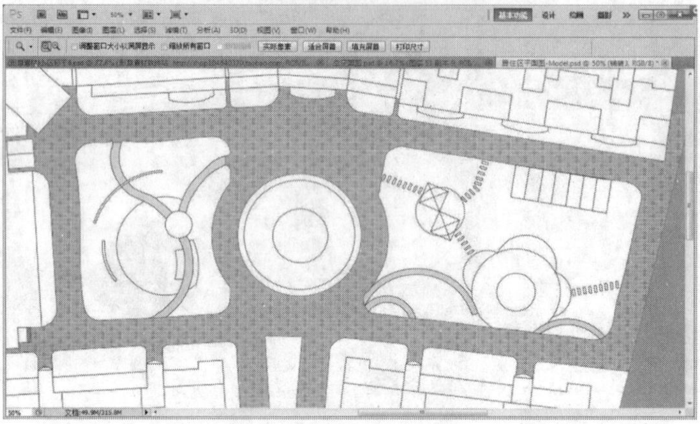

图 5-3-26　园路的制作

图 5-3-27　步石的制作

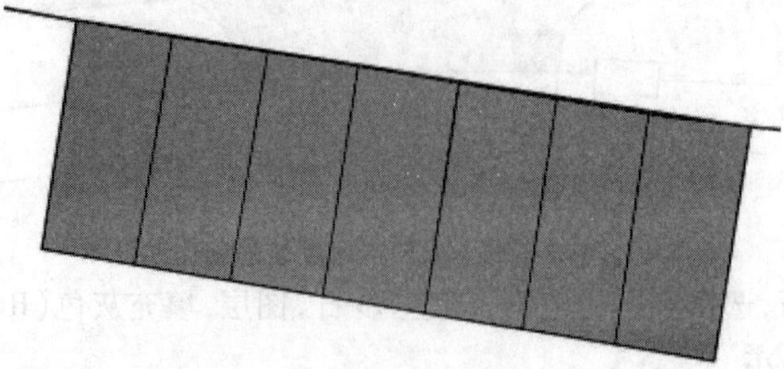

图 5-3-28　停车位的制作

108)。选择草坪的范围,新建“草坪”图层,打开渐变工具,拖拽鼠标,制作从深绿到浅绿的颜色渐变,效果如图 5-3-29 所示。

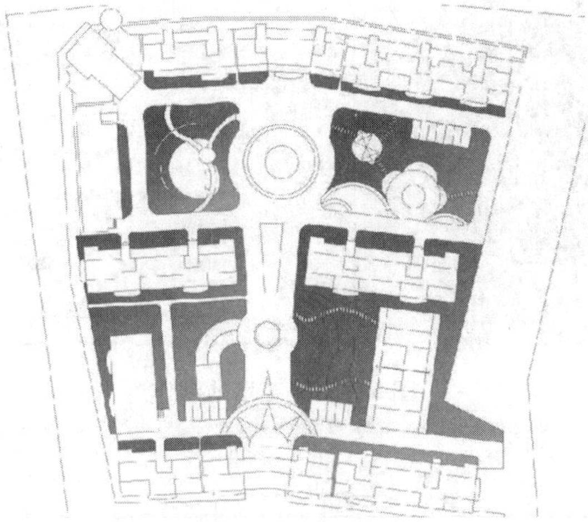

图 5-3-29　草坪的制作

(27)新建“球场”图层,分别填充红色(RGB:198,63,70)、绿色(RGB:114,148,105)材质,效果如图 5-3-30 所示。

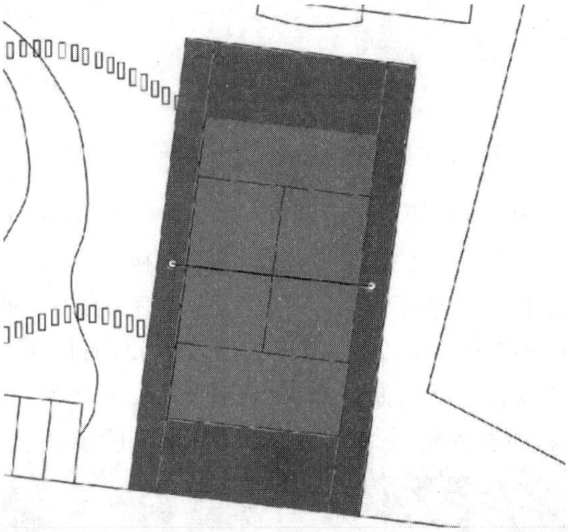

图 5-3-30　球场的填充

(28)新建图层,命名为“花坛”,选择花坛的范围,定义植物图案,将其填充到“花坛”图层,为图层添加斜面和浮雕效果。再次新建图层,命名为“花坛边”,填充灰色,双击图层右侧,打开“图层样式”对话框,添加斜面和浮雕效果,如图 5-3-31 所示。

(29)选择建筑的范围,新建“建筑”图层,填充白色。将“建筑”图层复制一层,命名为“建筑阴影”,拖动到“建筑”图层下方。按下“Ctrl”键,同时单击缩略图,选中“建筑阴影”图层的所有建筑,填充为黑色。选择移动工具,左手按住“Alt”键,右手先按一下键盘上的向上键“↑”,再按一下向左键“←”,交替重复多次,直到阴影的位置适合。调整“建筑阴影”图层的不透明度为 50%,效果如图 5-3-32 所示。

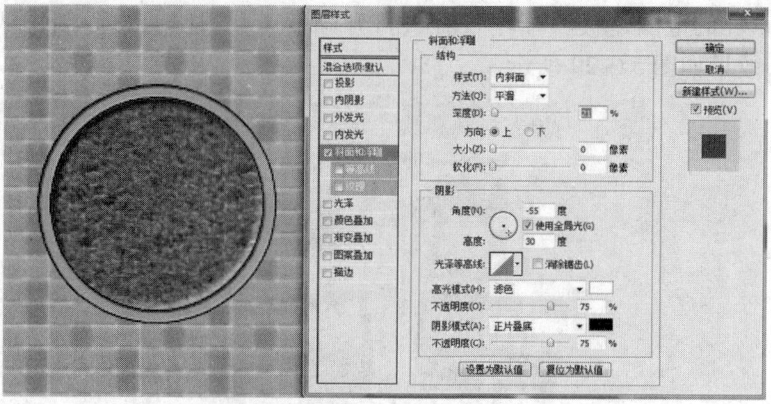

图 5-3-31　花坛的制作

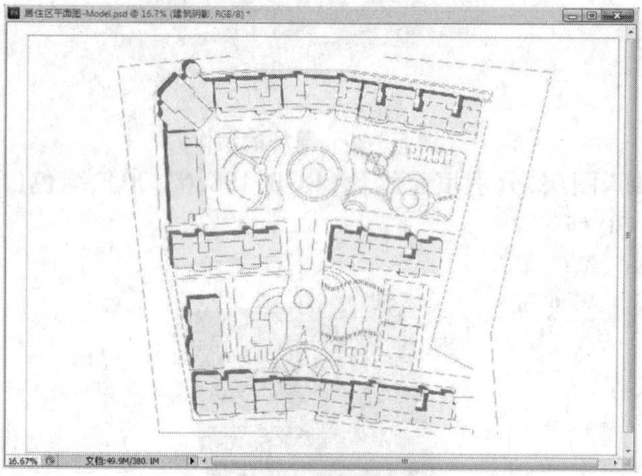

图 5-3-32　建筑阴影的制作

(30)制作亭子,为了突显亭子的立体效果,在亭子的四个面分别填充不同的颜色(RGB:245,245,245;RGB:210,210,207;RGB:218,218,216;RGB:161,161,158),并为填充好的“亭子”图层添加投影。然后制作廊架,新建图层,命名为“廊架”,添加灰色(RGB:226,226,226),并添加斜面和浮雕效果,效果如图 5-3-33 所示。

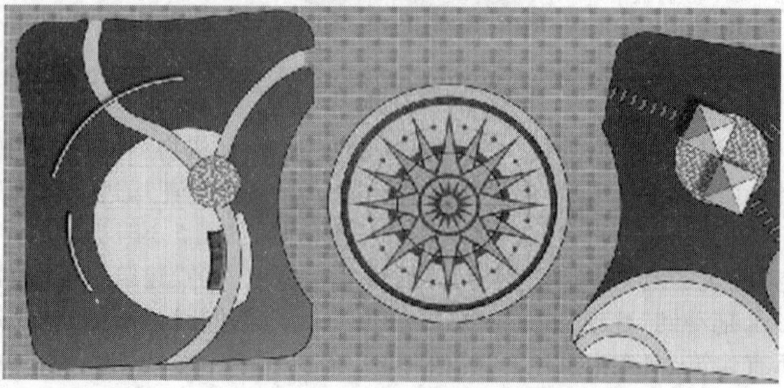

图 5-3-33　亭子和廊架的制作

(31)选择合适的植物图例,按照"植物范围"图层来确定植物的位置和大小关系,并摆放植物,效果如图5-3-34所示。

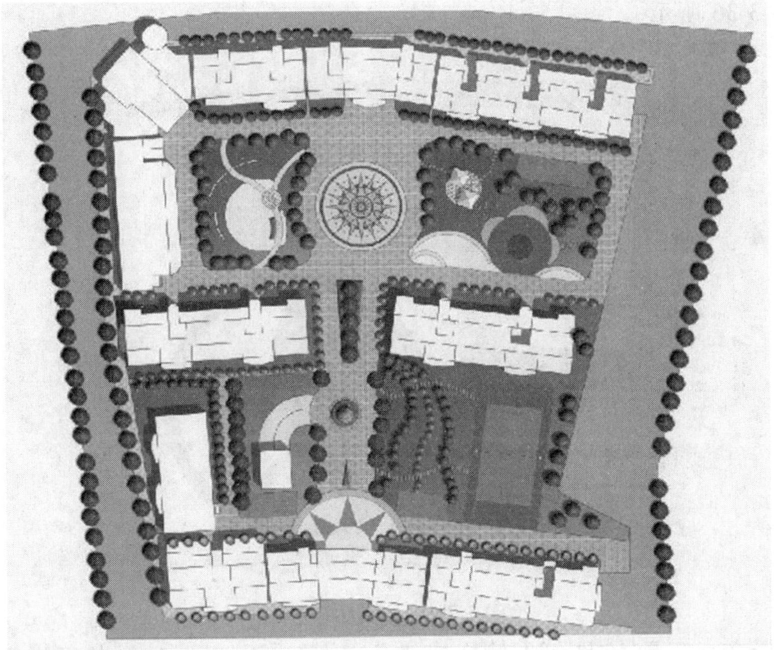

图5-3-34　植物的添加

步骤五:文本背景的制作。

(32)用Photoshop软件打开图框素材,选择移动工具,将图框文件拖动到居住区平面图中,命名为"图框",将图层放置到最下层。调整图框的大小,为四周保留适当的留白,如图5-3-35所示。

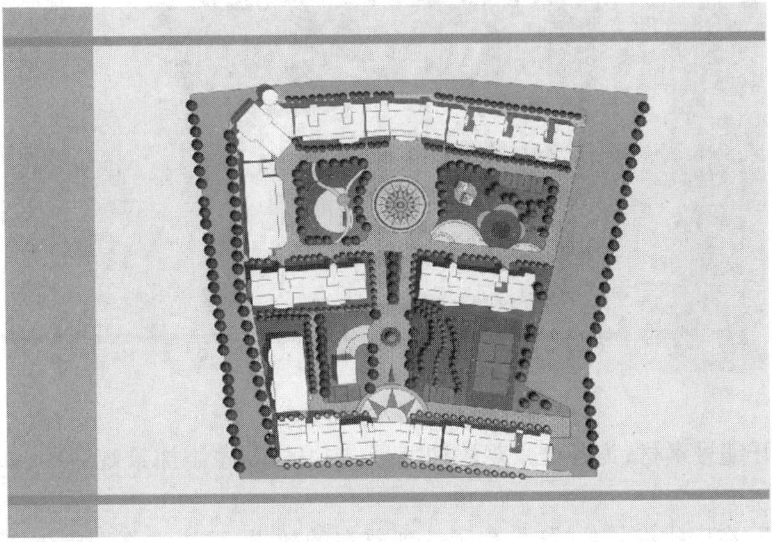

图5-3-35　为图纸添加图框

(33)用 Photoshop 软件打开指北针素材,使用魔棒工具加选黑色的部分。选择移动工具,将指北针素材拖动到居住区平面图上,摆好位置,命名为“指北针”,将图层放到最上层,如图 5-3-36 所示。

图 5-3-36　添加指北针

(34)选择文字工具,在图纸左侧拖拽一个文本框,添加图名“居住区平面图”,调整大小为满屏显示,效果如图 5-3-37 所示。

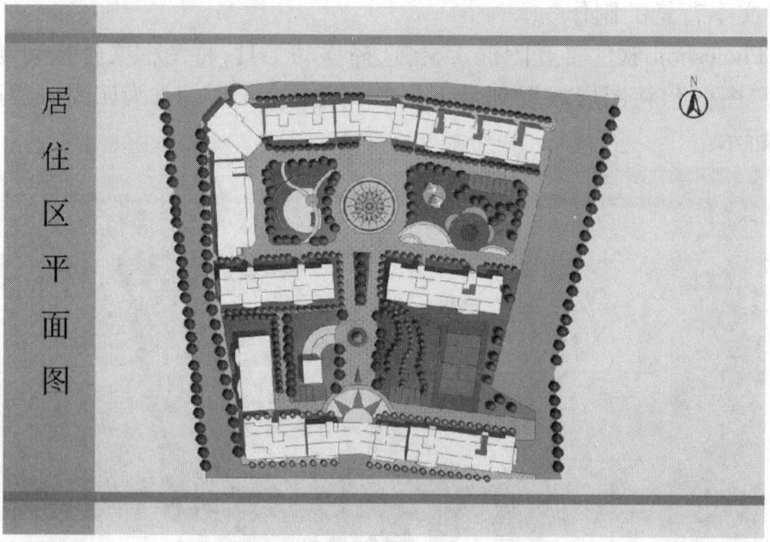

图 5-3-37　添加图名

(35)打开编号素材,为各处景观添加编号,按编号顺序添加景观名称,如图 5-3-38 所示。

☞技巧:在安排编号位置时,为了达到整齐的效果,可以选择“视图/新建参考线”,创建水平或垂直的参考线辅助摆放。

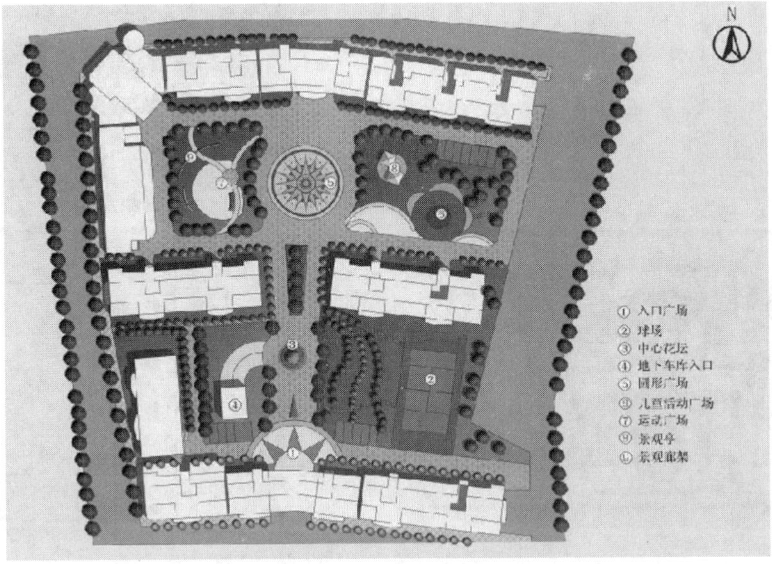

图 5-3-38　添加景观名称

(36)添加比例尺,在 CAD 文件中,通过测量,我们发现圆形铺装的直径是 10 m。在居住区平面图中按照圆形铺装的长度绘制一个矩形,填充为黑色。向左侧复制一段,缩小为 5 m 的长度,向右侧复制一段,放大为 20 m 的长度。将它们移动到指北针下面的位置摆好,标注尺寸数字,效果如图 5-3-39 所示。

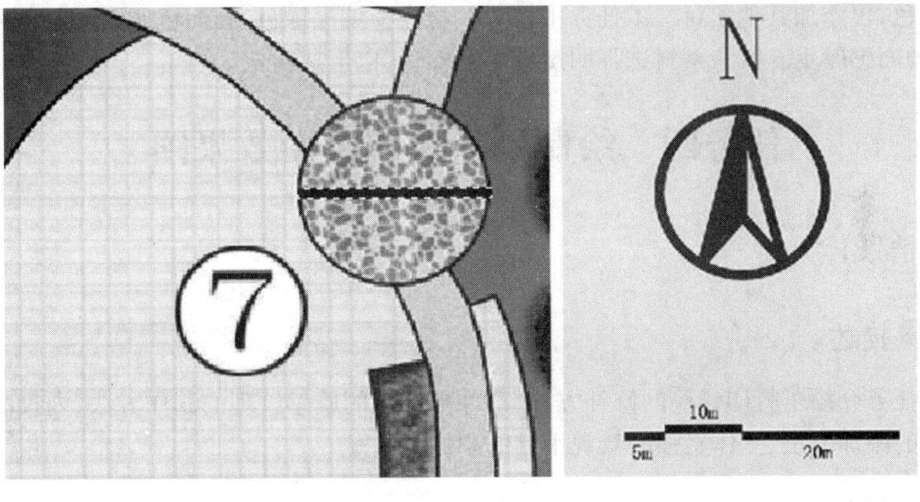

图 5-3-39　添加比例尺

(37)图纸绘制完成,效果如图 5-3-40 所示。

☞技巧:在绘制过程中,图层会越来越多,为了后期修改方便,不能将所有的图层都合并。可以选择类似的图层进行整理,例如都是编号或者文字的图层,按下"Ctrl + G"快捷键进行编组。不使用这些图层时,可以点击组前面的三角标志,将图层名称暂时隐藏到组内,看起来很有条理,如图 5-3-41 所示。

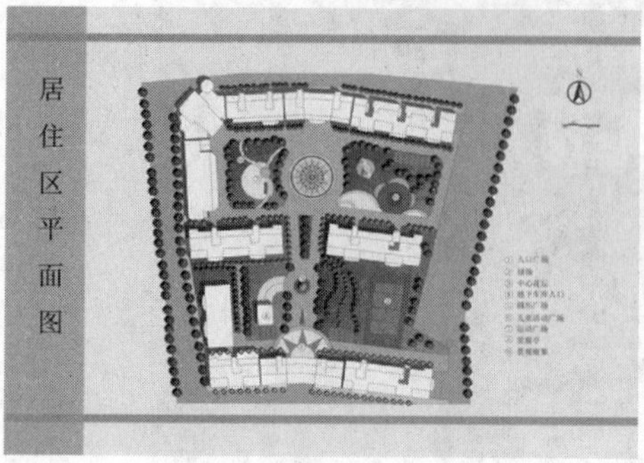

图 5-3-40

图 5-3-41　图层的编组

【任务小结】

居住区平面效果图的制作是非常典型的工作任务，在制作时首先要考虑好整张图纸的基调色，再添加其他素材。本任务中植物素材选择偏深绿色，画面色调以深绿色为主要基调，画面感厚重。其余素材选择明度较高的颜色，以形成对比。

任务四　绘制别墅花园平面效果图

【学习情景】

1　任务描述

本任务介绍了打印线稿的修补方法、草坪更细腻的质感纹理的制作方法、内投影等图层样式的添加方法、立体感强的景观小品的制作方法。

2　任务执行

步骤一：图纸的虚拟打印。

(1)使用 AutoCAD 2012 软件打开名为“别墅花园平面图”的 CAD 文件，如图 5-4-1 所示。

(2)打开图层特性管理器，如图 5-4-2 所示，关掉在平面图制作时不需要的植物图例和填充等图层。

(3)整理好的图层效果如图 5-4-3 所示。

(4)设置虚拟打印，选择“文件/打印”，打印机/绘图仪的名称选择“Postscript Level 1.

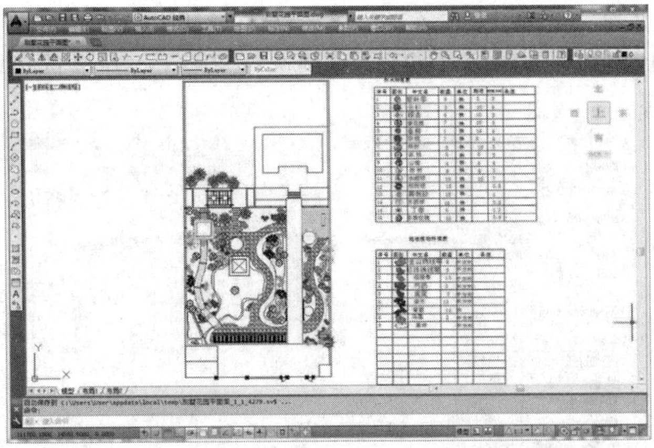

图 5-4-1　别墅花园平面图

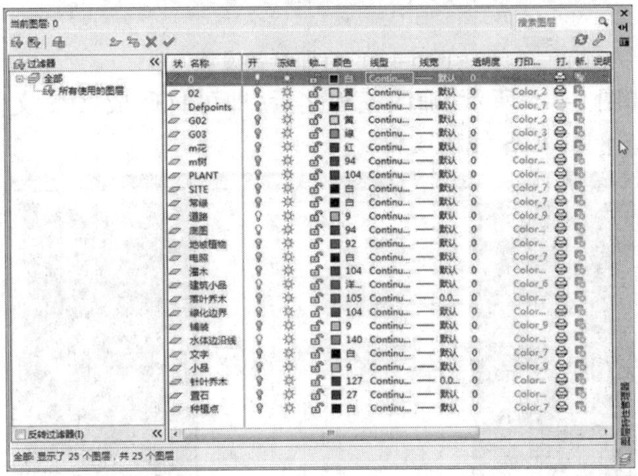

图 5-4-2　整理图层

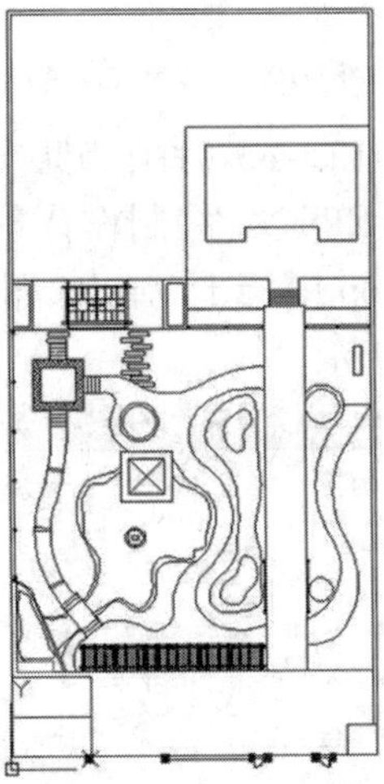

图 5-4-3　整理好的 CAD 线稿图

pc3”,勾选“打印到文件”,图纸尺寸选择“ISO A1(594.00 × 841.00 毫米)”,打印偏移 X 方向输入 50 毫米,比例设置为 1∶100,打印范围选择“窗口”,并框选打印范围。打印参数设置如图 5-4-4 所示。

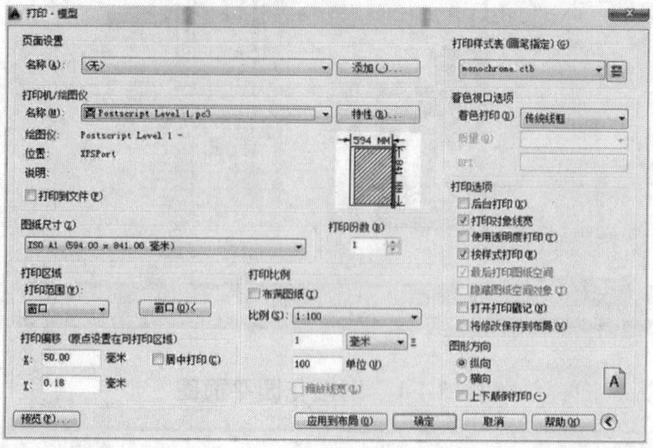

图 5-4-4　打印参数设置

(5)预览效果如图 5-4-5 所示,确认正确之后,即可打印成 EPS 文件。按照同样的参数打印一张带植物图例的 EPS 线稿文件。

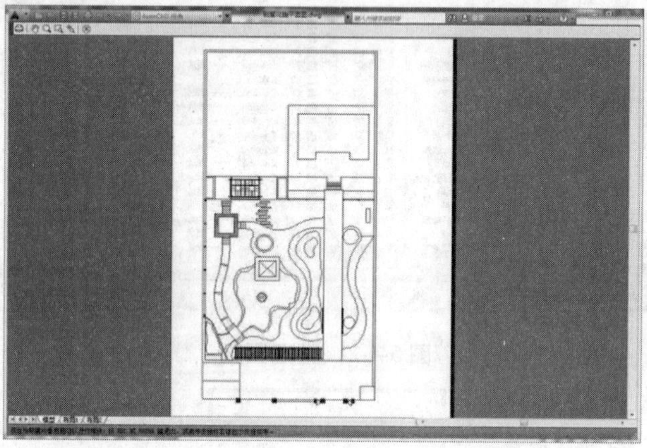

图 5-4-5　打印预览

步骤二:用 Photoshop 软件打开 EPS 文件,制作背景。

(6)将 EPS 文件拖动到 Photoshop 图标上,弹出“栅格化通用 EPS 格式”窗口,分辨率设置为 200 像素/英寸,如图 5-4-6 所示。

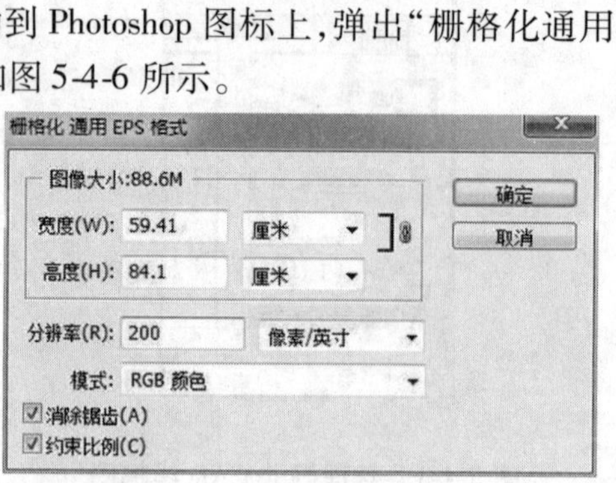

图 5-4-6　EPS 文件参数设置

(7)单击“确定”按钮,将“图层 1”命名为“底图线稿”。新建名为“白色背景”的图层,填充为白色,将图层移动到最下层,如图 5-4-7 所示。

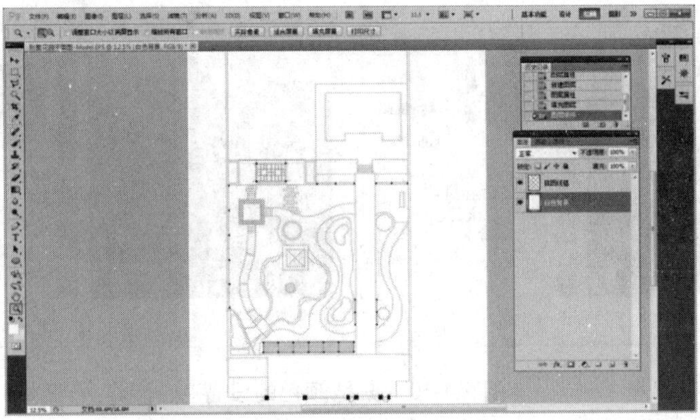

图 5-4-7　添加白色背景

步骤三:内部细节的制作。

(8)用魔棒工具选中草地的范围,选区位置如图 5-4-8 所示。

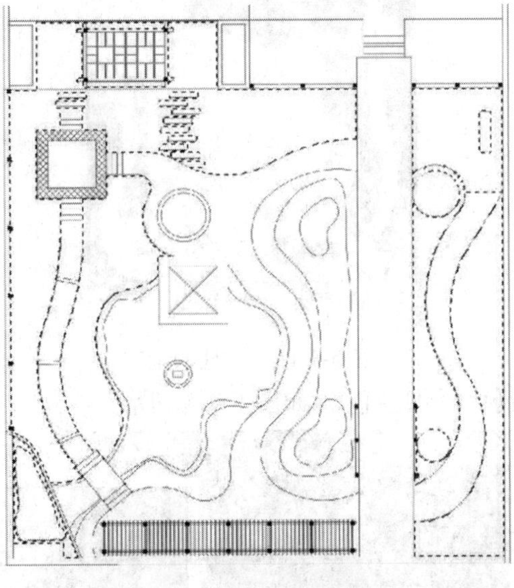

图 5-4-8　草地的选取

☞技巧:用魔棒工具选择选区时,有的线条没有闭合,导致无法准确选择。可以将前景色调整为黑色,打开铅笔工具,调整适合的像素大小,将断开的线补上,如图 5-4-9 所示。

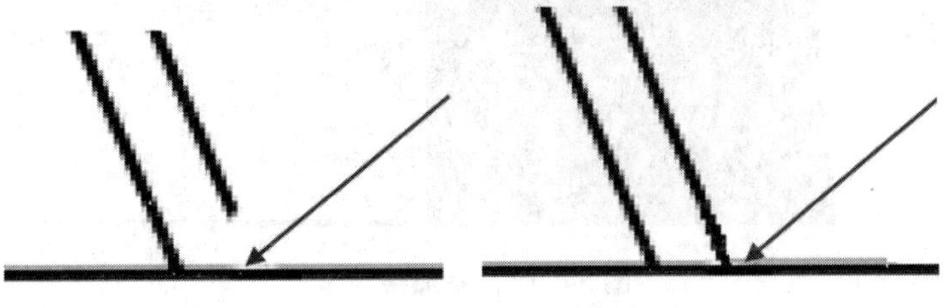

图 5-4-9　断开的线条和补上的线条

(9)用鼠标单击打开拾色器,调整前景色(RGB:26,65,10),调整背景色(RGB:61,111,31),如图 5-4-10 所示。

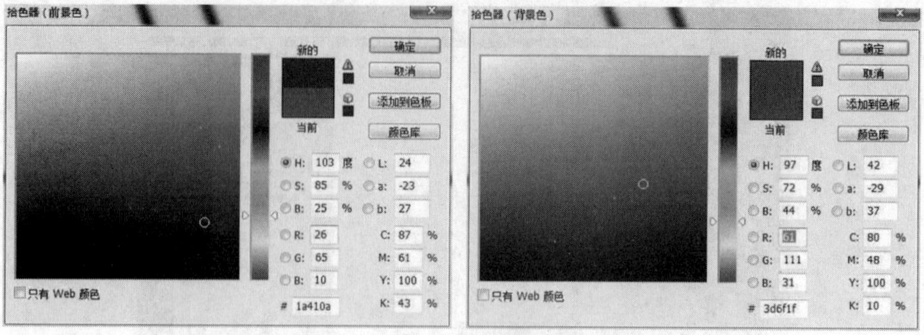

图 5-4-10　草地颜色的设置

(10)新建名为"草地"的图层,在草地选区内做深绿到浅绿色的渐变,如图 5-4-11 所示。

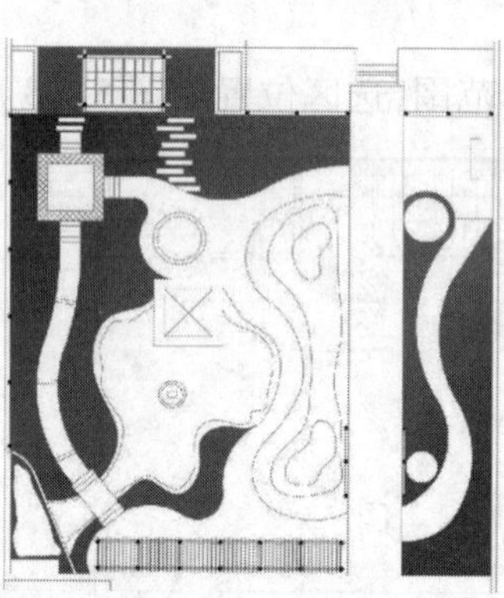

图 5-4-11　草地的渐变

(11)选择"滤镜/杂色/添加杂色",如图 5-4-12 所示。

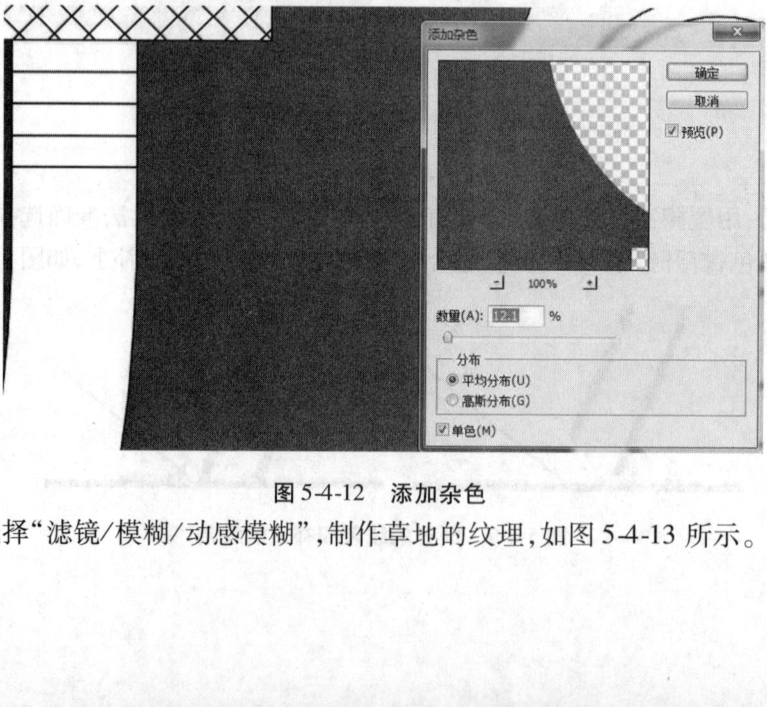

图 5-4-12　添加杂色

(12)选择"滤镜/模糊/动感模糊",制作草地的纹理,如图 5-4-13 所示。

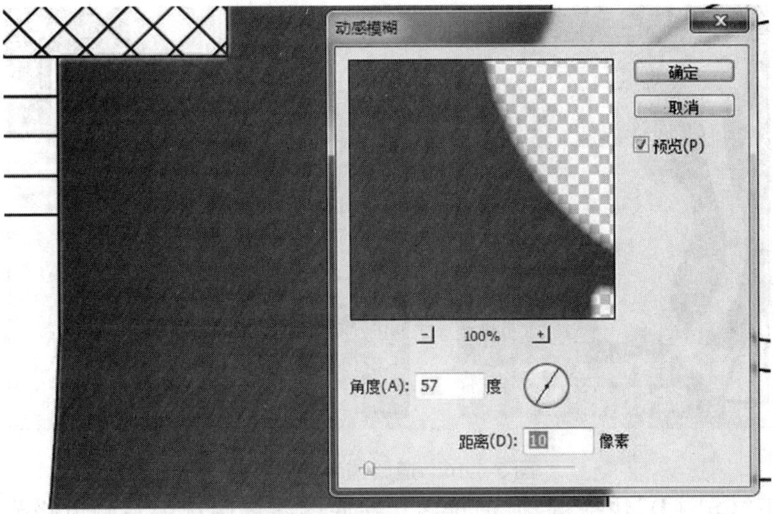

图 5-4-13　制作草地的纹理

(13)选择加深工具,调整大小为 246px,在草地的暗处涂抹,制作暗面的效果。切换到减淡工具,在草地的亮处涂抹,制作亮面的效果,如图 5-4-14 所示。

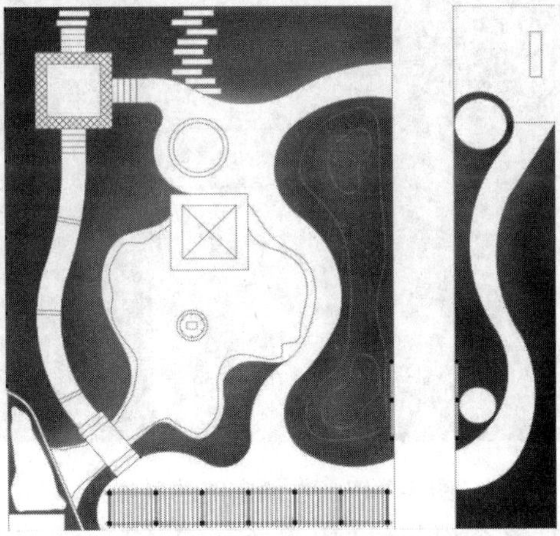

图 5-4-14　制作草地明暗效果

(14)用 Photoshop 软件打开道路铺装素材图片,选择“编辑/定义图案”,单击“确定”按钮,如图 5-4-15 所示。

图 5-4-15　定义道路铺装素材图案

(15)在底图线稿中选中道路范围,新建“道路”图层,填充白色。在图层右侧双击鼠标左键,打开“图层样式”对话框,勾选“图案叠加”,将图案切换为刚刚定义好的道路铺装,单击“确定”按钮,如图 5-4-16 所示。

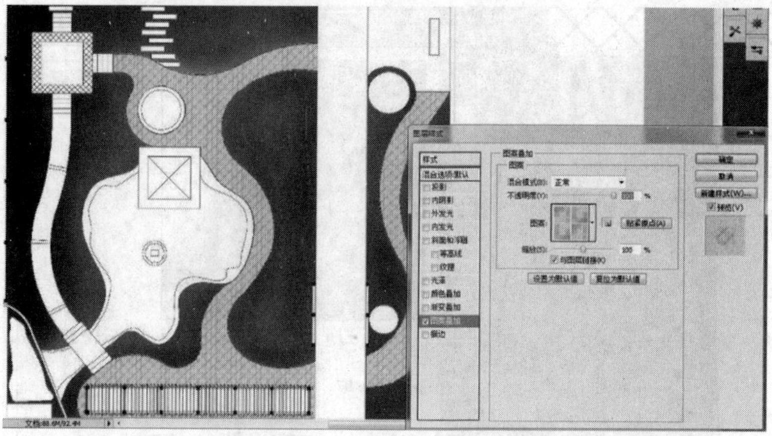

图 5-4-16　道路铺装的制作

(16)按下“Ctrl + D”快捷键,取消选区。在底图线稿中选中左侧道路范围,新建“道路 2”图层,填充浅灰色(RGB:176,177,175),在道路台阶的地方填充深灰色(RGB:154,154,154)。对“道路 2”图层添加单色杂色,数量为 6%,效果如图 5-4-17 所示。

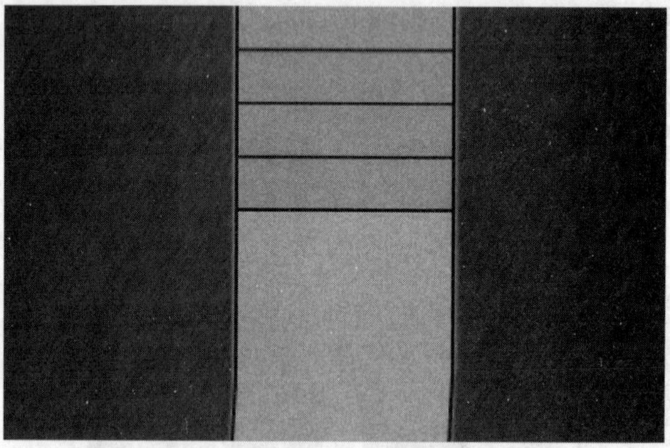

图 5-4-17　左侧道路的制作

(17)选中汀步的范围,填充深灰色(RGB:62,62,62),添加杂色,数量为 8%,为图层添加斜面和浮雕效果,并勾选“投影”,制作好的效果如图 5-4-18 所示。

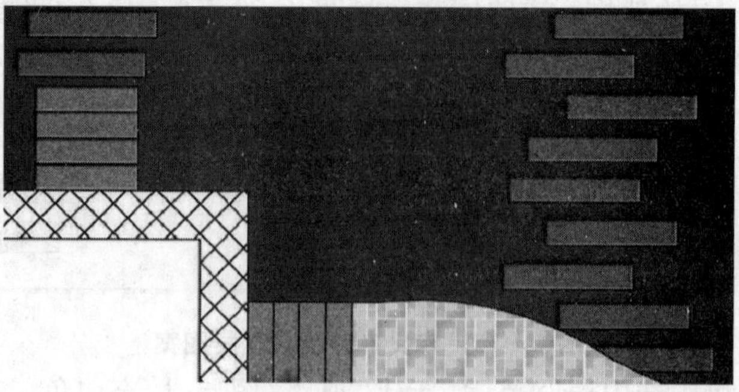

图 5-4-18　汀步的制作

(18)按照同样的方法,制作左侧方形广场,效果如图 5-4-19 所示。

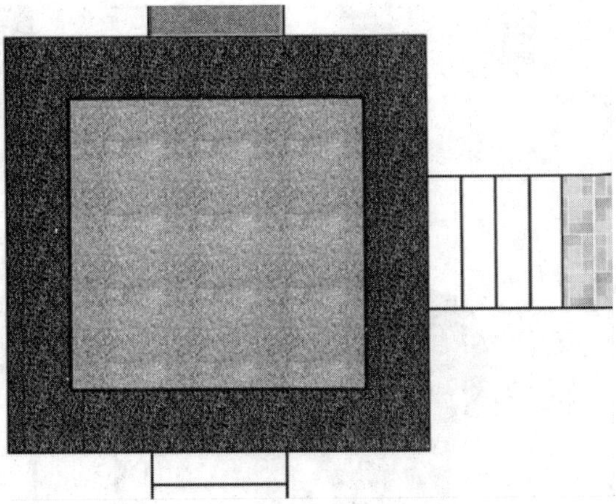

图 5-4-19　广场铺装的制作

（19）选中水面的范围，新建名为"水面"的图层，制作深蓝色（RGB：39，83，167）与浅蓝色（RGB：170，186，216）的渐变，为图层添加内投影图层样式。在水岸的部分填充灰色（RGB：96，96，96），如图 5-4-20 所示。

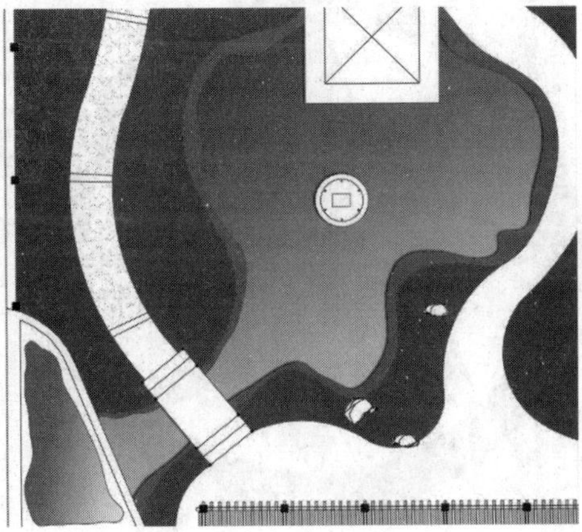

图 5-4-20　水面的制作

（20）打开木地板铺装素材，将其拖动到别墅花园平面图中，按下"Ctrl + T"快捷键，按照亭子底座大小缩放到适合的木纹大小，复制三个，拼接成一个完整的木地板铺装。桥和木平台的制作方法与亭子底座相同，效果如图 5-4-21 所示。

（21）打开广场拼花素材，用魔棒工具选中周围的白色，选择反选，按下移动工具，用鼠标将其拖拽到别墅花园平面图中，缩放到适合的大小，外圈用黑色碎石填充镶边，如图 5-4-22 所示。

（22）新建"雕塑底座"图层，填充灰色（RGB：190，191，189），添加单色杂色。为"雕塑底座"图层添加斜面和浮雕效果，大小为 3 像素，如图 5-4-23 所示。

（23）打开鱼雕塑素材，将其拖动到平面图中，使用移动工具摆好位置，为图层添加投影效果，如图 5-4-24 所示。

（24）选中雕塑内部水面的范围，新建"雕塑水面"图层，用吸管吸取已经制作好的水面颜色，添加蓝色渐变，并为图层添加内投影效果，增加层次感，如图 5-4-25 所示。

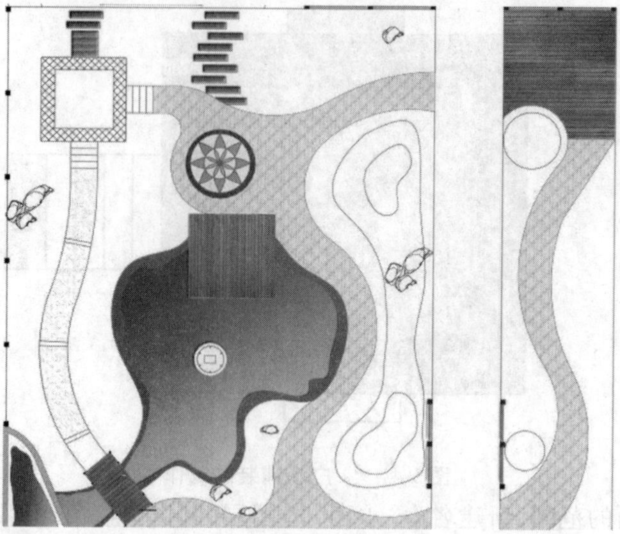

图 5-4-21　木地板铺装、桥和木平台的制作

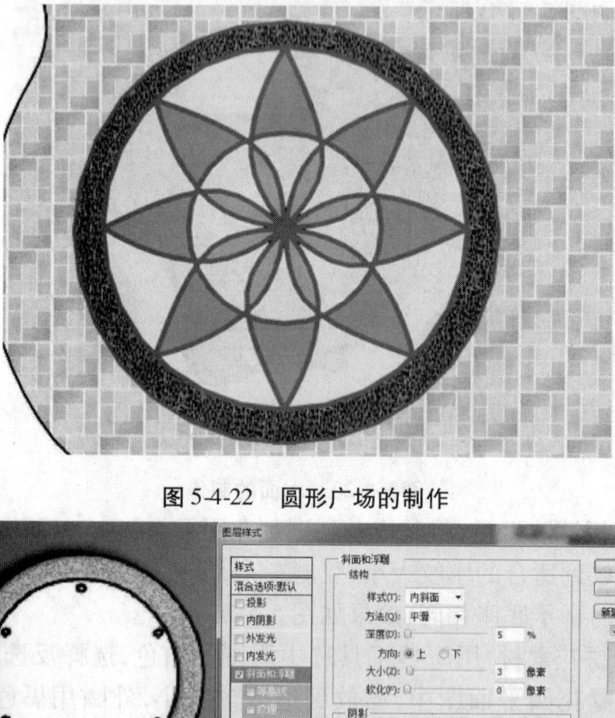

图 5-4-22　圆形广场的制作

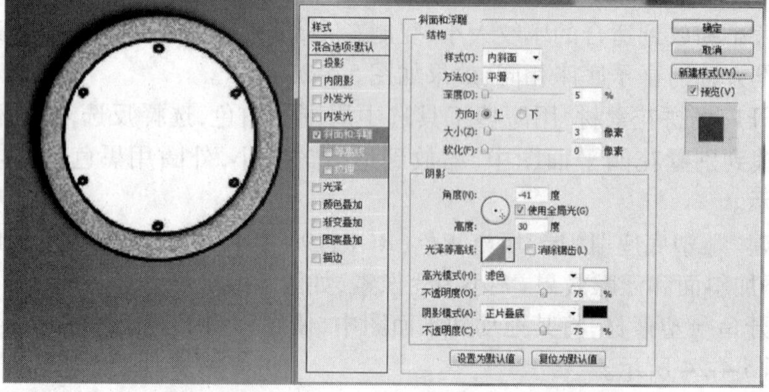

图 5-4-23　雕塑底座的制作

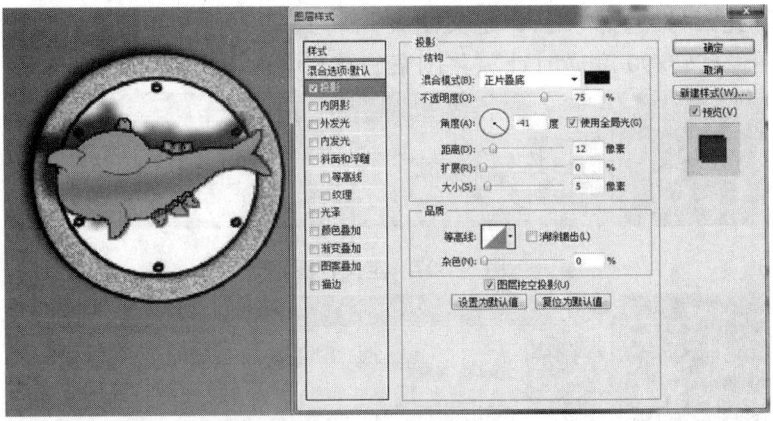

图 5-4-24　**鱼雕塑的制作**

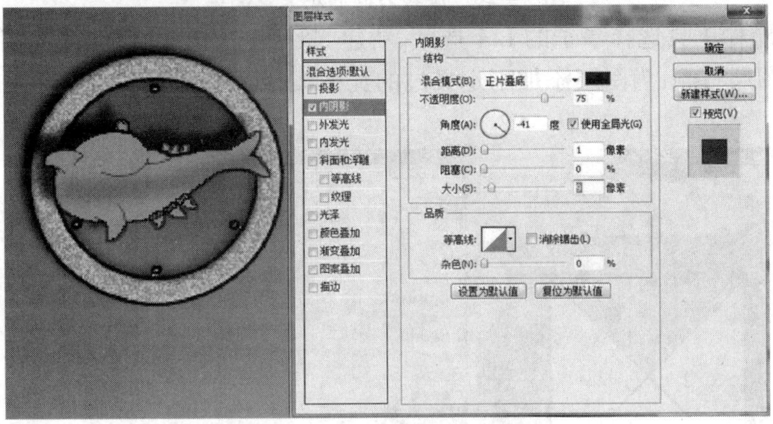

图 5-4-25　**雕塑水面的制作**

(25)打开景石素材,将其拖动到平面图中,缩放大小后,摆放到合适的位置进行点缀。选择“图像/调整/亮度对比度”,将亮度值修改为 -82,如图 5-4-26 所示。

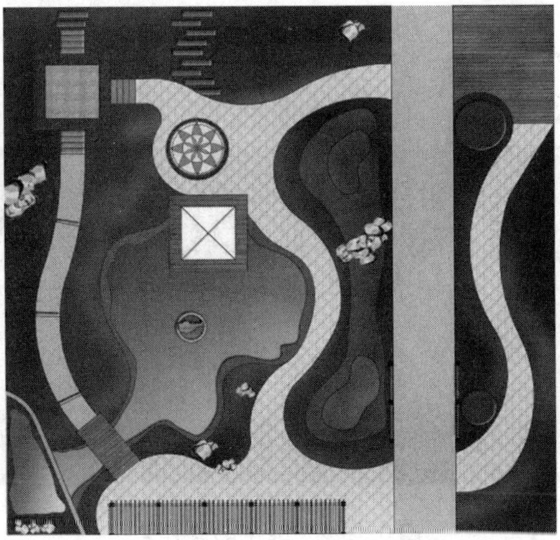

图 5-4-26　**景石的制作**

(26)打开瓦素材,选择“编辑/定义图案”,将其定义为内部图案,如图 5-4-27 所示。选择“图像/图像旋转/90 度逆时针”,将图案旋转 90 度,再次定义图案,如图 5-4-28 所示。

图 5-4-27　定义瓦图案

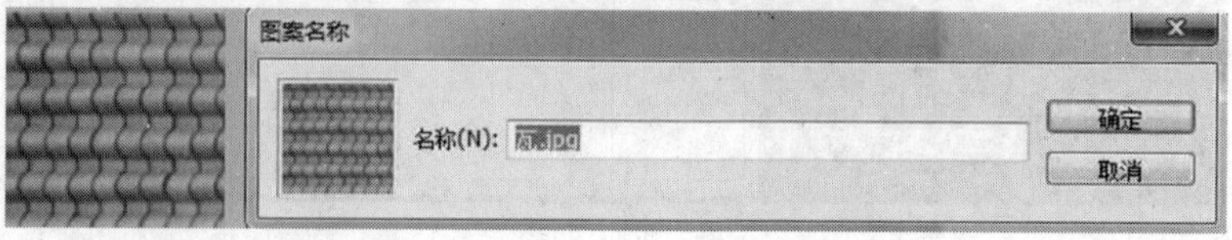

图 5-4-28　旋转方向后定义瓦图案

(27)用魔棒工具选择亭子的 1/4 选区,新建“景亭 1”图层,填充白色。用鼠标左键双击“景亭 1”图层右侧,为图层添加刚定义过的瓦图案,缩放值调整为 60%,如图 5-4-29 所示。

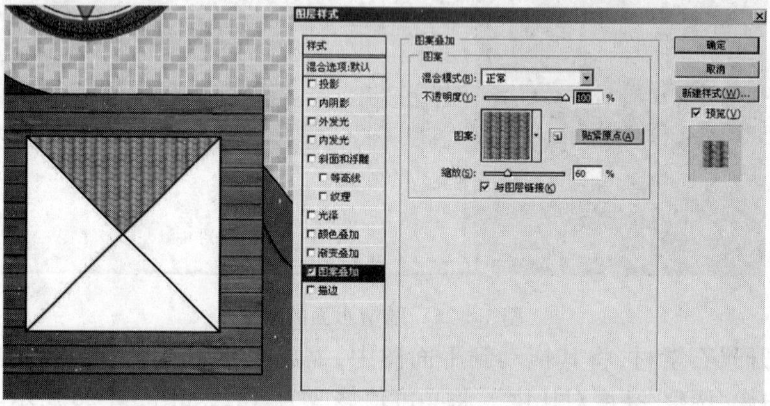

图 5-4-29　景亭的制作 1

(28)新建“景亭 2”图层,按照同样的方法,将对面位置填充瓦图案,如图 5-4-30 所示。

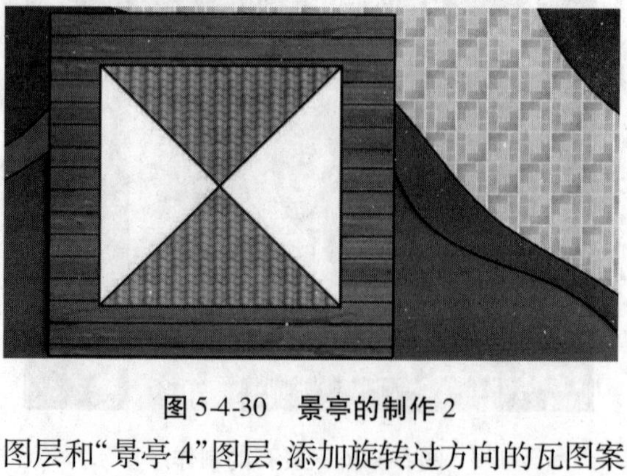

图 5-4-30　景亭的制作 2

(29)新建“景亭 3”图层和“景亭 4”图层,添加旋转过方向的瓦图案,如图 5-4-31 所示。

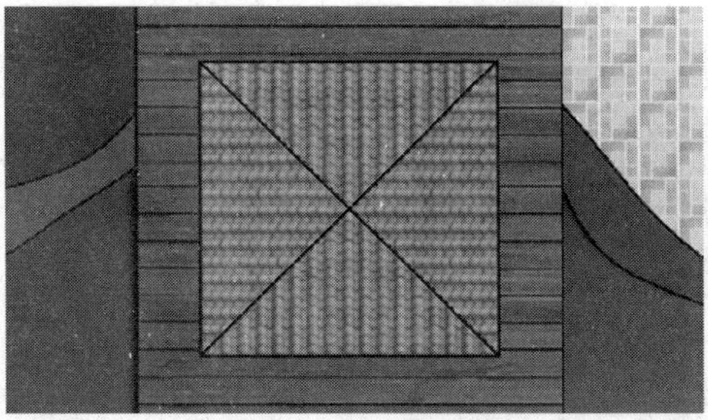

图 5-4-31　景亭的制作 3

(30)选择“景亭 1”图层,双击图层右侧“*fx*”标志,打开“图层样式”对话框。勾选“颜色叠加”,将色彩调整为黑色,不透明度降低为 55%,如图 5-4-32 所示。用同样的方法对“景亭 3”和“景亭 4”图层做颜色叠加,不透明度分别降为 71% 和 35%。合并所有亭子图层,添加投影效果,如图 5-4-33 所示。

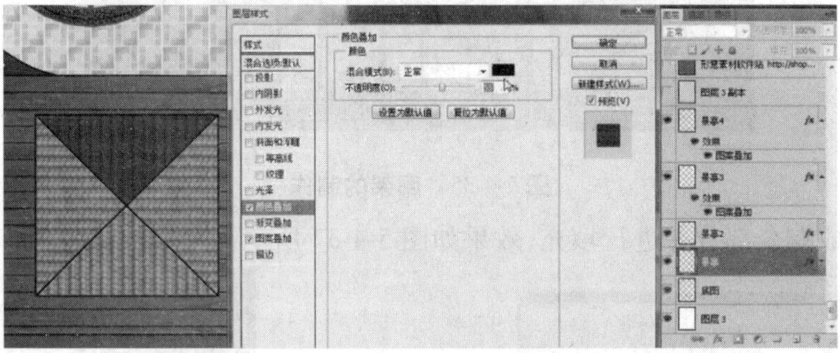

图 5-4-32　景亭的制作 4

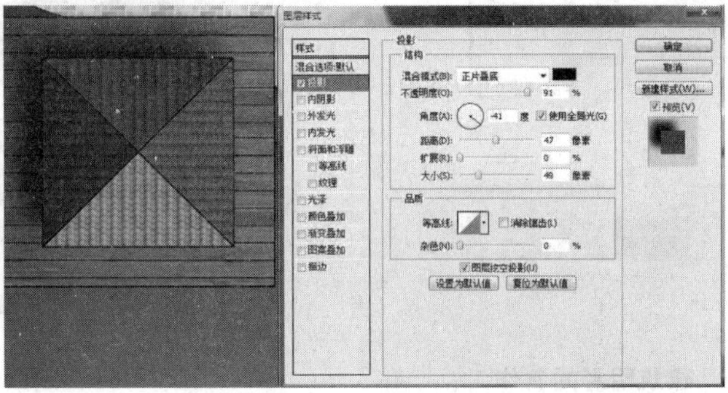

图 5-4-33　景亭的制作 5

(31)选择花架下方的铺装,填充灰色(RGB:171,171,171),并添加杂色效果。选择花架的范围,填充褐色(RGB:144,92,61),并为花架添加投影效果,如图 5-4-34 所示。

(32)打开铺装素材,定义图案,为廊架下方的铺装添加图案,廊架的制作方法与花架相同,制作后填充颜色(RGB:144,92,61),效果如图 5-4-35 所示。

(33)选择建筑的范围,新建“建筑”图层,填充颜色(RGB:235,235,221),按照本项目任务三中建筑阴影制作的方法为其制作阴影,效果如图 5-4-36 所示。

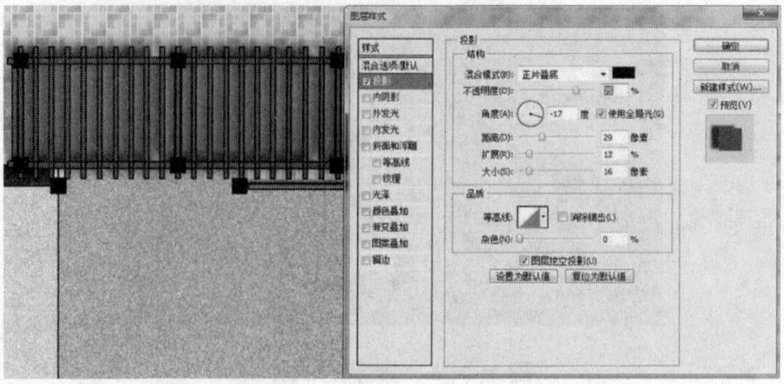

图 5-4-34　**花架的制作**

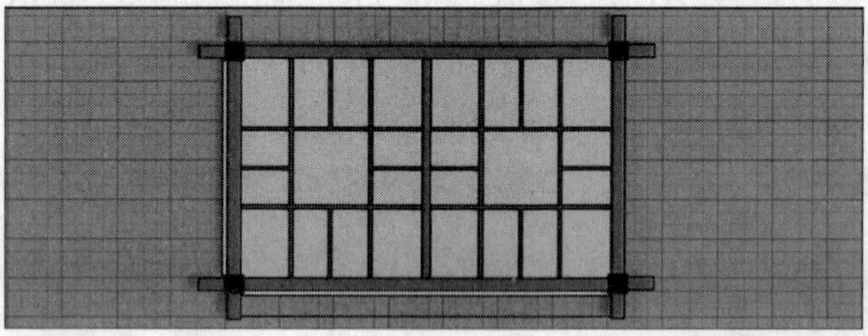

图 5-4-35　**廊架的制作**

（34）完成剩余部分并进行填充，效果如图 5-4-37 所示。

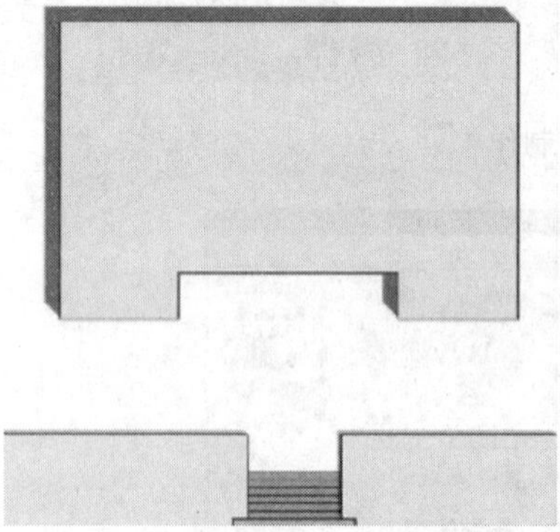

图 5-4-36　**建筑阴影的制作**

图 5-4-37　**剩余部分的制作**

（35）打开“植物范围”图层，使用给定的素材添加植物，如图 5-4-38 所示。

步骤四：配景元素的添加。

（36）将前景色调整为纯黑色，选择实心的、大小为 2px 的圆形铅笔工具绘制标注线。使用文字工具在相应的位置添加文字，如图 5-4-39 所示。

图 5-4-38 植物的添加

图 5-4-39 文字的标注

（37）添加图框、图名、指北针和比例尺，如图 5-4-40 所示。

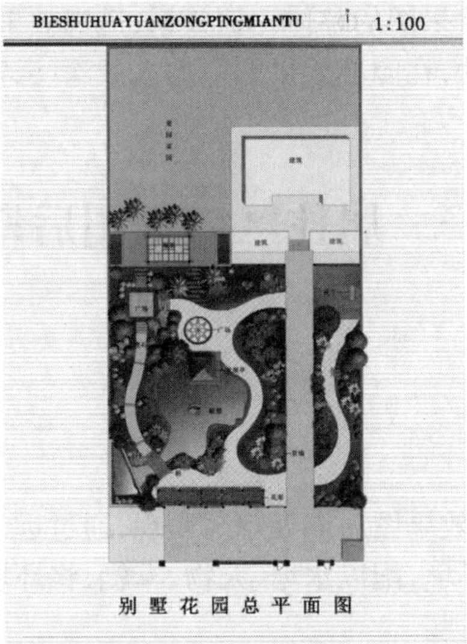

图 5-4-40 最终效果

【任务小结】

别墅花园方案设计需要注重细节的处理，所以本任务的表现效果选择稳重、精致的写实风格，植物素材的选择要求真实、细腻。

【项目小结】

园林平面效果图是当前园林行业最常用的图纸之一，不仅图纸美观生动，而且效果较为直观，容易识读。本项目介绍了广场、小游园、居住区和别墅花园平面效果图的绘制流程，希望读者通过对本项目的学习，能熟练掌握绘制园林平面效果图的方法和技巧。

项目六　园林效果图后期处理

【项目概述】

渲染得到的效果图是最终园林效果图的一部分，要得到一个完美的效果图，我们还需要利用后期处理软件对其进行修改、调整、补充和添加必要的特效。后期处理过程类似于手绘效果图的最终调整和润色过程，它是对渲染阶段所得到的影像文件进行润色加工。对园林效果图的处理主要是进行配景和背景的必要添加，主要应用 Photoshop 软件，该软件是当今最为优秀的一种平面影像处理软件。配景的透视效果是参考渲染所得的影像中的透视角度，依其透视规律和经验将插入的配景进行大小、方向和色彩的调整而得到的。此外，我们还可以充分发挥 Photoshop 平面处理的强大功能，来完善效果图。处理内容大体包括两个方面：①对园林效果图的整体比例关系、透视效果、色彩效果进行校正和调整。②利用 Photoshop 的特效插件，在园林效果图中加入景深、云雾、光照等特殊效果。最后输出高质量的园林效果图。

任务一　居住区效果图后期处理

【学习情景】

1　任务描述

本任务主要学习居住区效果图后期处理与表现，通过远景、中景、近景，错落有致的树木、大片绿地和花卉来表现环境，配以水塘、人物、车辆，将环境和建筑及人物融为一体，这也是建筑后期处理的最终表现。

2　任务执行

(1)启动 Photoshop 软件。

(2)执行菜单栏中的"文件/打开"命令，在弹出的对话框中打开居住区效果图素材文件夹中的"住宅小区. psd"文件，并将图层名称更改为"场景"，如图 6-1-1 所示。

(3)执行菜单栏中的"文件/打开"命令，打开居住区效果图素材文件夹中的"天空. psd"文件，将图片拖拽到"住宅小区"场景中，调整大小及位置，并调整图层顺序，更改图层名称为"天空"，如图 6-1-2 所示。

(4)选择"天空"图层，执行菜单栏中的"图像/调整/色相/饱和度"命令，参数设置如图 6-1-3 所示，效果如图 6-1-4 所示。

图 6-1-1　打开后的场景文件

图 6-1-2　添加天空背景

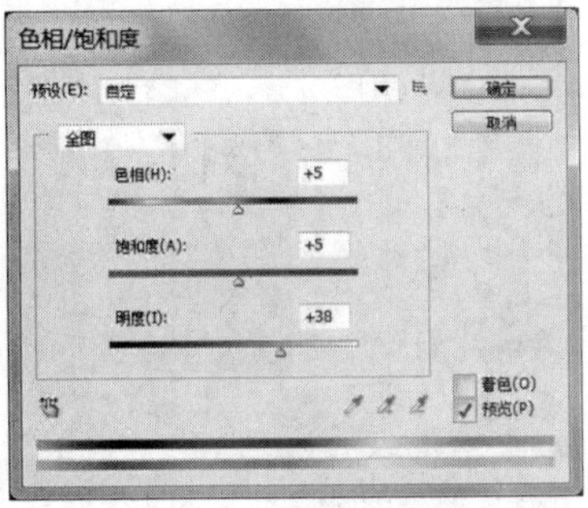

图 6-1-3　调整色相/饱和度

图 6-1-4　调整后的效果

(5)确认“场景”图层处于当前图层,单击工具,将容差值设为20,选择“场景”中的空白区域,如图6-1-5所示。

(6)执行菜单栏中的“选择/存储选区”命令,将当前选区保存。按“Ctrl + D”快捷键,取消选区。

(7)执行菜单栏中的“选择/打开”命令,打开居住区效果图素材文件夹中的“草地.

psd”文件,将图片拖拽到“住宅小区”场景中,调整大小及位置,并调整图层顺序,更改图层名称为“草地”。执行菜单栏中的“文件/载入选区”命令,在“通道”中选择保存的选区,载入选区,如图 6-1-6 所示。

图 6-1-5　选择空白区域

图 6-1-6　载入草地选区

(8)确认“草地”图层处于当前图层,按“Ctrl + Shift + I”快捷键,进行反选,按“Delete”键,删除其余部分,按“Ctrl + D”快捷键,取消选区,如图 6-1-7 所示。

(9)确认“草地”图层处于当前图层,单击工具,将容差值设为 20,选择“场景”中的水体区域,如图 6-1-8 所示。

图 6-1-7　处理后的草地效果

图 6-1-8　选择的水体区域

(10)执行菜单栏中的“选择/存储选区”命令,将当前选区保存。按“Ctrl + D”快捷键,取消选区。

(11)执行菜单栏中的“选择/打开”命令,打开居住区效果图素材文件夹中的“水体.psd”文件,将图片拖拽到“住宅小区”场景中,调整大小及位置,并调整图层顺序,更改图层名称为“水体”。执行菜单栏中的“文件/载入选区”命令,在“通道”中选择保存的选区,载入选区,如图 6-1-9 所示。

(12)确认“水体”图层处于当前图层,按“Ctrl + Shift + I”快捷键,进行反选,按“Delete”键,删除其余部分,按“Ctrl + D”快捷键,取消选区,如图 6-1-10 所示。

图 6-1-9　载入水体选区

图 6-1-10　处理后的水体效果

(13)执行菜单栏中的“选择/打开”命令,打开居住区效果图素材文件夹中的“远景.psd”文件,将图片拖拽到“住宅小区”场景中,调整大小、位置及图层顺序,更改图层名称为“远景”,在“图层”面板中调整不透明度为 75%,如图 6-1-11 所示。

(14)执行菜单栏中的“选择/打开”命令,分别打开居住区效果图素材文件夹中的“花坛 037. psd”、“花坛 038. psd”、“灌木 042. psd”文件,将图片拖拽到“住宅小区”场景中,调整大小、位置及图层顺序,如图 6-1-12 所示。

图 6-1-11　添加远景后的效果

图 6-1-12　添加花坛和灌木后的效果

(15)执行菜单栏中的“文件/打开”命令,打开居住区效果图素材文件夹中的“树木01. psd”文件,将图片拖拽到“住宅小区”场景中,调整大小、位置及图层顺序,如图 6-1-13

所示。

(16)执行菜单栏中的“图像/调整/色相/饱和度”命令,调整树木 01 的颜色,参数设置如图 6-1-14 所示。

图 6-1-13　添加树木 01 后的效果

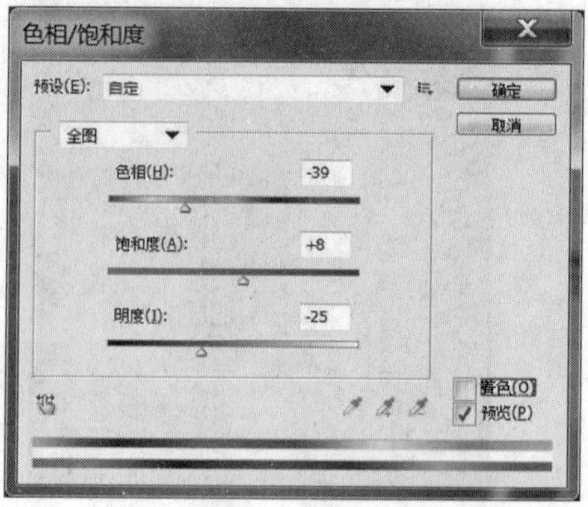

图 6-1-14　色相/饱和度参数设置

(17)复制“树木 01”图层,调整大小、位置,如图 6-1-15 所示。

(18)执行菜单栏中的“文件/打开”命令,打开居住区效果图素材文件夹中的“树木.psd”文件,将图片拖拽到“住宅小区”场景中,调整大小、位置及图层顺序,如图 6-1-16 所示。

图 6-1-15　复制“树木 01”图层后的效果

图 6-1-16　添加树木后的效果

(19)执行菜单栏中的“文件/打开”命令,打开居住区效果图素材文件夹中的“近景素材.psd”文件,将图片拖拽到“住宅小区”场景中,调整大小、位置及图层顺序,如图 6-1-17 所示。

(20)执行菜单栏中的“文件/打开”命令,分别打开居住区效果图素材文件夹中的“人物. psd”、“汽车. psd”、“飞鸟. psd”文件,将图片拖拽到“住宅小区”场景中,调整大小、位置及图层顺序,最终效果如图 6-1-18 所示。

图 6-1-17　添加近景素材后的效果

图 6-1-18　最终效果

任务二　小广场效果图后期处理

【学习情景】

1　任务描述

本任务主要学习小广场效果图后期处理与表现,通过添加天空背景,添加远景,添加草地,添加乔灌木、人物等,来实现小广场后期处理的效果。本任务包含了各种常用的方法和技巧,学习过程中介绍的绘图方法不是最快捷的,但却是最基础的。

2　任务执行

(1)启动 Photoshop 软件。

(2)执行菜单栏中的“文件/打开”命令,在弹出的对话框中打开小广场效果图素材文件夹中的“小广场. psd”文件,并将图层名称更改为“场景”, 如图 6-2-1 所示。

(3)按“Ctrl + Shift + N”快捷键或点击“图层”面板下方的按钮,新建图层并命名为“马路”。将前景色设置为深灰色(RGB:49,54,63),将背景色设置为浅灰色(RGB:75,79,87)。

(4)确认“场景”图层处于当前图层,选择魔棒工具,选择“场景”图层最下方的马路,如图 6-2-2 所示。选择渐变工具,在选区内做线性渐变,如图 6-2-3 所示。

图 6-2-1　打开后的场景文件

图 6-2-2　选择马路

图 6-2-3　做线性渐变

(5)按"Ctrl + D"快捷键,取消选区,执行"滤镜/杂色/添加杂色"命令,弹出"添加杂色"对话框,参数设置如图 6-2-4 所示。马路制作后的效果如图 6-2-5 所示。

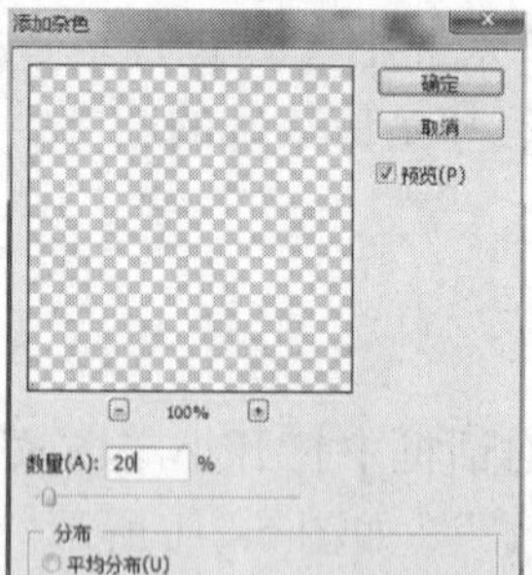

图 6-2-4　添加杂色参数设置

图 6-2-5　马路制作后的效果

(6)确认"场景"图层处于当前图层,选择魔棒工具,选择"场景"图层中道沿正面,如图 6-2-6 所示。新建图层,命名为"道沿正面",确认新建图层处于当前图层,填充较深的灰色,如图 6-2-7 所示。

图 6-2-6　选择道沿正面

图 6-2-7　填充道沿正面

(7)按“Ctrl + D”快捷键,取消选区。执行“滤镜/杂色/添加杂色”命令,弹出“添加杂色”对话框,参数设置如图 6-2-8 所示。执行“滤镜/模糊/高斯模糊”命令,参数设置如图 6-2-9所示。道沿正面制作后的效果如图 6-2-10 所示。

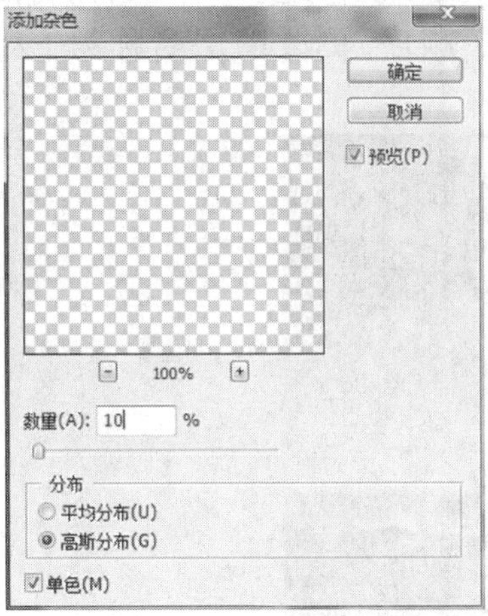

图 6-2-8　添加杂色参数设置

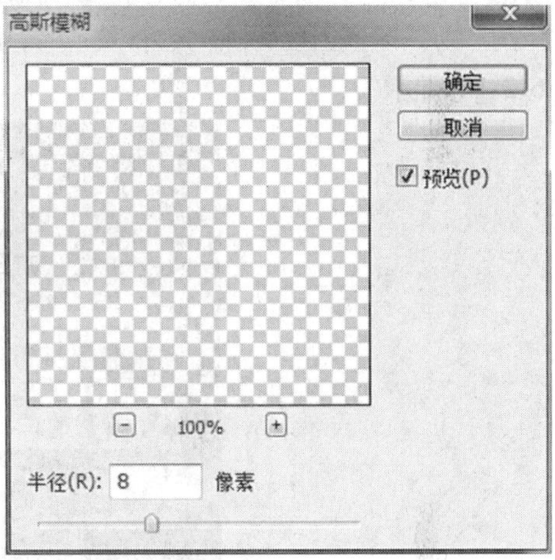

图 6-2-9　高斯模糊参数设置

图 6-2-10　道沿正面制作后的效果

(8)如上所述,利用同样的方法制作道沿上面,最后合并“道沿正面”和“道沿上面”

两个图层，并重新命名为“道沿”，道沿制作后的效果如图 6-2-11 所示。

图 6-2-11　道沿制作后的效果

（9）点击魔棒工具，选择“场景”图层中的黑色区域，按“Delete”键删除。执行菜单栏中的“文件/打开”命令，打开小广场效果图素材文件夹中的“天空. psd”文件，将图片拖拽到“小广场”场景中，调整大小及位置并调整图层顺序，更改图层名称为“天空”，如图 6-2-12 所示。

图 6-2-12　添加天空背景效果

（10）确认“场景”图层处于当前图层，执行菜单栏中的“选择/色彩范围”命令，在弹出的“色彩范围”对话框中设置颜色容差为 90，在图像中拾取绿地，单击“确定”按钮，选取区域后的形态如图 6-2-13 所示。

（11）执行菜单栏中的“选择/存储选区”命令，将当前选区保存。按“Ctrl + D”快捷键，取消选区。

（12）执行菜单栏中的“选择/打开”命令，打开小广场效果图素材文件夹中的“草地. psd”文件，将图片拖拽到“小广场”场景中，调整大小及位置并调整图层顺序，更改图层名称为“草地”。执行菜单栏中的“文件/载入选区”命令，在“通道”中选择保存的选区，载入选区，如图 6-1-14 所示。

图 6-2-13　设置容差及选择区域

图 6-2-14　载入选区

(13)确认“草地”图层处于当前图层,按“Ctrl + Shift + I”快捷键,进行反选,按“Delete”键,删除其余部分,按“Ctrl + D”快捷键,取消选区,如图 6-2-15 所示。

图 6-2-15　草地效果

(14)执行菜单栏中的“选择/打开”命令,打开小广场效果图素材文件夹中的“别墅楼体. psd”文件,将图片拖拽到“小广场”场景中,调整大小及位置并调整图层顺序,更改图层名称为“别墅楼体”,如图 6-2-16 所示。

(15)按“Ctrl + J”快捷键,将“别墅楼体”图层复制两组,按“Ctrl + T”快捷键,对复制的对象进行大小、位置调整,如图 6-2-17 所示。

图 6-2-16　添加别墅楼体

图 6-2-17　复制、调整后的效果

(16)执行菜单栏中的“选择/打开”命令,打开小广场效果图素材文件夹中的“树木 1. psd”文件,将图片拖拽到“小广场”场景中,调整大小及位置并调整图层顺序,更改图层名称为“树木 1”，如图 6-2-18 所示。

(17)执行菜单栏中的“选择/打开”命令，打开小广场效果图素材文件夹中的“树木 2. psd”文件，将图片拖拽到“小广场”场景中，调整大小及位置并调整图层顺序，更改图层名称为“树木 2”，如图 6-2-19 所示。

图 6-2-18　添加树木 1 后的效果

图 6-2-19　添加树木 2 后的效果

(18)添加其他树木，执行菜单栏中的“选择/打开”命令，打开小广场效果图素材文件夹中的“多种树木. psd”文件，将图片拖拽到“小广场”场景中，调整大小及位置并调整图层顺序，如图 6-2-20 所示。

(19)同上述步骤一样，添加其他素材。最终效果如图 6-2-21 所示。

图 6-2-20　添加多种树木后的效果

图 6-2-21　最终效果

任务三　公园效果图后期处理

【学习情景】

1　任务描述

本任务主要学习公园效果图后期处理与表现，通过添加植物构图和整体色调光感及细节处理等，着重表现水岸的植被和乔灌木，以水岸景色为主体，运用 Photoshop 常用工具和技巧，完美地表现出公园环境的优雅、休闲等。

2　任务执行

（1）启动 Photoshop 软件。

（2）执行菜单栏中的“文件/打开”命令，在弹出的对话框中打开公园效果图素材文件夹中的“公园. psd”文件，并将图层名称更改为“场景”，如图 6-3-1 所示。

（3）执行菜单栏中的“文件/打开”命令，在弹出的对话框中分别打开公园效果图素材文件夹中的“远景 1. psd”、“远景 2. psd”、“远景 3. psd”文件，将图片拖拽到“场景”中，调整大小及位置并调整图层顺序，为“场景”添加远景，将图层分别命名为“远景 1”、“远景 2”、“远景 3”，并修改“远景 3”图层的不透明度为 55%。效果如图 6-3-2 所示。

图 6-3-1　打开后的场景文件

图 6-3-2　添加远景后的效果

（4）执行菜单栏中的“文件/打开”命令，在弹出的对话框中打开公园效果图素材文件夹中的“远景植物. psd”文件，将图片拖拽到“场景”中，按“Ctrl + T”快捷键，调整图像大小及位置并调整图层顺序，更改图层名称为“远景植物”，按“Ctrl + J”快捷键复制“场景”图层，将复制后的图层上移到“远景植物”图层上方。效果如图 6-3-3 所示。

（5）执行菜单栏中的“文件/打开”命令，在弹出的对话框中打开公园效果图素材文件夹中的“中景植物. psd”文件，将图片拖拽到“场景”中，按“Ctrl + T”快捷键，调整图像大小及位置并调整图层顺序，更改图层名称为“中景植物”。效果如图 6-3-4 所示。

图 6-3-3　添加远景植物后的效果

图 6-3-4　添加中景植物后的效果

（6）连续按“Ctrl + J”快捷键两次，复制“中景植物”图层，按“Ctrl + T”快捷键，调整“中景图层副本 1”、“中景图层副本 2”中图像的大小、位置。效果如图 6-3-5 所示。

（7）执行菜单栏中的“文件/打开”命令，在弹出的对话框中打开公园效果图素材文件夹中的“植物库. psd”文件，为“场景”添加其他植物。效果如图 6-3-6 所示。

图 6-3-5　连续添加中景植物后的效果

图 6-3-6　添加其他植物后的效果

(8)单击魔棒工具，将容差值设置为 20，确认“场景”图层处于选择状态，用魔棒工具选择“场景”中的木亭，如图 6-3-7 所示。按“Ctrl + J”快捷键，复制图层，命名为“木亭”，将“木亭”图层置于最顶端，如图 6-3-8 所示。

图 6-3-7　选择木亭

图 6-3-8　“木亭”图层置顶效果

(9)选择“樱花”图层，按“Ctrl + J”快捷键，复制图层，按“Ctrl”键，同时用鼠标点击“樱花副本”图层，建立选区，填充黑色，按“Ctrl + T”快捷键，对图像进行调整，修改图层的不透明度为 60%，创建樱花树阴影效果，如图 6-3-9 所示。

(10)执行菜单栏中的“文件/打开”命令，在弹出的对话框中打开公园效果图素材文件夹中的“池塘边草地. psd”文件，将图片拖拽到“场景”中，按“Ctrl + T”快捷键，调整图像大小及位置并调整图层顺序，更改图层名称为“池塘边”，并复制图层，调整图像位置，为水池加边。效果如图 6-3-10 所示。

图 6-3-9　樱花树阴影效果

图 6-3-10　添加池塘边后的效果

(11)确保“场景”图层处于当前图层,使用魔棒工具选择水体区域,建立选区。效果如图6-3-11所示。

(12)执行菜单栏中的“选择/载入选区”命令,将当前选区保存。按“Ctrl + D”快捷键,取消选区。

(13)执行菜单栏中的“文件/打开”命令,在弹出的对话框中打开公园效果图素材文件夹中的“水面. psd”文件,将图片拖拽到“场景”中,调整其位置。

(14)执行菜单栏中的“选择/载入选区”命令,在“通道”中选择保存的选区,然后单击“确定”按钮,载入选区。

(15)“按 Ctrl + Shift + I”快捷键,将其反选,再按“Delete”键,删除其余部分。按“Ctrl + D”快捷键,取消选区。创建的水面效果如图6-3-12所示。

图6-3-11　用魔棒工具建立选区

图6-3-12　水面效果

(16)执行菜单栏中的“文件/打开”命令,在弹出的对话框中打开公园效果图素材文件夹中的“水草. psd”文件,将图片拖拽到“场景”中,按“Ctrl + T”快捷键,调整图像大小及位置并调整图层顺序,更改图层名称为“水草”。效果如图6-3-13所示。

(17)执行菜单栏中的“文件/打开”命令,在弹出的对话框中分别打开公园效果图素材文件夹中的“荷花. psd”、“石头. psd”、“水鸭. psd”文件,将图片拖拽到“场景”中,按“Ctrl + T”快捷键,调整图像大小及位置并调整图层顺序。效果如图6-3-14所示。

图6-3-13　添加水草后的效果

图6-3-14　添加荷花、石头、水鸭后的效果

(18)添加人物和前景树,执行菜单栏中的“文件/打开”命令,在弹出的对话框中分别打开公园效果图素材文件夹中的“人物. psd”、“前景树. psd”文件,将图片拖拽到“场景”中,按“Ctrl + T”快捷键,调整图像大小及位置并调整图层顺序。最终效果如图6-3-15所示。

图 6-3-15　最终效果

任务四　办公区效果图后期处理

【学习情景】

1　任务描述

效果图后期处理总结为三大部分:更换天空地面、添加植物构图和整体色调光感及细节处理。前两部分主要是构图、搭配,它直接影响着一张效果图的成败。最后一部分就是色调光感及细节处理,它的好坏决定这张图的逼真程度。本任务通过所学的常用方法和技巧来绘制办公区效果图。

2　任务执行

(1)启动 Photoshop 软件。

(2)执行菜单栏中的“文件/打开”命令,在弹出的对话框中打开办公区效果图素材文件夹中的“办公楼. psd”文件,并将图层名称更改为“场景”, 如图 6-4-1 所示。

图 6-4-1　打开的办公楼场景

(3)确保“场景”图层处于当前图层,使用魔棒工具选择草地区域,建立选区。效果如图 6-4-2 所示。

(4)执行菜单栏中的“选择/载入选区”命令,将当前选区保存。按“Ctrl + D”快捷键,取消选区。

(5)执行菜单栏中的“文件/打开”命令,在弹出的对话框中打开办公区效果图素材文件夹中的“草地. psd”文件,将图片拖拽到“场景”中,调整其位置。

(6)执行菜单栏中的“选择/载入选区”命令,在“通道”中选择保存的选区,然后单击“确定”按钮,载入选区。

(7)按“Ctrl + Shift + I”快捷键,将其反选,再按“Delete”键,删除其余部分。按“Ctrl + D”快捷键,取消选区。创建的草地效果如图 6-4-3 所示。

图 6-4-2　用魔棒工具建立选区

图 6-4-3　创建的草地效果

(8)执行菜单栏中的“文件/打开”命令,在弹出的对话框中打开办公区效果图素材文件夹中的“天空. psd”文件,将图片拖拽到“场景”中,按“Ctrl + T”快捷键,调整图像大小及位置并调整图层顺序。效果如图 6-4-4 所示。

(9)执行菜单栏中的“文件/打开”命令,在弹出的对话框中打开办公区效果图素材文件夹中的“树林. psd”文件,将图片拖拽到“场景”中,按“Ctrl + T”快捷键,调整图像大小及位置并调整图层顺序。效果如图 6-4-5 所示。

图 6-4-4　添加天空后的效果

图 6-4-5　添加右侧树林后的效果

(10)执行菜单栏中的“文件/打开”命令,在弹出的对话框中打开办公区效果图素材文件夹中的“单树. psd”文件,将图片拖拽到“场景”中,按“Ctrl + T”快捷键,调整图像大小及位置并调整图层顺序。效果如图 6-4-6 所示。

（11）执行菜单栏中的“文件/打开”命令，在弹出的对话框中分别打开办公区效果图素材文件夹中的“树木1. psd”、“树木2. psd”文件，将图片拖拽到“场景”中，按“Ctrl + T”快捷键，调整图像大小及位置并调整图层顺序。效果如图6-4-7所示。

图6-4-6　添加右侧单树后的效果

图6-4-7　添加左侧树木后的效果

（12）同上所述，为场景添加其他植物，效果如图6-4-8所示。
（13）添加人物，效果如图6-4-9所示。

图6-4-8　添加其他植物后的效果

图6-4-9　添加人物后的效果

（14）添加汽车、飞鸟及近景树，效果如图6-4-10所示。

图6-4-10　添加汽车、飞鸟及近景树后的效果

（15）制作树影，选择“前景树”图层，按“Ctrl + J”快捷键，复制图层，按“Ctrl”键，同时用鼠标点击“樱花副本”图层，建立选区，填充黑色，按“Ctrl + T”快捷键，对图像进行调整，修改图层的不透明度为40%，创建前景树阴影效果。最终效果如图6-4-11所示。

图6-4-11　最终效果

【项目小结】

虽然计算机园林效果图制作在园林设计中有很多优势，但目前在计算机园林效果图制作中出现了一些问题。我们要防止这些问题，以提高效果图的制作水平。

（1）防止重效果、轻设计。有些人轻设计，往往只重视效果图的漂亮程度，而不管设计本身的优劣，设计与计算机制作的工作完全脱节。因为图纸是在设计完成以后用计算机替代手工完成的，实际上效果图并不是设计表达的全部，况且效果图极少能与实际效果贴近，这样制作出来的效果图不能真实反映园林设计师的思想，也并不是真实的效果图，即使制作出来的效果很好，也并不是我们所需要的。在制作效果图时，要防止这种现象的发生，效果图要尽量反映设计师的设计理念。

（2）防止效果图随意拼贴、堆砌。信息时代带来的便利，一方面使大量资料的积累和传播更加便捷，另一方面使园林设计师随意拼贴、堆砌更加容易，园林设计所应有的严肃性正在被绚丽多彩的效果图所遮掩。当然，我们不应该以消极的心态去抱怨信息时代带来的种种问题，关键是要探索解决问题的途径和方法。我们应该以园林设计水平和施工管养水平的提高来弥补效果图与实际效果的巨大反差。现在有一种将效果图实际作用扩大化的不良倾向，即不是将效果图作为设计师的辅助工具，而是作为招投标的“招牌”；尽管设计平平，甚至有许多的疏漏，但只要效果图能迎合部分客户的口味，并获得赏识，就被认为是好方案，就能在招投标中立于不败之地。我们要清楚地认识到，切合场地环境，以人为核心，创造良好的物质环境和精神空间才是园林设计的主要任务。

用计算机绘制园林效果图为准确表达设计者的设计理念和构思提供了可能，在制作园林效果图的过程中，除了强调效果图美观漂亮，还要充分考虑设计的因素，将设计理念和软件制作技术结合起来，以便制作出高质量的效果图，更好地为园林设计工作服务。

课后作业参考答案

项目一

任务一

一、简答题　略

二、判断题　(1)×;(2)×;(3)×;(4)×

三、基础实训题　略

任务二

简答题　略

任务三

一、简答题　略

二、判断题　(1)×;(2)√;(3)×;(4)√

任务四

一、简答题　略

二、判断题　(1)×;(2)×;(3)√

项目二

任务一

一、填空题　(1)三　标准屏幕模式、带有菜单栏的全屏模式和全屏模式;(2)工具箱调板;(3)窗口;(4)历史记录

二、判断题　(1)×;(2)√;(3)√;(4)√

三、选择题　(1)ABC;(2)AB

四、基础实训题　略

任务二

一、填空题　(1)RGB 模式　CMYK 模式;(2)RGB　CMYK;(3)PSD 格式

二、基础实训题　略

任务三

一、填空题　(1)+　－;(2)抓手;(3)移动

二、判断题　(1)×;(2)×;(3)×;(4)×;(5)×;(6)×

三、基础实训题　略

项目三

任务一

一、填空题　(1)选区　颜色相近的区域;(2)线性渐变　径向渐变　角度渐变　对称渐变　菱形渐变;(3) Alt + Delete　Ctrl + Delete

二、基础实训题　略

任务二

一、填空题　(1) Alt;(2)边界　平滑　扩展　收缩　羽化;(3) Ctrl + T;(4) Alt

二、判断题　(1)×;(2)×;(3)√;(4)×

三、选择题　(1)B;(2)B;(3)ABC;(4)ABC

四、基础实训题　略

任务三

一、填空题　(1)画笔工具　铅笔工具　颜色替换工具　混合器画笔工具;(2)B　Shift　B;(3)F5;(4)0~100　柔和;(5)[　]; (6)在抹除背景的同时保留前景对象的边缘;(7)橡皮擦工具　背景橡皮擦工具　魔术橡皮擦工具

二、基础实训题　略

任务四

一、填空题　(1)要修补　选中的图像;(2)闪光灯　红眼　闪光灯　白色　绿色;(3)色彩饱和度;(4)某一区域某一步

二、基础实训题　略

任务五

一、填空题　(1)矩形　圆角矩形　椭圆　多边形　直线　自定义形状;(2)闭合的　开放的;(3)钢笔　自由钢笔　添加锚点　删除锚点　转换点

二、基础实训题　略

任务六

一、填空题　(1)无　锐利　犀利　浑厚　平滑;(2)上　下;(3)文本框　段落格式　独立　缩放　自动换行　Enter

二、基础实训题　略

任务七

一、填空题　(1)前景色　Alt;(2)色相　饱和度　彩色　灰度　保持不变;(3)Shift + Ctrl + U　Ctrl + I;(4)色相　饱和度　明度;(5)总体颜色的混合程度　阴影　中间调　高光

二、基础实训题　略

任务八

一、填空题　(1)位图模式　索引颜色　RGB;(2)Ctrl + F;(3)风格化滤镜组　画笔描边滤镜组　扭曲滤镜组　素描滤镜组　纹理滤镜组　艺术效果滤镜组;(4)查找边缘　等高线　风　浮雕效果　扩散　拼贴　曝光过度　凸出

二、基础实训题　略

参 考 文 献

[1] 龙马工作室.新编 Photoshop CS4 中文版从入门到精通[M].北京:人民邮电出版社,2009.
[2] 孔令瑜.多媒体技术及应用[M].3 版.北京:机械工业出版社,2009.
[3] 夏蕾.多媒体信息技术与应用[M].成都:四川大学出版社,2014.